企业级卓越人才培养（信息类专业集群）解决方案“十三五”规划教材

Oracle 数据库技术与应用

天津滨海迅腾科技集团有限公司　主编

南开大学出版社
天　津

图书在版编目 (CIP) 数据

Oracle 数据库技术与应用 / 天津滨海迅腾科技集团有限公司主编．—天津：南开大学出版社，2017.5（2020.1重印）

ISBN 978-7-310-05320-9

Ⅰ.①O… Ⅱ.①天… Ⅲ.①关系数据库系统Ⅳ.①TP311.138

中国版本图书馆 CIP 数据核字（2017）第 015256 号

南开大学出版社出版发行

出版人：陈敬

地址：天津市南开区卫津路 94 号 邮政编码：300071

营销部电话：(022)23508339 23500755

营销部传真：(022)23508542 邮购部电话：(022)23502200

*

唐山鼎瑞印刷有限公司印刷

全国各地新华书店经销

*

2017 年 5 月第 1 版 2020 年 1 月第 3 次印刷

260×185 毫米 16 开本 19.75 印张 493 千字

定价：55.00 元

如遇图书印装质量问题，请与本社营销部联系调换，电话：(022)23507125

企业级卓越人才培养（信息类专业集群）解决方案“十三五”规划教材编写委员会

编　者： 李树真　刘　勇　张　方　孔德刚　徐　尧

企业级卓越人才培养（信息类专业集群）解决方案简介

企业级卓越人才培养（信息类专业集群）解决方案（以下简称“解决方案”）是面向我国职业教育量身定制的应用型、技术技能型人才培养解决方案，以天津滨海迅腾科技集团技术研发为依托，联合国内职业教育领域相关行业、企业、职业院校共同研究与实践研发的科研成果。本解决方案坚持“创新产教融合协同育人，推进校企合作模式改革”的宗旨，消化吸收德国“双元制”应用型人才培养模式，深入践行“基于工作过程”的技术技能型人才培养，设立工程实践创新培养的企业化培养解决方案。在服务国家战略、京津冀教育协同发展、中国制造 2025（工业信息化）等领域培养不同层次及领域的信息化人才。为推进我国教育现代化发挥应有的作用。

该解决方案由“初、中、高级工程师”三个阶段构成，集技能型人才培养方案、专业教程、课程标准、数字资源包（标准课程包、企业项目包）、考评体系、认证体系、教学管理体系、就业管理体系等于一体。采用校企融合、产学融合、师资融合的模式在高校内共建互联网学院、软件学院、工程师培养基地的方式，开展“卓越工程师培养计划”，开设系列“卓越工程师班”，“将企业人才需求标准、企业工作流程、企业研发项目、企业考评体系、企业一线工程师、准职业人才培养体系、企业管理体系引进课堂”，充分发挥校企双方特长，推动校企、校际合作，促进区域优质资源共建共享，实现卓越人才培养目标，达到企业人才培养及招录的标准。本解决方案已在全国近二十所高校开始实施，目前已形成企业、高校、学生三方共赢格局。未来五年将努力实现在年培养能力达到万人的目标。

天津滨海迅腾科技集团是以 IT 产业为主导的高科技企业集团，总部设立在北方经济中心——天津，子公司和分支机构遍布全国近 20 个省市，集团旗下的迅腾国际、迅腾科技、迅腾网络、迅腾生物、迅腾日化分属于 IT 教育、软件研发、互联网服务、生物科技、快速消费品五大产业模块，形成了以科技为原动力的现代科技服务产业链。集团先后荣获“全国双爱双评先进单位”“天津市五一劳动奖状”“天津市政府授予 AAA 级和谐企业”“天津市文明单位”“高新技术企业”“骨干科技企业”等近百项殊荣。集团多年中自主研发天津市科技成果 2 项，具备自主知识产权的开发项目数十余项。现为国家工业和信息化部人才交流中心“全国信息化工程师”项目联合认证单位。

前　　言

在IT技术高速发展的今天，数据库技术的地位越来越重要。任何大型信息系统，都需要有数据库管理系统作为支撑，其中，Oracle数据库以其卓越的性能获得广泛应用，已经成为当前世界上最流行的关系型数据库管理系统。因其在数据安全性与数据完整性方面的优越性以及跨越操作系统、多硬件平台的数据互操作等特点，越来越多的用户使用Oracle作为应用数据的后台处理系统，其使用已遍及军队、邮政、电信、海关、税务、保险、电力、化工和汽车等各行各业。

本书对Oracle数据库做了全面的介绍，全书共分为两大部分：Oracle数据库基本应用和Oracle高级编程，其中第一部分包括六章，即数据库模型，数据类型，Oracle数据库安全，Oracle与简单SQL语句，Oracle与高级SQL语句，簇、视图和索引等内容。第二部分包括五章，即PL/SQL编程，游标、集合和OOP概念，存储过程和函数，触发器，数据库开发案例等内容。书中每个章节均按照Oracle知识体系循序渐进地铺开。建议使用Oracle11g软件来学习本书。通过本书的学习，读者能够得心应手地利用Oracle数据库管理应用数据。

本书在讲解知识点时，以其他数据库和Oracle数据库对比的形式展现Oracle优点，这种方式能够让读者在了解其他数据库的基础上加深对Oracle的理解和学习。通过本书的学习，读者可以掌握Oracle数据库的安全体系和Oracle语句的编写以及维护大型数据库。

本书由李树真主编，刘勇、张方、孔德刚、徐尧等参与编写，由孔德刚负责全面内容的规划、编排。具体分工如下：第一部分第一、二章由李树真编写，第一部分第三、四章由刘勇编写，第一部分第五、六章由张方编写；第二部分第一、二章由孔德刚编写，第二部分第三、四、五章由徐尧编写。

本书结构合理，内容翔实，示例丰富。既全面介绍，又突出重点，做到了点面结合；既讲述理论又举例说明，做到理论和实践相结合。本书不仅适合Oracle数据库的初学者使用，也可以作为数据库开发人员、管理员及其他从事数据库行业人员的工作参考手册。

目　录

第一部分　Oracle 数据库基本应用

理论部分

上机部分

第二部分 Oracle 高级编程

理论部分

上机部分

第一部分

Oracle 数据库基本应用

理论部分

第 1 章　数据库模型

学习目标

✧ 了解数据库相关概念。
✧ 理解数据库的定义。
✧ 理解 Oracle 数据库管理系统体系结构。
✧ 掌握关系型数据库 E-R 建模。
✧ 掌握 Oracle 数据库体系结构的组成及相关概念。

课前准备

✧ 数据库基本理论 。
✧ 数据库设计 E-R 模型。
✧ 数据库设计范式。
✧Oracle 数据库体系结构。

本章简介

本章主要介绍数据库的基本知识，主要包括如下内容：与数据库相关的定义；关系型数据库 E-R 建模；同时着重介绍了 Oracle 数据库管理系统体系结构的主要方面：物理结构、逻辑结构、后台进程及相关工作原理。本章是本书的基本内容，深入理解本章内容有助于以后章节的学习与实践。

1.1　数据库基本知识

当今人类社会已经进入了信息化时代，信息已经成为了人们生活中必不可少的重要而宝贵的资源。作为信息系统核心技术和重要基础的数据库技术有了飞速发展，并得到了广泛的应用。

由于大量的信息以数据的形式存于计算机系统中，为了方便人们查询、检索、处理加工，传播需要的信息，这就提出了需要对数据进行分类、组织、编码、存储检索和维护的数据库管理工作。而数据库管理技术本身也经历了长期的发展，先后经历了人工管理，文件系统和数据库系统三个阶段。

在人工管理阶段数据处理都是通过手工进行的，这种数据处理数据量少、数据不保存、没有软件系统对数据进行管理，这种管理方式对程序的依赖性太强，并且大量数据重复冗余。为了解决手工进行数据管理的缺陷，随着技术发展提出了文件管理的方式，解决了应用程序对数据的强依赖性问题，给程序和数据定义了数据存取公共接口，数据可以长期保存，数据不属于某个特定的程序，使数据组织多样化（如：索引、链接文件等技术），但仍然存在大量数据冗余，数据不一致，数据联系弱的缺点（文件之间是孤立的，整体上不能反映客观世界事物内在联系），为了解决文件数据管理的缺点，人们提出了全新的数据管理的方法：数据库系统，该方法充分地使用数据共享，交叉访问，与应用程序高度独立，而数据库系统根据其建立的模型基础的不同而不同，其中最为广泛使用的是建立在关系模型基础之上的关系型数据库，如：Oracle 数据库系统，SQL Server 数据库管理系统等。这类数据库管理系统满足关系模型的三大要素：关系数据结构，关系操作集合，关系完整约束。以下我们将介绍关系型数据库的特点。

1.1.1 数据库的特点

数据（Data）：数据是描述现实世界事物的符号标记，是指用物理符号记录下来的可以鉴别的信息。包括：数字、文字、图形、声音、及其他特殊的符号。

数据库（Datebase）：按照一定的数据模型组织存储在一起的，能为多个应用程序共享的，与应用程序相对独立的相互关联的数据集合。

数据库管理系统（Database Management System，DBMS）：是指帮助用户使用和管理数据库的软件系统。

数据库管理系统通常由以下三个部分组成：

- 用来描述数据库的结构，用户建立数据库的数据描述语言 DDL；
- 供用户对数据库进行数据的查询和存储等数据操作语言 DML；
- 其他的管理与控制程序（例如：TCL 事务控制语言，DCL 数据控制语言等）。

数据库具有以下特点：

- 数据的结构化；
- 数据共享；
- 减少数据冗余；
- 优良的永久存储功能。

1.1.2 关系型数据库

关系型数库是以关系数学模型来表示的数据库。关系数学模型以二维表的形式来描述数据。一个完整的关系型数据库系统包含 5 层结构（由内往外），如图 1-1 所示。

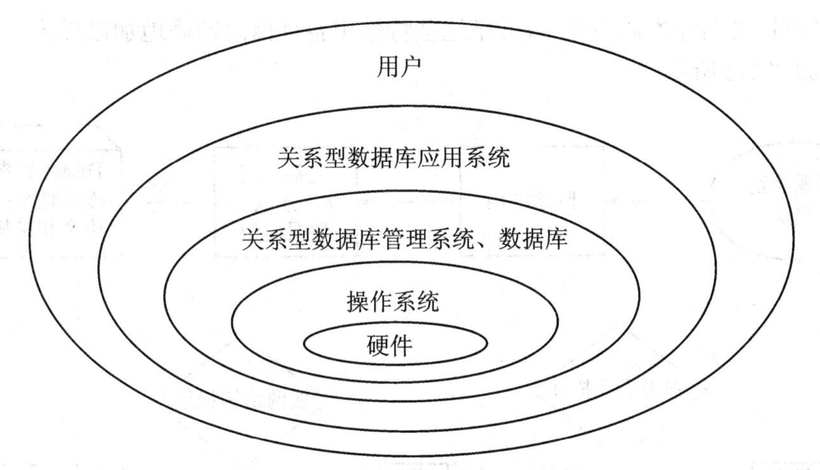

图 1-1　关系数据库系统 5 层结构

硬件:硬件是指安装数据库系统的计算机,包括服务器、客户机两种。

操作系统:操作系统是指安装数据库系统的计算机采用的操作系统。

数据库、关系型数据库管理系统:关系型数据库是存储在计算机上的,可共享的、有组织的关系型数据的集合。关系型数据库管理系统是位于操作系统和关系型数据库应用系统之间的数据库管理软件。

关系型数据库应用系统:关系型数据库应用系统指为满足用户需求,采用各种应用开发工具和开发技术开发的数据库应用软件。

用户:用户是指和数据库打交道的人员,包括如下三类人员:

最终用户:应用程序的使用者,通过应用程序与数据库进行交互;

数据库应用系统开发人员:是指在开发周期内,完成数据库结构的设计,应用程序开发等任务;

数据库管理员:就是我们通常所说的数据库 DBA,其职能就是对数据库做日常管理,如:数据备份、数据库监控、性能调整、安全监控与调整等任务。

1.2　数据库设计 E-R 模型

人们在现实生活中需要把现实事物的数据特征按某种方式进行抽象,以便能够准确的,方便的表示信息世界,这种“抽象方式”就是使用合适的模型来描述信息世界。其中最常用的就是 E-R 模型,即实体—联系法。这种方法接近人的思维,与计算机无关,容易被用户接受,所以人们在设计数据库,把现实世界抽象为概念结构的时候总是常用 E-R 模型来描述。接下来我们将介绍概念结构中的 E-R 模型表示法。

1.2.1　概念结构(概念模型)

概念结构是对现实世界的一种抽象,即对实际的人、物、事和概念进行人为处理,抽取人们关心的共同特性，忽略非本质的细节，并把这些特性用各种概念精确地加以描述。概念结构的要点和图解如图1-2所示。

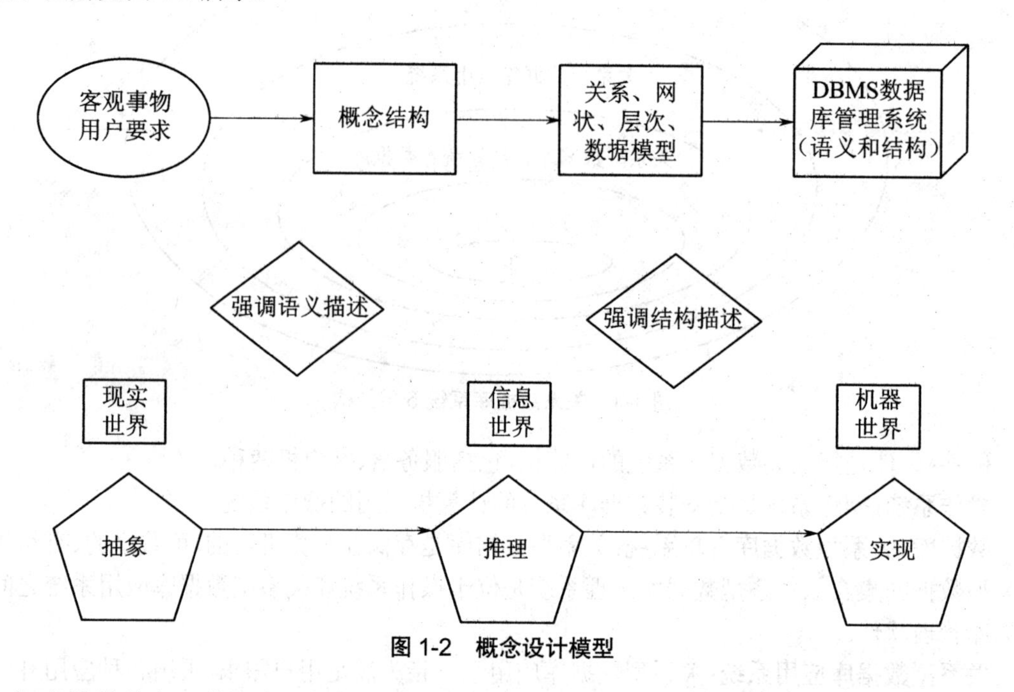

图1-2 概念设计模型

概念结构独立于数据库逻辑结构，也独立于支持数据库的DBMS，不受其约束。

它是现实世界与机器世界的中介，它一方面能够充分反映现实世界，包括实体和实体之间的联系，同时又易于向关系、网状、层次等各种数据模型转换。

它应是现实世界的一个真实模型，易于理解，便于和不熟悉计算机的用户交换意见，使用户易于参与。

当现实世界需求改变时，概念结构又可以很容易地做相应调整。因此概念结构设计是整个数据库设计的关键所在。

1.2.2 概念结构的设计方法

设计概念结构通常有四类方法：

- 自顶向下：即首先定义全局概念结构的框架，然后逐步细化。
- 自底向上：即首先定义各局部应用的概念结构，然后将它们集成起来，得到全局概念结构。
- 逐步扩张：首先定义最重要的核心概念结构，然后向外扩充，以滚雪球的方式逐步生成其他概念结构，直至总体概念结构。
- 混合策略：即将自顶向下和自底向上相结合，用自顶向下策略设计一个全局概念结构的框架，以它为骨架集成由自底向上策略中设计的各局部概念结构。

其中最经常采用的策略是自顶向下地进行需求分析，然后再自底向上地设计概念结构。整个过程是：数据抽象与局部视图（E-R）设计→视图的集成（全局E-R）。

但无论采用哪种设计方法，一般都以E-R模型为工具来描述现实世界的概念结构模型：

E-R模型为实体—联系图，提供了表示实体型、属性和联系的方法，用来描述现实世界的概念模型。

E-R 模型容易理解，接近于人的思维方式，并且与计算机无关。

E-R 模型本身是一种语义的模型去表达数据的意义。

E-R 模型只能说明实体间的语义联系，不能进一步说明数据结构。

1.2.3　E-R 模型的重要概念

实体：在 E-R 模型中，实体用矩形表示，矩形内写明实体名，是现实世界中可以区别于其他对象的“事件”或“事物”，如校园中每个人都是实体，每个实体都由一组特性（属性）来表示。其中某一部分属性可以唯一标识实体，如员工编号。实体集是指具有属性的实体集合。比如一个学校的老师和学生可以定义为两个实体集。

联系：在 E-R 模型中，联系用菱形表示，菱形内写明实体联系名，并用无向边分别与有关的实体联系在一起，同时在无向边旁标注联系的类型：1：1 或 1：N 或 M：N；同时联系分为：实体内部的联系和实体之间的联系。实体内部的联系反映数据在同一记录内部各字段间的联系。我们当前主要讨论实体集之间的联系。在两个实体集之间，两个实体存在如下三种对应关系：

（1）一对一：实体集中一个实体最多只与另一个实体集中一个实体相联系，记为 1:1，就如电影院里一个座位只能坐一个观众。

（2）一对多：实体集中一个实体与另一个实体集中多个实体相联系。记为：1:n，就如部门和员工（假如：一个员工只能属于一个部门），一个部门对应多名员工。

（3）多对多：实体集中多个实体与另一个实体集中的多个实体相联系，记为：m:n，就如项目和员工，一个项目多名员工，每个员工可以同时进行多个项目。老师与学生之间就是多对多的联系。

属性：就是实体某方面的特性。如员工的姓名、年龄、工作年限、通讯地址等。

1.2.4　抽象的几种方法

概念结构是对现实世界的一种抽象，一般有三种抽象：分类（is member of）；聚集（is part of）；概括（is subset of）。以实体学生为例，如图 1-3 至图 1-5 所示。

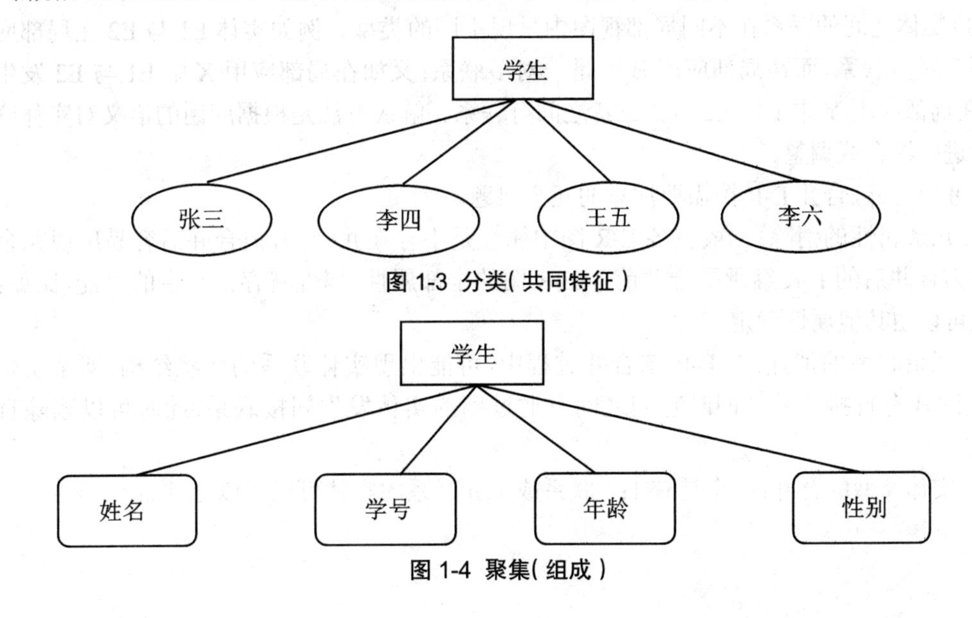

图 1-3　分类（共同特征）

图 1-4　聚集（组成）

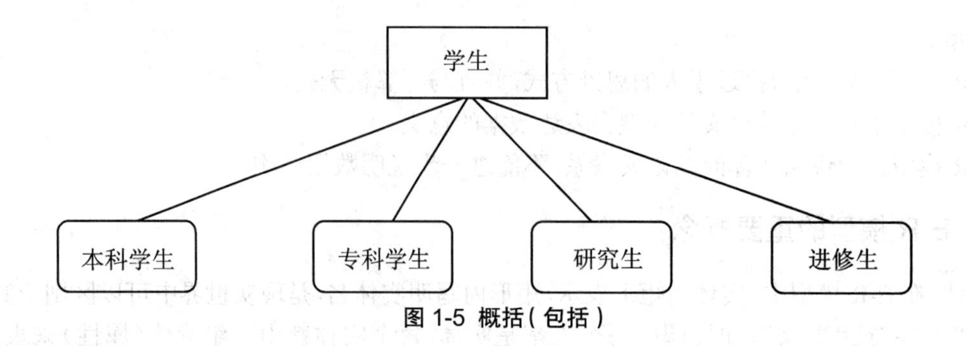

图1-5 概括(包括)

1.2.5 建立E-R图时应避免冲突和冗余

我们建立E-R图往往是一部分一部分的去完成,就好像做一个普通事情一样,做事总有个先后,建立E-R图也不例外,往往先划分E-R图,然后把画好的各部分E-R图合并起来,此时往往会产生冲突或冗余,各部分之间的冲突主要有三类:属性冲突、命名冲突和结构冲突。

- 属性冲突

(1)属性域冲突,即属性值的类型、取值范围或取值集合不同。例如:属性"零件号"有的定义为字符型,有的为数值型。

(2)属性取值单位冲突。例如:属性"重量"有的以克为单位,有的以公斤为单位。

- 命名冲突

(1)同名异义。不同意义对象相同名称。

(2)异名同义(一义多名)。同意义对象不同名称:"项目"和"课题"。

- 结构冲突

(1)同一对象在不同应用中具有不同的抽象。例如"课程"在某一局部应用中被当作实体,而在另一局部应用中则被当作属性。

(2)同一实体在不同局部视图中所包含的属性不完全相同,或者属性的排列次序不完全相同。

(3)实体之间的联系在不同局部视图中呈现不同的类型。例如实体E1与E2在局部应用A中是多对多联系,而在局部应用B中是一对多联系;又如在局部应用X中E1与E2发生联系,而在局部应用Y中E1、E2、E3三者之间有联系。解决方法是根据应用的语义对实体联系的类型进行综合或调整。

除冲突之外,合并E-R图需要注意的冗余问题。

- 冗余属性的消除:一般在各E-R图中属性是不存在冗余的,但合并后容易出现冗余属性。因为合并后的E-R继承了合并前各E-R图的全部属性,属性就存在冗余的可能,比如:某一属性可以由其他属性确定。

- 冗余联系的消除:在E-R图合并过程中,可能出现实体联系的环状结构,即某实体A和某实体B有直接联系。同时它们之间有通过别的实体发生间接联系,此时可以删除直接联系。

- 实体类型的合并:两个具有1:1联系或1:n联系的实体可以予以合并。

1.2.6　一个 E-R 模型实例

为了能够把客观事物（用户要求）进行概念设计，转换成概念结构，以便下一步进行逻辑设计，我们选择 E-R 模型来表示概念结构，这里举一个我们熟悉的学生选修课程的例子，让我们能很好的理解 E-R 模型概念表示法：

示例：假设某学校某班的学生需要选修课程，同时学生想知道他们的班主任任课情况。

我们做如下分析：

首先可以从示例描述中得出如下客观事物：

因为示例提出的是某一个班主任，那么必然有一个班主任，而且是一个班主任老师，非多个，这符合现实客观情况。

班主任表：

王老师

示例中是学生选修课程，那么肯定有学生列表，一般情况下，一个班级有多个学生，非一个学生。那么我们得出有学生对象表。

学生表：

黎明
王小
赵华
利斯

在示例中显然还有课程对象以供学生选课及班主任任课。

课程表：

自然
历史
C 语言
Java 语言

根据以上分析，以及使用数据抽象方法我们得出示例中有三个实体：

这三个实体分别是：学生、班主任、课程。

（1）实体属性

学生（学号、姓名、年龄、性别）

班主任（教师号、教师姓名）

课程（课程号、课程名、学分）

（2）各实体之间的联系

班主任担任课程的 1:n“任课”联系；学生选修课程的 n:m“选修”联系；班主任和学生的“所属”联系 1:n。

至此我们得出学生选课，和班主任任课情况 E-R 模型如图 1-6 所示。

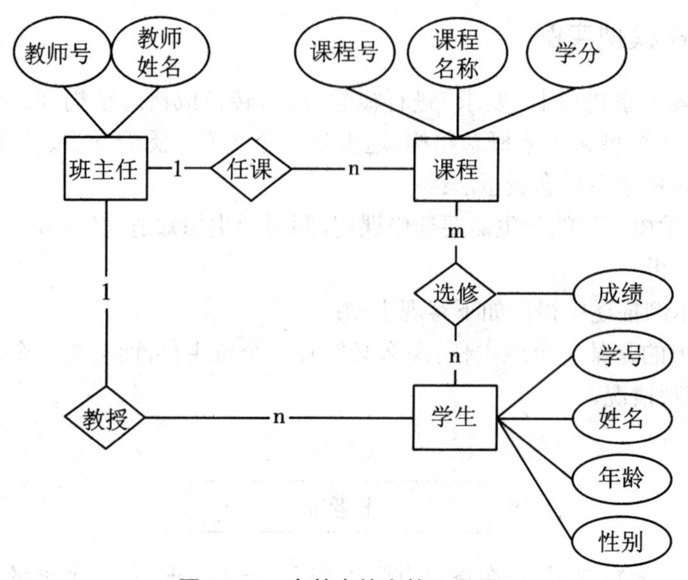

图 1-6 一个基本的完整 E-R 图

1.2.7 E-R 模型向关系模型的转换

从 E-R 模型向关系模型转换时,所有实体和联系都要转换成相应的关系模式,转换规则如下:

每个实体类型转换成一个关系模式。

一个 1:1 的联系可以转换为一个关系模式,或与任意一端的关系模式合并,若独立转换为一个关系模式,两端的关系码及联系的属性为该关系的属性;若与一端合并,那么将另一端的关系码及联系的属性合并到该端。

一个 1:n 的联系可以转换成一个关系模式,或与 n 端的关系模式合并。若独立转换为一个关系模式,两端的关系码及联系的属性为该关系的属性。n 端的关系码为该关系的码。

一个 m:n 的联系可以转换成一个关系模式,那么两端的关系码及联系的属性为该关系的属性,关系码为两端实体码的组合。

3 个或 3 个以上的多对多的联系可以转换为一个关系模式,那么这些关系码及联系的属性为关系的属性,而关系码为各个实体码的组合。

具有相同码的关系可以合并。

根据上述原则将图 1-6 转换为关系模式如下:

学生(学号、姓名、年龄、性别、教师号):这符合转换规则中 1:n 的关系。

课程(课程号、课程名、学分、教师号):老师和课程实体之间,这符合转换规则中 1:n 的关系。

班主任(教师号,教师姓名):将实体学生和课程 m:n 的关系转化成关系模式(学生号、课程号、成绩)。

1.3　范式

上面我们通过举例说明了 E-R 模型向关系模式转换的方法与原则，但是这样转换得来的初始关系模式并不能完全符合要求，还会有数据冗余，更新异常等问题的存在，那么使得我们在构造数据库时还必须遵循一定的规则（如：依赖）进行规范化设计。在关系数据库中，这种规范化设计规则就是范式，范式是符合某一种级别的关系模式的集合。关系数据库中的关系必须满足一定的要求，即满足不同的范式。目前关系数据库有六种范式：第一范式（1NF）、第二范式（2NF）、第三范式（3NF）、第四范式（4NF）、第五范式（5NF）和第六范式（6NF）。满足最低要求的范式是第一范式（1NF）。在第一范式的基础上进一步满足更多要求的称为第二范式（2NF），其余范式依此类推。一般说来，数据库只需满足第三范式（3NF）就行了。下面我们举例介绍第一范式（1NF）、第二范式（2NF）和第三范式（3NF）

1.3.1　第一范式(1NF)

在任何一个关系数据库中，第一范式（1NF）是对关系模式的基本要求，不满足第一范式（1NF）的数据库就不是关系数据库。

所谓第一范式（1NF）是指数据库表的每一列都是不可分割的基本数据项。同一列中不能有多个值，即实体中某个属性不能有多个值或者不能有重复的属性。如果出现重复的属性，就可能需要定义一个新的实体，新的实体由重复的属性构成，新实体与原实体之间为一对多关系，在第一范式（1NF）中表的每一行只包含一个实例的信息。如果关系模式的每一个属性都不可分解（就是数据表的每一列不可再分，无重复的列），则称该关系模式为第一范式。

1. 不满足第一范式的实例

表 1-1　员工表

员工名称	员工职务	员工薪水和住址
黎明	程序员	2000.00，苏州市
枭雄	软件工程师	1500.00，上海市
王丽	项目经理	8000.00，苏州市
里程	总经理	10000.00，北京市

很明显，上例中第三列“员工薪水和住址”属性可以再分拆，不符合第一范式的定义。

2. 满足第一范式的例子

表 1-2 员工表

员工名称	员工职务	员工薪水	住址
黎明	程序员	2000.00	苏州市
枭雄	软件工程师	1500.00	上海市
王丽	项目经理	8000.00	苏州市
里程	总经理	10000.00	北京市

很明显上例满足第一范式，因为每列都不能分拆，无重复的列，属性单一。

1.3.2 第二范式(2NF)

第二范式（2NF）是在第一范式（1NF）的基础上建立起来的，即满足第二范式（2FN）必须先满足第一范式（1NF）。第二范式（2NF）要求数据库表中的每个实例或行必须可以被唯一的区分。为实现区分通常需要为表加上一个列，以存储各个实例的唯一标识，这个唯一属性列被称为主关键字或主键、主码。

第二范式（2NF）要求实体的属性完全依赖于主关键字。所谓完全依赖是指不能存在仅依赖主关键字的一部分的属性，如果存在，那么这个属性和主关键字的这一部分应该分离出来形成一个新的实体，新实体与原实体之间是一对多的关系，为实现区分通常需要为表加上一个列，以存储各个实例的唯一标识。简而言之，第二范式就是非主键属性非部分依赖于主关键字。

以下是满足第二范式的例子：

表 1-3 员工表

员工号	员工名称	员工职务	员工薪水	住址
0001	黎明	程序员	2000.00	苏州市
0002	枭雄	软件工程师	1500.00	上海市
0003	王丽	项目经理	8000.00	苏州市
0004	里程	总经理	10000.00	北京市

在这个例子中除了满足第一范式的同时增加了主键（员工号），是唯一标识一个员工，符合第二范式的要求。

1.3.3 第三范式(3NF)

满足第三范式（3NF）必须先满足第二范式（2NF）。简而言之，第三范式（3NF）要求一个数据库表中不包含已在其他表中已包含的非主关键字信息。

以下是满足第三范式的简单例子：

表 1-4　部门表

部门号	部门名称	部门主管
1001	开发部	王维
1002	人事部	李白
1003	总办	杜甫
1004	行政部	罗斯福

表 1-5　员工表

员工号	员工名称	员工所在部门编号	员工职务	员工薪水	住址
0001	黎明	1001	程序员	2000.00	苏州市
0002	枭雄	1002	软件工程师	1500.00	上海市
0003	王丽	1003	项目经理	8000.00	苏州市
0004	里程	1004	总经理	10000.00	北京市

员工信息表中列出部门编号后就不能再将部门名称等与部门有关的信息再加入员工信息表中。如果不存在部门信息表，则根据第三范式（3NF）也应该构建它，否则就会有大量的数据冗余。简而言之，第三范式是属性不依赖于其他非主键属性。

1.3.4　范式小结

目的：数据库设计规范化的目的是使结构更合理，消除存储异常，使数据冗余尽量小，便于插入、删除和更新数据。

原则：遵从概念单一化“一事一地”原则，即一个关系模式描述一个实体或实体间的一种联系。规范的实质就是概念单一化。

方法：将关系模式投影分解成两个或两个以上的关系模式。

要求：分解后的关系模式集合应当与原关系模式“等价”，即经过自然连接可以恢复原关系而不丢失信息，并保持属性间合理的联系。

注意：

一个关系模式接着分解可以得到不同关系模式集合，也就是说分解方法不是唯一的。最小冗余的要求必须以分解后的数据库能够表达原来数据库所有信息为前提来实现。其根本目标是节省存储空间，避免数据不一致性，提高对关系的操作效率，同时满足应用需求。实际上，并不一定要求全部模式都达到 3NF 不可。有时故意保留部分冗余可能更方便数据查询。尤其对于那些更新频度不高，查询频度极高的数据库系统更是如此。在关系数据库中，除了函数依赖之外还有多值依赖，连接依赖的问题，从而提出了第四范式，第五范式等更高一级的规范化要求。

1.4 Oracle 体系结构

Oracle 是全球最大的关系型数据库和信息管理软件供应商，Oracle 公司一直在数据库领域扮演着领头羊的角色。其数据库产品以运行稳定、性能卓越而著称于世，赢得了众多厂商和企业的青睐。

1.4.1 Oracle 产品的突出特点

（1）支持大数据库、多用户、高性能的事务处理。

（2）遵守数据库存取语言、操作系统、用户接口和网络通讯协议的工业标准。

（3）优秀的安全控制和完整性控制。

（4）支持分布式数据库和分布式处理。

（5）具有可移植性、可兼容性和可延续性。

（6）对象关系型数据库系统等。

1.4.2 Oracle Server

Oracle Server 发展经历了主机系统——C/S 体系结构——N 层体系结构。Oracle Server 是第一个面向对象的关系型数据库管理系统，从 Oracle8i 开始通过引入对象类型，实现了面向对象的支持。

在讨论 Oracle Server 之前我们需要区分 Oracle Server 和 Oracle Database：

Oracle Server 由实例（INSTANCE）和数据库（DATABASE）组成：Oracle 实例是一组内存结构和一组后台进程的集合。

1.Oracle 实例

（1）内存结构总称 SGA（系统全局区），主要包括：数据高速缓存、重做日志缓冲区、共享池。

（2）后台进程主要有：SMON、PMON、DBWR、CKPT、LGWR 等。

2. 数据库

数据库系统结构如图 1-7 所示。

数据库：数据库用于存放数据，以供用户访问，由一组操作系统文件组成（数据文件、控制文件、重做日志等）。

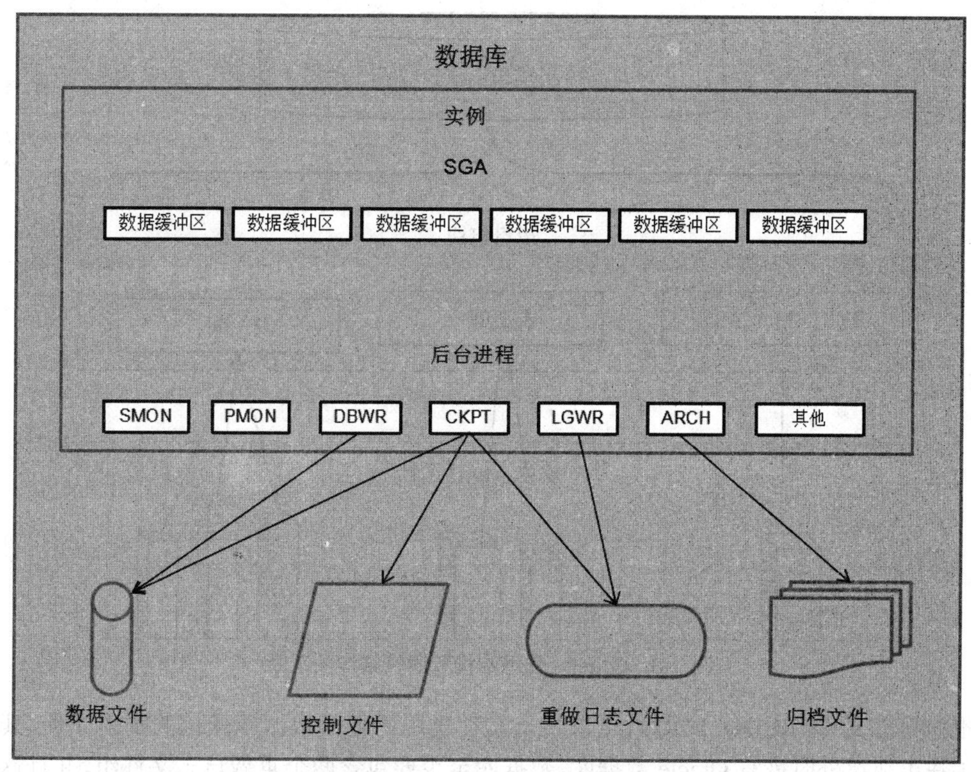

图 1-7　Oracle Server 概图

1.4.3　Oracle 数据库物理结构

大家都知道数据库数据的变化（如：INSERT 增加数据，UPDATE 修改数据）即：数据变化和事务变化，需要永久或暂时的存储到 OS 文件中，供以后查询分析，这就要求数据库有相应的物理文件来存储数据，就好像工厂生产出的产品，无论以后怎么销售货物，都需要用仓库来存放。那么 Oracle 数据库中有哪些物理文件来保存数据和事务的变化呢？这里我们主要讲解用来存储的物理文件。

数据文件（DATABASE FILE）：顾名思义，数据文件就是用于存储数据库数据的文件，在数据文件中存储着用户数据（表、索引等）、数据字典以及回滚段数据等。Oracle 数据库至少包含一个数据文件，并且数据文件是表空间的物理组成元素，一个表空间可以包含多个数据文件，表空间我们在以后的章节会讲到；Oracle 数据文件以 .dbf 结尾。数据文件有两个文件号：绝对文件号和相对文件号，绝对文件号是数据文件在数据库中的唯一标识；相对文件号是数据文件在表空间的唯一标识。数据文件由后台进程 DBWR 进程写入。

图解如图 1-8 所示。

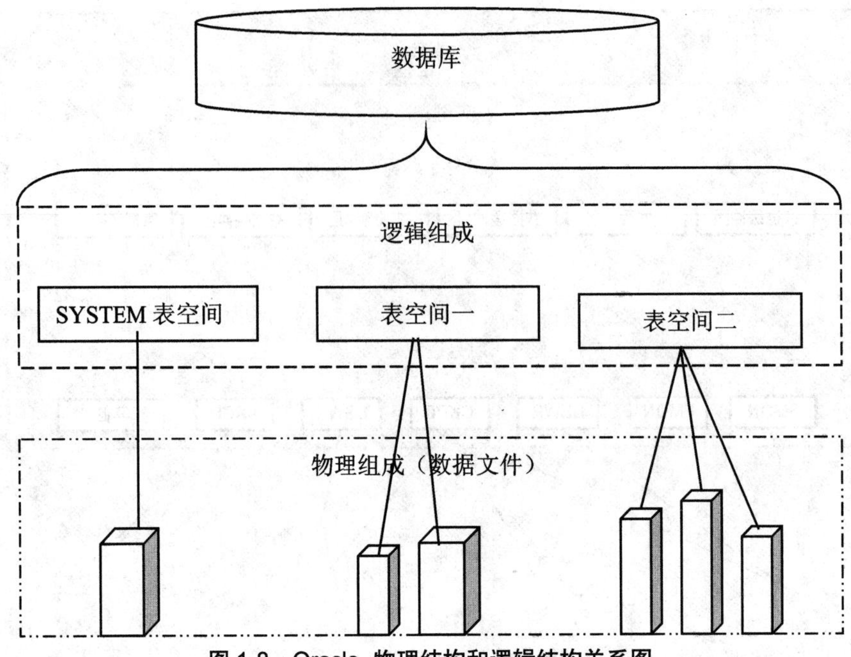

图 1-8 Oracle 物理结构和逻辑结构关系图

重做日志文件（REDO LOG）：重做日志文件是用于记录数据库变化的物理文件，其目的是为了在出现意外时恢复 Oracle 数据库，数据库至少要包含两个重做日志文件组，并且这些日志文件组需要循环使用：重做日志由 LGWR 写入。

重做日志文件组使用规则如下：如果两个日志文件组，当第一个日志文件组写满后，Oracle 自动进行日志切换，并且把日志写入第二个日志组；当第二个日志组写满以后会再次切换到第一个 Oracle 日志文件组，并且把日志写入第一个日志组，依此类推。

图 1-9 为三个日志文件组工作原理。

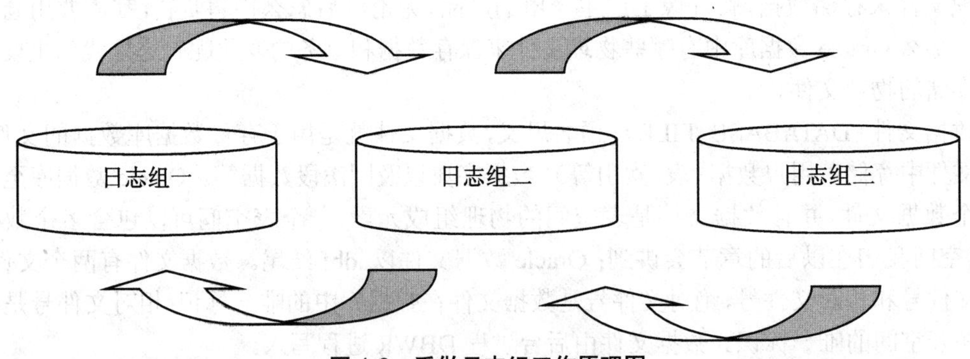

图 1-9 重做日志组工作原理图

控制文件（CONTROL FILE）：控制文件是记录和维护数据库结构的重要文件。Oracle 数据库至少包含一个控制文件，一般情况下，实例和数据库是一一对应关系，Oracle 数据库正是通过控制文件在实例和数据库之间建立关联关系的，当启动 Oracle Server 时，系统会根据初始化参数定位控制文件，然后根据控制文件打开所有的数据文件和重做日志文件。

控制文件记录如下信息：

数据文件的位置和大小；

重做日志文件的位置和大小；

数据库的创建时间；

日志序列号。

参数文件：Oracle 数据库实例是由一组内存结构和后台进程组成，而内存结构究竟有多大，后台进程数等都是通过参数进行定义的，安装好的数据库由一组默认的参数组成数据库参数文件，数据库的使用者可以对其进行调整，这些参数总共有 200 多个，Oracle9i 参数文本文件以 .ora 结尾，Oracle9i 以后由文本参数文件创建生成二进制 SPFILE 参数文件，同时支持动态修改 Oracle 数据库参数，无需重启系统。

常用的参数有：

db_name 数据库名；

Instance_name 数据库实例名；

control_files 控制文件列表；

db_block_size 数据库块大小；

db_cache_size 数据库数据缓冲区大小；

shared_pool_size 共享池大小；

log_buffer 日志缓冲区大小。

1.4.4 Oracle 数据库逻辑结构

Oracle 数据库的数据在物理上是存放在数据文件中的，而在逻辑上是存放在表空间中的，当在数据库中建立数据库对象时（表、索引、簇等），Oracle 是使用逻辑结构来组织数据的，这些逻辑结构包括表空间、段、区、数据块等。就好像一个工厂的仓库能够人为地分成不同的区间存放不同产品，比如一个仓库分为四个区，第一个区存放冰箱，第二个区存放彩电，第三个区存放空调，第四个区作为仓库管理员临时住所，这完全是一种逻辑划分，同时这种逻辑划分还可以细分其功能。

如图 1-10 所示为 Oracle 数据库逻辑结构和物理结构关系图。

1. 表空间

表空间（TABLESPACE）：表空间用于组织数据库数据，数据库逻辑上由一个或多个表空间组成，而表空间物理上是由一个或多个物理文件组成。

Oracle 建议把不同类型的数据存放到不同表空间，通过使用不同表空间，可以控制使用磁盘空间量，通过使用不同的表空间可以提高系统的性能。就如同从仓库里找相应的产品，不同产品到不同的区域里去找，这样总比从一堆无序的产品里找需要的产品快得多。

创建表空间：

（1）创建永久性表空间

示例代码 1-1　为 Oracle 数据库创建一个永久性的表空间

```
SQL> create tablespace orcltb  ------ orcltb ----- 是表空间名
datafile 'C:\temp\orcltb.dbf' size 10M; --- 表空间对应的数据文件的位置及其大小
```

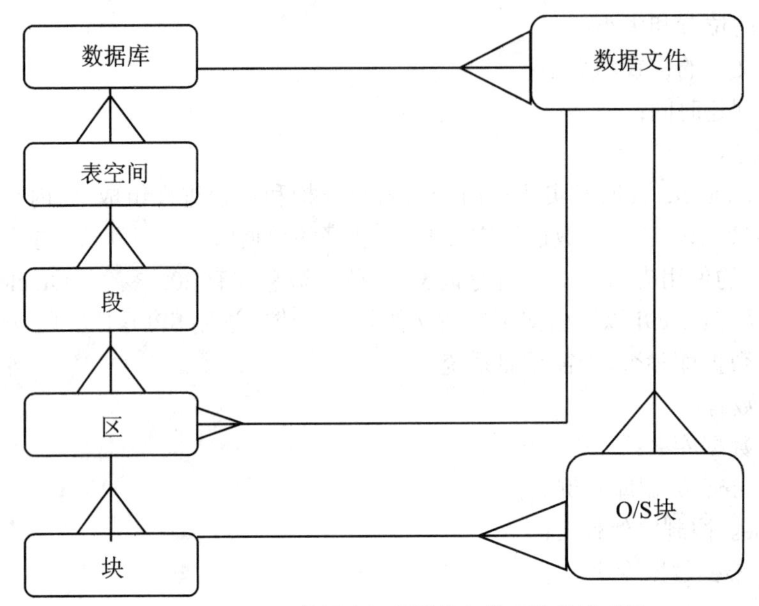

图 1-10 Oracle 数据库逻辑结构与物理结构关系图

（2）创建临时表空间

示例代码 1-2 为 Oracle 数据库创建一个临时表空间

```
SQL> create temporary tablespace orcltEMP-----orclt 是临时表空间名
tempfile 'C:\temp\orcltEMP_1.dbf ' size 20M; -- 临时表空间对应的数据文件的位置及其大小
```

2. 段

段（SEGMENT）用于存储特定逻辑结构的数据，段由一个或多个区组成，表空间可以包括一个或多个段，但是，一个段只能属于一个表空间，在 Oracle 中可以包含许多类型的段。主要的段有：

（1）数据段：数据段用于存放表数据；

（2）索引段：索引段用于存放索引数据；

（3）临时段：临时段用于存放排序时的临时数据；

（4）回滚段：回滚段则用于存放事务修改数据的旧值，支持事务回滚，事务恢复，读一致性。

3. 区

区（EXTENT）：区由连续的数据块组成，它是 Oracle 空间分配的逻辑单元。Oracle 给区分配空间时是以块为单位进行分配的。

4. 块

块（DATABASE BLOCK）：数据块也被称为 Oracle 块，它是数据库文件上执行 I/O 操作的最小单位，并且尺寸应该是 O/S 块的整数倍。块就像是仓库存放产品占用地的块大小，而这个大小由多个瓷砖单位面积组成。

1.4.5 后台进程

数据的写入更新等操作并不是直接由用户写入数据文件,而是用户把数据写入到缓冲区中然后由Oracle后台进程对写入的数据进行写入数据文件,同时,有后台进程进行协调把控制信息、事务信息写入到其他相应的文件;这就好比是进入一个餐馆吃饭,客人只需要提出需求(点什么菜,点什么饭),然后由餐馆的服务人员进行协调工作,最后餐馆服务人员把做好的饭菜提供给客人,其中餐馆的服务人员所做的工作就如Oracle后台数据库进程所做的工作。

主要的后台进程有:

DBWR:该进程完成用户提出的数据变动请求,把数据写入数据文件。

LGWR:该进程把事务信息写入重做日志文件。

SMON:当数据库突然断电等情况发生时,该进程用于恢复实例。比如有一个修改数据库的事务发生,并且已经发出事务提交,这时突然断电,机器关机,数据库中控制文件信息、重做日志信息、数据文件信息不一致,然后重启动数据库时该进程能把尚未完成的事务提交继续完成,使得数据库一致。

其他后台进程:有PMON进程监控进程,CKPT发出检查点进程等。

1.5 小结

✓ 本章从了解数据库基本概念出发,从宏观上了解数据库的组成和用途。重点讲解的是关系型数据库。

✓ 掌握E-R模型,了解数据模型在概念设计中的重要地位,以及在逻辑设计中的基础作用。

✓ 怎样通过范化设计数据库表是本章重要内容之一。深入理解范化的目的,即:数据库设计规范化目的是使结构更合理,消除存储异常,使数据冗余尽量小,便于插入、删除和更新数据,对数据库设计非常重要,是设计优秀的数据库的基础。

✓ 理解Oracle体系结构,Oracle物理设计和逻辑设计,良好的物理设计和逻辑设计有助于提高数据库的维护效率,提高数据库的运行效率,如:数据查询等。

1.6 英语角

database	数据库
DBMS	数据库管理系统
tablespace	表空间
segment	段
extent	区

block	块
file	文件
data	数据
log	日志

1.7 作业

1. 阐述Oracle数据库逻辑结构元素的包含关系。

2. 设计符合三范式的三个表格：员工表、部门表、工资级别表。

3. 现在有一局部应用，包括两个实体，“出版社”和“作者”此两个实体是多对多的联系，请自己设计适当的属性，画出E-R图，再将其转换为关系模式（包括关系名、属性名、码和完整性约束条件）。

4. 假设数据库系统由四个可用重做日志组，简述数据库对它们的使用方法。

5. 当某银行柜员正在给一个大客户办理存款业务，已经下达了“存款”命令，几乎在柜员下达存款业务的“存款”命令时，突然数据库因停电“down”机了，这时该笔存款可能出现什么结果？如果有负面结果（存款提交了但没有执行完毕），为了保持数据库的数据正确性，该如何处理（处理方法）？为什么要这样处理？

1.8 思考题

1.Oracle 体系结构中物理设计和逻辑设计的关联性？

2. 数据库设计中为什么引入E-R图？

3. 理解为什么在应用系统中不能创建完全符合三范式的数据库设计？

1.9 学员回顾内容

数据库基本概念。

Oracle物理结构和逻辑结构内容。

创建E-R模型步骤。

数据库设计中使用范化的意义。

参考资料

《Oracle 12C 数据库 DBA 入门指南》 林树泽、卢芬　清华大学出版社　2015-1
《Oracle DBA 入门与实战经典》 何明、何苗颖　清华大学出版社　2015-4

第 2 章　数据类型

学习目标

✧ 了解 Oracle 数据库类型，建立 Oracle 数据库对象的基本步骤。

✧ 理解数据类型在数据库设计中的地位及使用方法。

✧ 掌握 Oracle 常用的数据类型、常用的函数，熟练使用数据类型、约束等创建基本的数据库表。

课前准备

✧ Oracle 数据库数据类型。

✧ Oracle 内置函数（数字函数、字符函数、分组函数等）。

✧ 创建 Oracle 数据库基本对象（表、同义词、序列等）。

本章简介

本章主要介绍 Oracle 数据库三方面的知识，首先介绍数据类型，如：标量类型等，以及这些数据类型与常用的数据类型之间的区别，然后介绍了 Oracle 数据库各种内置函数，如：数字型函数、字符型函数、时间日期型函数、类型转换函数等。最后我们详细讲解在 Oracle 数据库应用中常用的对象内容，如：建立一个数据库表、序列等。通过章节的学习能充分掌握 Oracle 高层次应用的基础知识，为高层次应用打下良好的基础。

深入掌握 Oracle 数据定义是掌握 Oracle 数据库及应用的最基本知识之一，良好的 Oracle 基础能为今后高效地学习和应用 Oracle 提供方便。

2.1　Oracle SQL 数据类型

为了以后能深入地学习 Oracle PL/SQL 编成、Oracle 数据库应用设计、DBA 管理 Oracle 数据库等相关知识，我们需要掌握 Oracle 的一些基本数据类型，这些数据类型主要有：标量类型（Scalar）、复合类型（Composite）、参照类型（Reference）、LOB 类型（Large Object）。只有认真掌握了数据类型知识才能胜任今后的 PL/SQL 编成（如：变量定义，常量和参数使用等）、数据库设计（如：各种数据库对象的设计与应用）、数据库管理等工作。根据实际使用情况，本章在数据类型方面主要掌握基本数据类型（如：标量数据类型）即可。下面我们讲解标量数据类型。

常用标量数据类型如表 2-1 所示。

表 2-1　Oracle 的常用标量数据库类型

类型名称	描述
CHAR	定长的字符型数据，长度≤ 2000 字节
VARCHAR2	定长的字符型数据，长度≤ 4000 字节
NCHAR	定长 unicode 字符数据，长度≤ 1000 字节
NVARCHAR2	变长 unicode 字符数据，长度≤ 1000 字节
NUMBER(PRECISION，SCALE)	数字类型，其子类型有 decimal、double、integer、int、numeric、real、smallint、float 等
DATE	日期类型
LONG	最大长度为 2GB 的变长字符数据
RAW(N)	变长为二进制数据，长度≤ 2000 字节
LONG RAW	变长为二进制数据，长度≤ 2GB 字节
ROWED	存储表中列的物理地址的二进制数据，占用固定 10 字节
BLOB	最大长度为 4GB 的二进制数据
CLOB	最大长度为 4GB 的字符数据
NCLOB	最大长度为 4GB 的 unicode 字符数据
BFILE	将二进制据存储在数据库以外的操作系统文件中
BOOLEAN	逻辑类型，取值为 true、false、null, 不能用作表列类型

2.2　Oracle 的内置函数

SQL 函数包括单行函数和多行函数，其中单行函数是指输入一行输出也是一行的函数，多行函数也称为分组函数，它会根据输入的多行数据输出一个结果。SQL 函数不仅可以在 SQL 语句中使用，也可以在 PL/SQL 块内使用。大多数单行函数都可以在 PL/SQL 块内引用，而多行函数不能直接在 PL/SQL 块内引用，而只能在 PL/SQL 块内的 SQL 语句中引用。

主要的函数分类有：

数字函数；

字符函数；

日期函数；

转换函数；

集合函数；

分组函数。

由于 Oracle 内置函数较多，接下来我们将介绍主要的且常用的 Oracle 内置函数，其他未介绍的函数，可以查询相关资料获得。

2.2.1 数字函数

数字函数的输入参数和返回值都是数字型。

（1）ABS(n)：该函数用于返回数字 n 的绝对值。

示例代码 2-1 求绝对值

```
SQL >SELECT ABS(-100)FROM DUAL;
   ABS(-100)
   100
```

（2）ACOS(n)：该函数用于返回数字 n 的反余弦值，输入值的范围是 -1 至 1，输出值的单位为弧度。

示例代码 2-2 求反余弦值

```
SQL >SELECT ACOS(.3)FROM DUAL;
    ACOS(.3)
    1.26610367
```

（3）ASIN(n)：该函数用于返回数字 n 的反正弦值，输入值的范围是 -1 至 1，输出值的单位为弧度。

示例代码 2-3 求反正弦值

```
SQL >SELECT ASIN(0.8)FROM DUAL;
   ASIN(0.8)
   .927295218
```

（4）ATAN(n)：该函数用于返回数字 n 的反正切值，输入值的范围是任何数字，输出值的单位为弧度。

示例代码 2-4 求反正切值

```
SQL >SELECT ATAN(10.3)FROM DUAL;
   ATAN(10.3)
   1.47401228
```

（5）CEIL(n)：该函数用于返回大于等于数字 n 的最小整数。

示例代码 2-5　大于等于数字 10.3 的最小整数

```
SQL >SELECT CEIL(10.3)FROM DUAL;
    CELL(10.3)
          11
```

（6）COS(n)：该函数用于返回数字 n 的余弦值。

示例代码 2-6　求 0.5 的余弦值

```
SQL >SELECT COS(0.5)FROM DUAL;
    COS(0.5)
       .87758
```

（7）EXP(n)：该函数用于返回 e 的 n 次幂（e=2.71828183）

示例代码 2-7　求 e 的 4 次幂

```
SQL >SELECT EXP(4)FROM DUAL;
    EXP(4)
      54.6
```

（8）FLOOR(n)：该函数用于返回小于等于数字 n 的最大整数。

示例代码 2-8　求返回小于等于数字 15.1 的最大数

```
SQL >SELECT FLOOR(15.1)FROM DUAL;
    FLOOR(15.1)
          15
```

（9）LN(n)：该函数用于返回数字 n 的自然对数，其中 n>0。

示例代码 2-9　返回数字 4 的自然数

```
SQL >SELECT LN(4)FROM DUAL;
    LN(4)
  1.38629436
```

（10）LOG(m，n)：该函数用于返回数字 m 为底 n 的对数，其中 m 不能为 0，1 的正整数，n 为正整数。

示例代码 2-10　返回数字 2 为底，8 的对数

```
SQL >SELECT  LOG(2,8)FROM  DUAL;
     LOG(2,8)
         3
```

（11）MOD(m，n)：该函数用于返回两个数字相除后的余数，其中 n 为 0，返回结果 m。

示例代码 2-11　返回两个数字相除之后的余数

```
SQL >SELECT  MOD(10,3)FROM  DUAL;
     MOD(10,3)
             1
```

（12）POWER(m，n)：该函数用于返回数字 m 的 n 次幂，底数 m 和指数 n 可以为任何数字，但 m 为复数时，n 一定为正数。

示例代码 2-12　返回数字 -2 的 3 次幂

```
SQL >SELECT  POWER(-2,3)FROM  DUAL;
     POWER(-2,3)
         -8
```

（13）SIN(n)：该函数用于返回数字 n 的正弦值（以弧度表示角）。

示例代码 2-13　返回数字 0.3 的正弦值

```
SQL >SELECT  SIN(0.3)FROM  DUAL;
     SIN(0.3)
   .295520207
```

（14）TAN(n)：该函数用于返回数字 n 的正切值（以弧度表示角）。

示例代码 2-14　返回数字 45*3.14159265359/180 的正切值

```
SQL >SELECT  TAN(45*3.14159265359/180)FROM  DUAL;
     TAN(45*3.14159265359/180)
                 1
```

（15）ROUND(n，[m])：该函数执行四舍五入的运算，m 为要保留的小数位数。

示例代码 2-15　99.989 四舍五入，保留两位小数

```
SQL >SELECT  ROUND(99.989)FROM  DUAL;
   ROUND(99.989)
       100
```

2.2.2　字符函数

字符函数输入的参数是字符类型，返回值是数字类型或字符类型，字符函数可以在 SQL 语句中使用，也可以在 PL/SQL 块中使用。

（1）ASCII(char)：该函数用于返回字符串首字符的 ASCII 码值。

示例代码 2-16　返回字符串“avv”首字符的 ASCII 码值

```
SQL >SELECT  ASCII('AVV')FROM  DUAL;
   ASCII('AVV')
          97
```

（2）CHR(n)：该函数用于将 ASCII 码值转为字符。

示例代码 2-17　将 ASCII 码值 56 转为字符

```
SQL >SELECT  CHR(56)FROM  DUAL;
                    C
                    8
```

（3）CONCAT(char1，char2)：该函数用于两个字符串连接，等同于值“｜｜”连接操作符。

示例代码 2-18　两个字符串连接

```
SQL >SELECT  CONCAT('GOOD','MORNIGN')FROM  DUAL;
   CONCAT('GO
    GOODMORNING
```

（4）INITCAP(char)：该函数用于将字符串中每个单词第一个字母大写，单词间用空格隔开。

示例代码 2-19　字符串中每个单词第一字母大写

```
SQL >SELECT  INITCAP('GOOD MORNING')FROM  DUAL;
   INITCAP('GO
    GOOD MORING
```

（5）INSTR(char1，char2[，n[，m]])：该函数用于取得字子符串在字符串中的位置，n 为起始搜索位置，数字 m 表示子字符串出现的次数，n 为负数则从尾部开始搜索，m 为正数。且 m，n 默认为 1。

示例代码 2-20　求子串在主串的位置

```
SQL >SELECT  INSTR('XT','T')FROM  DUAL;
   INSTR('XT','T')
          2
```

（6）LENGTH(char)：该函数用于返回字符串的长度，如果 char 是 NULL，则返回 NULL。

示例代码 2-21　返回字符串的长度

```
SQL >SELECT LENGTH('XT')FROM DUAL;
  LENGTH('XT')
            2
```

（7）LOWER(char)：该函数用于将字符串转为小写。

示例代码 2-22　将字符串转为小写

```
SQL >SELECT LOWER('SQL')FROM DUAL;
         LOW
         SQL
```

（8）UPPER(char)：该函数用于将字符串转为大写。

示例代码 2-23　将字符串转为大写

```
SQL >SELECT UPPER('SQL')FROM DUAL;
         UPP
         SQL
```

（9）TRIM(char)：该函数用于将字符串左右空格截除。

示例代码 2-24　将字符串左右空格截除

```
SQL >SELECT UPPER('SQL')FROM DUAL;
         TRI
         SQL
```

此时，结果中“sql”值，左右不带空格的。

（10）LTRIM(char)：该函数用于将字符串左空格截除。

示例代码 2-25　将字符串左空格截除

```
SQL >SELECT LTRIM('SQL')FROM DUAL;
         LTR
         SQL
```

此时，结果中“sql”值，左边不带空格。

（11）RTRIM(char)：该函数用于将字符串右空格截除。

示例代码 2-26　将字符串右空格截除

```
SQL >SELECT RTRIM('SQL')FROM DUAL;
```

```
          RTRIM
            SQL
```

此时，结果中“sql”值，右边不带空格。

（12）REPLACE(char，search_string，[replace_string])：该函数用于将字符串的字串替换为其他的字符串，如果 replace_string 为 null 则去掉指定的字符串，如果 search_string 为 null 则返回原来字符串。

示例代码 2-27　“将缺省值为 10”中的“缺省”用“默认”来代替

```
SQL >SELECT REPLACE(' 缺省值为 10',' 缺省,' 默认 ')FROM DUAL;
          REPLACE(' 缺省值为 10',' 缺省 ',' 默认 ')
                         默认值为 10
```

（13）SUBSTR(char，m[，n])：该函数用于取得字符串的子字串，取得子字串的开始位置为 m，n 为取得字串字符个数，如果 m 为负数，则从尾部开始。

示例代码 2-28　返回“GOOD”中位置为 1 长度为 2 个子字串

```
SQL >SELECT SUBSTR('GOOD',1,2)FROM DUAL;
                       SUBSTR('GOOD',1,2)
                              GO
```

2.2.3　日期和时间函数

我们在编写程序的时候经常需要判断时间值：如，某人想查询自己存款的时间大于 2005-9-21 至今的所有存款流水等，日常使用到时间的例子举不胜举，Oracle 日期时间函数用于能支持客户的日期时间要求，处理 Oracle 的 DATE 和 TIMESTAMP 类型数据即可。以下介绍怎么处理这两个日期时间类型数据。

（1）ADD_MONTHS(d，n)：该函数用于返回特定日期时间 d 之后（或之前）的 n 个月所对应的日期时间（n 为正整数表示之后；n 为负数表示之前）。

示例代码 2-29　但会当前系统日期时间 1 个月后的日期时间

```
SQL >Select ADD_MONTHS(SYSDATE,1) from dual;
                  ADD_MONTHS(SYSDATE,1)
                       26-5 月 -16
```

（2）CURRENT_DATE：该函数返回当前会话时区所对应的日期时间。

示例代码 2-30　返回当前回话时区所对应的日期时间

```
SQL >Select CURRENT_DATE from dual;
                  CURRENT_DATE
```

```
26-4 月 -16
```

（3）EXTRACT：该函数从日期时间值中取得特定数据。

示例代码 2-31 从日期时间值中获取年份

```
SQL >Select EXTRACT(year FROM sysdate)  from  dual;
          EXTRACT(year FROM sysdate)
                   2016
```

（4）LAST_DAY(d)：该函数返回特定日期所在月份最后一天。

示例代码 2-32 获得当前系统日期本月最后一天的日期时间

```
SQL >Select LAST_DAY( sysdate)  from  dual;
          LAST_DAY( sysdate)
            30-4 月 -16
```

（5）SYSDATE：该函数用于返回系统当前日期。

示例代码 2-33 返回系统当前日期时间

```
SQL >Select SYSDATE from  dual;
          SYSDATE
          26-4 月 -16
```

（6）NEXT_DAY(d，char) 该函数用于返回指定日期后的第一个工作日（由 char 指定）所对应的日期。

示例代码 2-34 返回当前系统日期的下一个“星期一”的日期时间

```
SQL >Select NEXT_DAY(sysdate,' 星期一 ') from  dual;
          NEXT_DAY(sysdate,' 星期一 ')
               02-5 月 -16
```

2.2.4 转换函数

转换函数用于数值从一种数据类型转换为另一种数据类型。在某些情况下 Oracle Server 会隐含地转换数据类型。关于数据类型的转换并不陌生，在 C 语言等高级语言中经常会碰到数据类型的转换，如：把字符串“123”转换为整型数据然后再使用等。接下来我们讲解在 Oracle SQL 或 PL/SQL 中不同的数据类型之间怎么转换。这里我们主要讲解常用的转换函数即可满足大多数应用。

（1）TO_CHAR(character)：该函数用于将 NCHAR，NVARCHAR2 等数据类型转换成数据库字符集数据，当为 NCHAR，NVARCHAR2 等数据类型时，在其前加上 n。

示例代码 2-35　将“星期一”转换成字符类型数据

```
SQL >Select TO_CHAR(n' 星期一 ') from dual;
                    TO_CHAR(n' 星期一 ')
                          星期一
```

（2）TO_CHAR(date，fmt)：该函数用于将指定的日期按指定的日期时间格式转换成字符串。

示例代码 2-36　将系统时间按指定的格式“YYYY-MM-DD”输出

```
SQL >Select TO_CHAR(sysdate,'YYYY-MM-DD') from dual;
                    TO_CHAR(sysdate,'YYYY-MM-DD')
                          2016-04-26
```

（3）TO_DATE(char，fmt)：该函数用于将指定的字符串按指定的日期时间格式转换成日期时间数据。

示例代码 2-37　将“2011.01.12”按照“YYYY-MM-DD”格式输出

```
SQL >Select TO_DATE('2011.01.12','YYYY-MM-DD') from dual;
                    TO_DATE('2011.01.12','YYYY-MM-DD')
                          2011-12-1 月 -11
```

2.2.5　分组函数

分组函数也称为多行函数，它会根据输入的多行数据返回一个结果，分组函数主要于执行数据的统计或数据汇总操作，并且分组函数只能出现在 select 语句的选择列表，order by 子句和 having 子句中，不能在 PL/SQL 中直接引用，只能出现在内嵌的 SQL 中，接下来我们讲解常用的分组函数。

（1）AVG ([ALL ｜ DISTINCT ｜ EXPR])：该函数用于计算平均值。

示例代码 2-38　求 emp 表中员工的平均工资

```
SQL >Select AVG(sal) from emp;
                    AVG(sal)
                    2073.21429
```

（2）COUNT ([ALL ｜ DISTINCT ｜ EXPR])：该函数用于计算返回记录的总计行数。

示例代码 2-39　求 emp 表中记录的总条数

```
SQL >Select COUNT(sal) from emp;
                    COUNT(sal)
                       14
```

（3）MAX ([ALL | DISTINCT | EXPR]):该函数取得列或表达式的最大值。

示例代码 2-40 求 emp 表中的最高工资

```
SQL >Select MAX(sal) from emp;
        MAX(sal)
        5000
```

（4）MIN ([ALL | DISTINCT | EXPR]):该函数取得列或表达式的最小值。

示例代码 2-41 求 emp 表中的最低工资

```
SQL >Select MIN(sal) from emp;
        MIN(sal)
        800
```

5.SUM([ALL | DISTINCT | EXPR]):该函数取得列或表达式的总和。

示例代码 2-42 求 emp 表中所有员工工资的总和

```
SQL >Select SUM(sal) from emp;
        SUM(sal)
        29025
```

2.2.6 其他重要的常用函数

（1）NVL(expr1，expr2):该函数将空值转换为实际值，如果 expr1 是 null，则将输出 expr2，否则输出 expr1，但要注意 expr1 和 expr2 类型要匹配。

示例代码 2-43 NVL(expr1,expr2) 函数返回参数

```
SQL >Select NVL(comm,10000) from emp where empno=7369;
        SUM(comm)
        10000
```

2.3 建立符合完整性约束表

我们在设计数据库表的时候总是要遵守商业规则，以确保数据的完整性，比如我们建立了员工的工资表，每当给员工发工资时总要往工资表里填写流水记录，但给员工发放工资必须满足一个基本的前提，即：约束，那就是该员工必须是本公司的员工，（不管是兼职、全职、其他）。从数据库设计的角度来说就是在员工表里必须有该员工信息，才能往工资表里插入该员工的

工资数据。那么实现数据的约束有哪些呢？本节将讲述约束，然后讲解如何使用约束建立数据库表。

2.3.1 约束

1.NOT NULL 约束

NOT NULL 是指数据库表的列定义为非空的情况，也就是往数据库里增加新数据时，指定为非空的列必须填写数据，以使列非空，在定义表结构时可以指定必须填写的数据的列为非空，比如工资表的工资列可以指定为非空，而奖金列不指定为非空。

2. 唯一约束

唯一约束也是针对列的，指定为唯一的约束的列的值必须是唯一的，但可以为 NULL。比如，部门表中的部门名称可以指定为唯一，即：部门不重名。

3. 主键约束

主键用于唯一标识行数据，主键列值不能重复，也不能为 NULL。如部门表中部门号就不能为空，也不能重复。

4. 外建约束

外键约束用于定义两张表之间的约束关系，外键列数据必须在主键列中存在，或者为 NULL。比如工资流水表中的员工号必须在员工表中主键列（员工号）存在或填入 NULL。

5. 检查约束

检查约束用于强制列值必须满足一定的条件，比如：工资表中的工资列，该列规定上海的员工的工资数据必须大于 800 元才能被填入。

2.3.2 建立符合完整性约束的数据库表的示例

以上介绍了建立数据库表时实现完整性约束的方法，我们将进一步以实际的例子加以说明。

示例代码 2-44　建立符合完整性约束的部门表 (dept)

```
SQL >create table dept(
        DeptNO number(5)  primary key,----------- 主键约束
        DName varchar(20) unique not null,-------- 唯一、非空约束
        DNum number(7) check(DNum>0));-------- 检查约束
```

示例代码 2-45　建立完全符合完整性约束的员工信息表 (emp)

```
SQL >create  table  emp(
          empno    number(4) not null,
          ename    varchar2(10),
        job      varchar2(9),
        mgr      number(4),
        hiredate date,
```

```
        sal        number(7,2),
        comm       number(7,2),
        deptno     number(2) );
```

以上创建两个表的示例充分展示了5大约束在创建库表的过程中的使用。

2.4 小结

✓ 牢记Oracle数据库常用数据类型，进行数据库编程和设计时经常用到数据类型。

✓ Oracle常用的内置函数，数字和字符函数等在金融行业应用中是经常使用的，需要熟练使用。

✓ 熟练使用数据库的基本对象，包括对象的创建、使用、删除等，比如：创建符合商业规则约束的数据库表和使用，这在应用中是很重要的，我们应反复使用，达到非常熟练的程度。

2.5 英语角

scalar	标量
composite	复合
function	函数
sequence	序列
synonym	同义词
constraint	约束
table	表
foreign key	外键
primary key	主键
references	参照

2.6 作业

1.char与varchar2类型的区别？

2. 举一个例子，设计：员工表，工资表，这两个表满足5大约束，并创建SQL建表脚本？

3. 针对第2题，我们用SQL语句计算员工平均工资、总工资、最少工资、最大工资、总员工数，注意如果产生小数请保留两位小数。

2.7　思考题

1. 为什么要学习 Oracle 内置函数？
2. 为什么要讲解建表的约束？

2.8　学员回顾内容

常用标量数据类型。
常用 Oracle 函数。
建立符合约束的数据库表。

参考资料
《Oracle SQL 入门与实践经典》　何明、何苗颖　清华大学出版社　2015-5
《Oracle 数据库管理从入门到精通》　丁士泽　清华大学出版社　2014-1

第 3 章　Oracle 数据库安全

学习目标

✧ 了解 Oracle 数据库的基本安全体系。
✧ 掌握 Oracle 数据库管理与应用的相关知识。
✧ 掌握数据库安全基本要素，如：账户、权限、角色。

课前准备

数据库账户：
✧ Oracle 数据库模式。
✧ Oracle 数据库权限。
✧ Oracle 数据库角色。
✧ Oracle 数据库数据字典。

本章简介

人们在日常生活中总是很注意自身及社会的人身安全和财产安全，我们经常听到某某地方煤矿因瓦斯爆炸多少人被埋在矿井里；伊拉克某某地方发生炸弹袭击，发生爆炸，死伤多少人等等。每当我们听到社会不安全的因素，心中总是感到恐慌，精神紧张，那是因为这些事件都有一个共同的特征：那就是给社会财产和人民生命造成严重损失，那么在当今信息领域中是不是就很安全？是不是就没有让人们恐怖的事件呢？答案是肯定的，信息领域也有不安全的因素，经常听到某某人在银行里的钱不翼而飞，或是事件当事人没有保护好自己的账户密码，或是犯罪分子破译密码等等。这些事件也使人们蒙受巨大财产损失，甚至是当事人失去的是终生劳动成果，像这样的例子，甚至损失更惨重的事件举不胜举，本章我们将从 Oracle 数据库的角度讲解信息领域中数据库的安全要素：数据库账户、密码、权限、控制、角色控制等。

3.1　Oracle 用户管理

每当人们买股票，买基金、到银行取款时，都要求提供账号和密码，同样当你使用 Oracle 客户端访问 Oracle 数据库时也必须提供密码和账号，例如：使用 SQL*PLUS 访问数据库时系统将弹出如图 3-1 所示对话框。

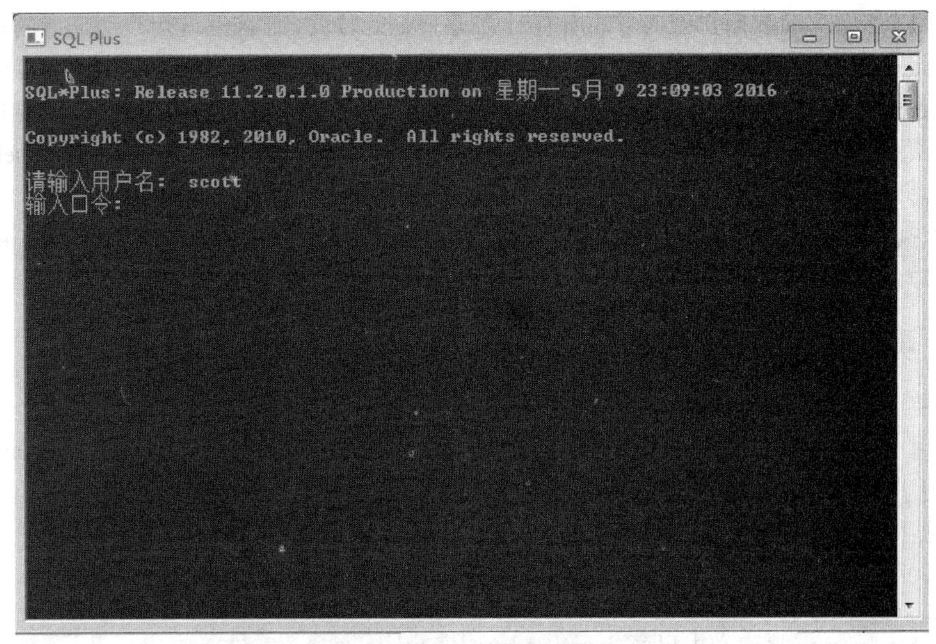

图 3-1　Oracle 数据库账户注册

只有在用户输入用户密码和账号之后才可以登录 Oracle 数据库，才能访问数据，才能进行相关的操作。

从以上我们可以知道：用户（User）就是定义在数据库中的一个名称，是 Oracle 的基本访问控制机制。当用户访问 Oracle 数据库的时候必须提供账号和密码。

3.1.1　用户与模式

用户（User）是定义在数据库中的一个名称，它是 Oracle 数据库的基本访问控制机制，当连接到 Oracle 数据库，并进行数据访问时，首先要提供正确的账户名及口令。

模式（Schema）是用户所拥有对象的集合。在 Oracle 数据库中，用户与模式是一一对应的关系，并且二者名称相同，用户与模式一一对应的关系如图 3-2 所示。

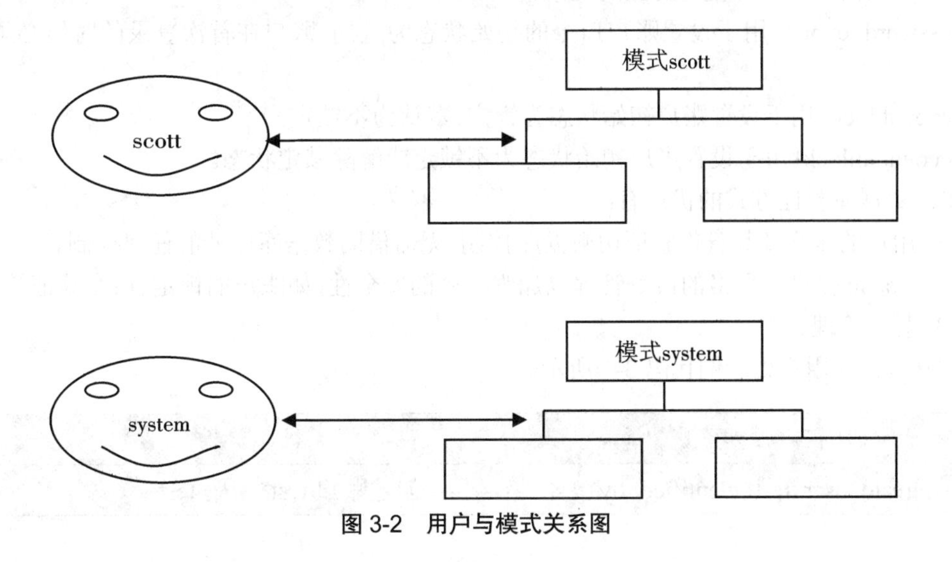

图 3-2　用户与模式关系图

在图 3-2 中，scott 用户所拥有的所有对象属于 scott 模式，而 system 用户所拥有的对象则属于 system 模式。大家需要注意，用户可以访问其模式的所有对象，例如用户 scott 可以在其模式表 emp 上执行任何 SQL 操作；而当一个用户要访问另一个模式的对象时，必须要具有相应的对象权限，例如如果用户 smith 希望检索 scott 的表 emp，则必须在 emp 表上具有 select 对象权限，另外，当用户要访问其模式对象时，可以直接访问，例如用户 scott 检索其模式表 emp 时，可以执行语句“select*from emp”；但是如果用户要访问其他模式的对象，则必须提供模式名，例如如果 smith 用户检索 scott 模式的 emp 表，则必须执行语句“select*from scott.emp”。

3.1.2 建立用户：数据库验证

当使用数据库或管理数据库系统的时候，需要根据不同用户的需求激活不同的用户，然后给不同用户分配不同权限完成不同任务。在 Oracle 数据库中建立用户是使用命令 create user 由 dba 用户来完成的，如果要以其他用户身份创建用户，必须需要 create user 系统权限。

数据库验证是指用数据库来检查用户、口令及用户身份的方式。

建立用户语法如下：

```
create user 自定义用户名 identified by 账户密码
default tablespace 表空间名
temporary tablespace 临时表空间名
quota 使用空间大小 on 表空间名
password expire
account lock|unlock
```

参数说明：

identified by：用于指定用户的密码（口令）。

default tablespace：用于指定用户默认表空间。

temporary tablespace：用于指定临时表空间，临时表空间用于排序操作。

quota：在指定空间可使用的空间配额。

password expire：用于设置账户口令的初始状态为过期，账户在首次登录的时候必须修改口令。

account lock：用于设置账户初始状态为锁定，默认为不锁定。

account unlock：用于设置账户初始状态为不锁定或解除锁定状态。

采用数据库验证方式的优点有：

（1）用户的账户及其身份验证由数据库控制，无需借助数据库以外的任何控制。

（2）Oracle 提供了严格的口令管理以加强口令的安全性，如账户的锁定、口令验证等。

（3）易于管理。

建立数据库用户如示例代码 3-1 所示。

示例代码 3-1 创建账户

```
create user test identified by test ----------- 创建账户 test, 密码 test
```

```
default tablespace orcltbs -------------orcltbs 为表空间
temporary tablespace orcltemp -----------orcltemp 为临时表空间
quota 3M on orcltbs;---------- 指定该账户在 orcltbs 表空间中可以分配的最大空间
为 3m。
```

如示例代码 3-1 建立了一个数据库用户：

账户：test

口令：test

使用的默认空间表：orcltbs

使用的临时表空间：orcltEMP

表空间 orcltbs 的配额：3M

3.1.3　连接到数据库执行初步操作

对于采用数据库验证建立的用户，连接数据库时必须提供用户名和口令。我们需要注意的是上节中示例创建的用户在创建初无任何权限，为了连接到数据库我们必须授予 CREATE SESSION 的权限。如示例代码 3-2 所示。

示例代码 3-2　给出初始用户授予 CREATE SESSION 权限

```
SQL>CONN SYS/ORCL AS SYSDBA;
SQL>GRANT CRATE SESSION TO TEST;
SQL>CONNECT TEST/TEST;
```

即可通过使用 test 账户连接上 Oracle 数据库。

通过以上授权我们已经可以连接上数据库，当然我们连接数据库的目的是为了操纵数据库，我们可以给该数据库账户授予 create table 的权限对数据库进行初步操纵。如示例代码 3-3 所示。

示例代码 3-3　给与数据库账户授予 CREATE TABLE 的权限

```
SQL>CONNECT SYS/ORCL AS SYSDBA;
SQL>GRANT CREATE TABLE TO TEST;
SQL>CONNECT TEST/TEST;
```

即可通过使用 test 账户连接上 Oracle 数据库，然后创建数据库表。

3.1.4　特权用户

特权用户是指具有特殊权限的数据库用户（如：SYSDBA 或 SYSOPER）这类用户主要执行数据库维护操作：

（1）启动和关闭 Oracle Server。

（2）建立数据库。

（3）备份和恢复数据库。

特权用户示例：

（1）SYS 用户。

（2）INTERNAL（9I 已经废弃）。

3.1.5 修改用户

由于用户需要严格保密其口令，同时又需要经常更新口令使得数据库更加安全，所以修改账户是经常涉及的内容，修改用户一般是由 DBA 来完成的，但是一般情况下每个用户都可以修改自身的口令，下面我们讲解怎么修改用户口令和用户表空间配额。

> 注意：
> 修改用户信息的用户必须拥有 alter user 系统权限。

修改用户时是使用 alter user 命令完成的。

修改用户口令如示例代码 3-4。

示例代码 3-4 修改用户口令

```
SQL >CONNECT TEST/TEST;
SQL>ALTER USER TEST IDENTIFIED BY TESTNEW;
```

修改用户空间配额如示例代码 3-5。

示例代码 3-5 修改用户空间配额

```
SQL >CONNECT SYS/ORCL AS SYSDBA;
SQL>ALTER USER TEST QUOTA 10M ON ORCLTBS;
```

3.1.6 删除用户

我们在做应用系统开发的时候，有时需要删除数据库用户（如：临时存放数据的账户）。删除用户一般情况下是由 DBA 来完成的，如果使用别的账户做数据库删除必须拥有 DBA 权限。

删除数据库的语法定义如下：

```
SQL >DROP USER 用户名;
```

> 注意：
> （1）如果模式中包含有数据库对象，则必须带有 CASCADE 选项，否则会显示错误信息：
> ERROR at line 1:
> ORA-01922:CASCADE must be specified to drop“UI”

（2）当前在连接的用户不能被删除，否则显示错误：
ERROR at line1：
ORA-01940：cannot drop a user that is currently connected

3.1.7 显示用户信息

当建立数据库用户时，Oracle 会将用户信息存放到数据库字典中，通过检查数据库字典 DBA_USERS，可以显示用户的详细信息：用户名、账户的状态、默认表空间，临时表空间等信息。

3.2 管理权限

权限这是大家熟悉的一个词语，一般情况下就是指执行的权利和限制，比如，公司内部管理，人力资源部负责人力资源管理：招聘、人力价值评估、解雇员工等。而开发部则主要负责产品设计、开发、维护等工作。这些部门各司其职，并分别有不同的处理事务的权力，一般情况下，除非特别授权，部门之间是不能跨部门行使权力的，比如开发部不能行使商务部门的职责和权力，返过来亦然，在 Oracle 数据库中权限（privilege）是指：执行特定类型的 SQL 命令或访问其他模式对象的权利，它限制用户可执行的操作，权限包括系统权限（system privilege）和对象权限（object privilege）两种类型。接下来我们分别讲解系统权限和对象权限。

3.2.1 系统权限

系统权限是指：执行特定类型 SQL 命令的权限，它用于控制用户可执行的一个或一类数据库操作。Oracle 数据库大概包括 100 多种系统权限，表 3-1 列出了常用的系统权限。

表 3-1　权限表

权限	解释
create any cluster	为任意用户创建簇的权限
create any index	为任意用户创建索引的权限
create any procedure	为任意用户创建存储过程的权限
create any sequence	为任意用户创建序列的权限
create any snapshot	为任意用户创建快照的权限
create any synonym	为任意用户创建同义词的权限
create any table	为任意用户创建表的权限
create any trigger	为任意用户创建触发器的权限
create any view	为任意用户创建视图的权限

续表

权限	解释
create cluster	为用户创建簇的权限
create database link	为用户创建的权限
create procedure	为用户创建存储过程的权限
create profile	创建资源限制简表的权限
create public database link	创建公共数据库链路的权限
create public synonym	创建公共同义名的权限
create role	创建角色的权限
create rollback segment	创建回滚段的权限
create session	创建会话的权限
create sequence	为用户创建序列的权限
create snapshot	为用户创建快照的权限
create synonym	为用户创建同义名的权限
create table	为用户创建表的权限
create tablespace	创建表空间的权限
create user	创建用户的权限
create view	为用户创建视图的权限

另外，Oracle 数据库包含一类 ANY 系统权限，当用户具有该类权限时，可以在任何模式中执行相应的操作。

例如：如果用户具有 SELECT ANY TABLE 系统权限，那么该用户可以查询任何表的数据，为了保护数据字典的基本安全，即使用户具备了 ANY 系统权限也不应该访问数据库字典基表。

注意：
没有 CREATE INDEX 系统权限，当用户具有 CREATE TABLE 系统权限时，自动在相应的表上具有 CREATE INDEX 系统权限。

3.2.2 授予系统权限

我们建立用户的目的是为了使用户可以执行一些特定的操作，完成特定的任务，但初始用户没有任何权限，不能执行任何操作，甚至不能登录数据库。如果不具备 CREATE SESSION 的系统权限，那么该用户无法连接到数据库，为了使用户能够执行特定的操作，必须将系统权限授予给用户，一般情况下，系统权限是使用 GRANT 命令由 DBA 来完成，给用户授予系统权限的语法如下：

```
GRANT 系统权限 1，系统权限 2，系统权限 3，系统权限 4……，系统权限 N TO 用户
```

示例代码 3-6 为授予用户系统权限示例。

示例代码 3-6　授予用户系统权限示例

```
SQL >CONNECT SYS/ORCL AS SYSDBA;
SQL>GRANT SESSION,CREATE TABLE TO TEST;
```

3.2.3　回收系统权限

回收系统权限是使用 revoke 命令来完成，在回收了用户在系统权限之后，用户将不能执行系统权限对应的 SQL 命令了。回收系统权限一般是由 DBA 来完成的。

从用户回收系统权限的语法如下：

```
REVOKE 系统权限 1，系统权限 2，系统权限 3，……系统权限 N FROM 用户
```

从用户回收系统权限示例如示例代码 3-7 所示。

示例代码 3-7　回收用户系统权限示例

```
SQL>CONNECT SYS/ORCL AS SYSDBA;
SQL>REVOKE CREATE SESSION,CREATE TABLE FROM TEST;
```

3.2.4　显示当前用户和当前会话的系统权限

显示当前用户所具有的系统权限，如何取得用户所具有的权限？通过查询数据字典 user_sys_privs，可以显示用户所具有的权限，如示例代码 3-8 所示。

示例代码 3-8　显示用户所具有的权限

```
SQL>CONNECT TEST/TESTNEW;
SQL>SELECT * FROM USER_SYS_PRIVS WHERE USERNAME='TEST';
```

运行结果如图 3-3 所示。

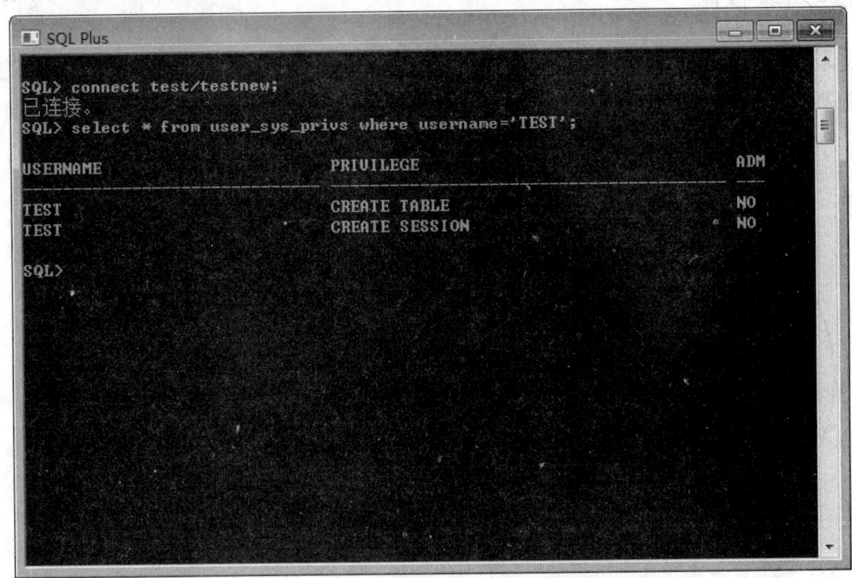

图 3-3　显示当前账户具有的权限

USERNAME：权限的拥有者。

PRIVILEGE：系统权限名。

显示当前会话所具有的权限，建立用户时，可将系统权限授予用户，那么当用户登录后，可执行哪些 SQL 命令呢？通过查询 SESSION_PRIVS 可知道当前会话所具有的权限。如示例代码 3-9 所示。

示例代码 3-9　查询当前会话所具有的权限
SQL>SELECT * FROM SESSION_PRIVS;

运行结果如图 3-4 所示。

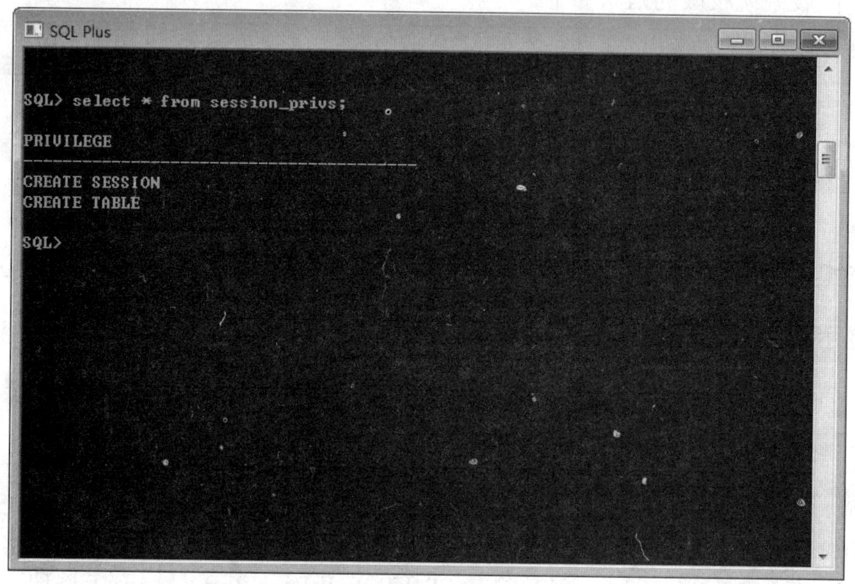

图 3-4　显示当前会话权限

3.2.5　管理对象权限

对象权限是指访问其他模式对象的权利，它用于控制一个用户对另一个用户的访问。假如数据库实例 X 有一账户 A 同时拥有一账户 B 而 A 要访问 B 账户的数据库表 TX 则必须要在 B.TX 表上具有相应的对象权限。如图 3-5 所示。

如下图：

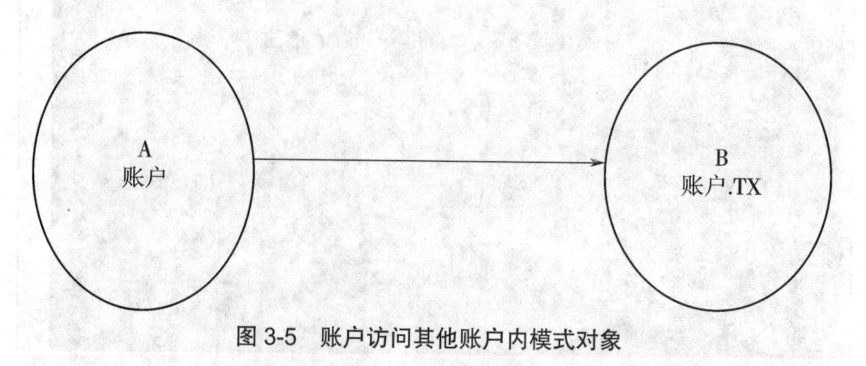

图 3-5　账户访问其他账户内模式对象

表 3-2 列出了常用的 Oracle 提供的所有对象权限。

表 3-2　对象权限表

对象权限	表	视图	序列	过程
DELETE	Y	Y		
EXECUTE				Y
INSERT	Y	Y		
SELECT	Y	Y	Y	
UPDATE	Y	Y		

默认情况下，当直接授予对象权限时，会将访问所有列的权限都授予用户，例如用户 B 执行授权命令"GRANT UPDATE ON TX TO A"。那么 A 可以更新 B.TX 所有列。

3.2.6　授予对象权限

用户可以访问自己模式中所有对象，但如果需要访问另一模式的所有对象时，则必须要具有对象权限。授予对象权限使用"GRANT"命令完成。

授予对象权限的基本语法如下：

```
GRANT 系统权限 1,系统权限 2,系统权限 3,……系统权限 N ON TO 账户；
```

示例代码 3-10 为授予对象权限示例。

示例代码 3-10　授予对象权限示例

```
SQL>CONNECT SCOTT/TIGER;
SQL>GRANT SELECT,INSERT ON EMP TO TEST;
```

运行结果如图 3-6 所示。

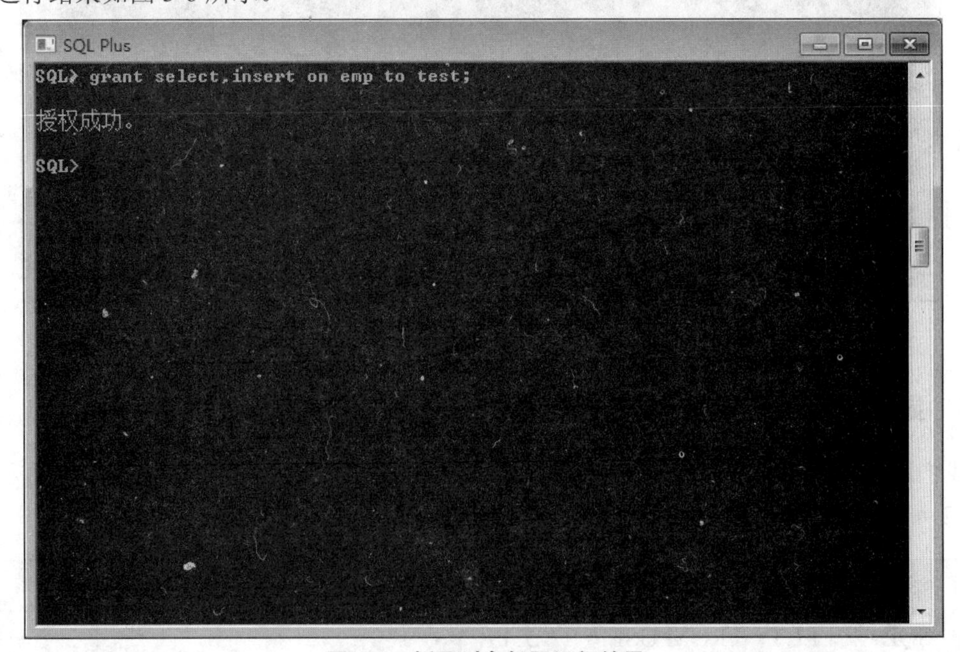

图 3-6　授予对象权限运行结果

3.2.7 回收对象的权限

回收对象的使用 revoke 命令完成。再回收了对象的权限以后，用户不能执行该对象权限所对应的 SQL 操作。回收权限一般是由对象所有者来完成的。

回收对象权限的基本语法如下：

```
REVOKE 系统权限 1，系统权限 2，系统权限 3……系统权限 N ON 对象 FROM 用户
```

示例代码 3-11 为回收对象权限示例。

示例代码 3-11 回收当前对象权限示例

```
SQL>CONNECT SCOTT/TIGER;
SQL>REVOKE SELECT,INSERT ON EMP FROM TEST;
```

运行结果如图 3-7 所示。

图 3-7 回收对象权限

3.2.8 显示当前用户所具有的对象权限

我们通过查询 USER_TAB_PRIVS 可以查看当前用户所具有的对象权限。参见示例代码 3-12。

示例代码 3-12 查询当前用户所具有的权限

```
SQL>SELECT * FROM USER_TAB_PRIVS;
```

3.3　管理角色

我们平时干活或做工作时总是先做一批相关的工作（工作的性质相似、地点相近等）等做完后，然后做再其他一批相关工作。如：做作业时先做数学，再做语文等，这样分组成批的完成功课总比做一道数学题，然后做一道语文题，再回来做一道数学题这种循环或无序的工作来的快，同样的道理，当建立用户时，用户没有任何权限，不能执行任何操作。为了使用用户可以连接数据库以执行各种操作，必须授予相应的系统权限和对象权限。如：为了让账户 A 连接到数据库和执行相应的需要的操作必须授予权限，如：CREATE SESSION、CREATE TABLE 等权限。

图 3-8 所示为授权过程。

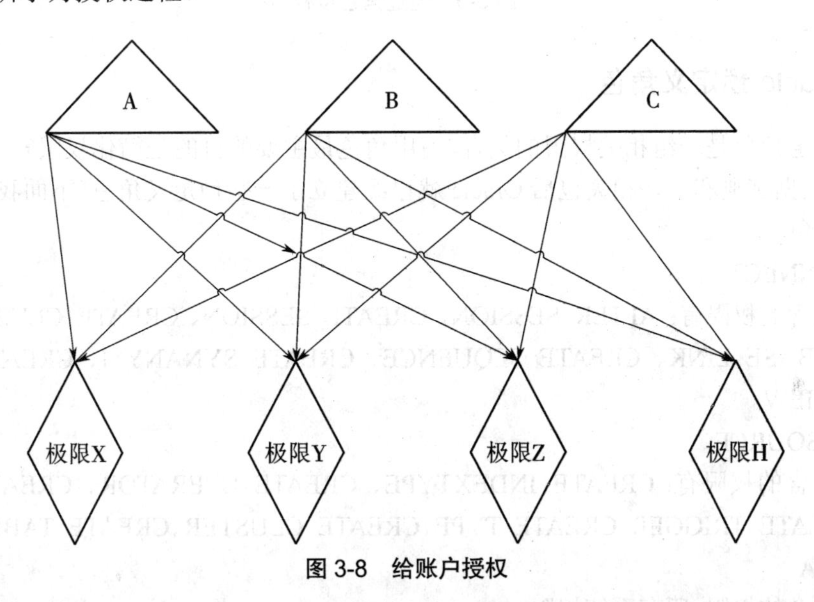

图 3-8　给账户授权

从图 3-8 我们看到，为完成四种权限授予三个账户的授权过程需要执行大量的授权过程，这里共计 12 次之多，同样收回权限也需要相同次数的操作，这样一来，授权和回收权限工作量是及其巨大的，当要授予的权限特别多时工作量可想而知，并且容易多授或少授权限而出错，管理授权和回收权限的过程太复杂，为了简化授权和回收权限的过程，我们希望把授权和回收权限成组、成批次地授予或收回，此时，便是接下来我们需要讲解的角色，即：权限的集合。从而达到简化权限的管理过程，不容易在授权或回收授权时出错。使用角色的授权过程如图 3-9 所示。

从图 3-9 我们看到增加权限的集合：创建角色，把单个权限赋值给角色，然后依次一次性把权限的集合（角色）赋给不同的用户，这样既简化了授权过程，通过创建不同角色可以给不同需求的用户授予不同角色，这样一来授权和回收权限都简单明了。

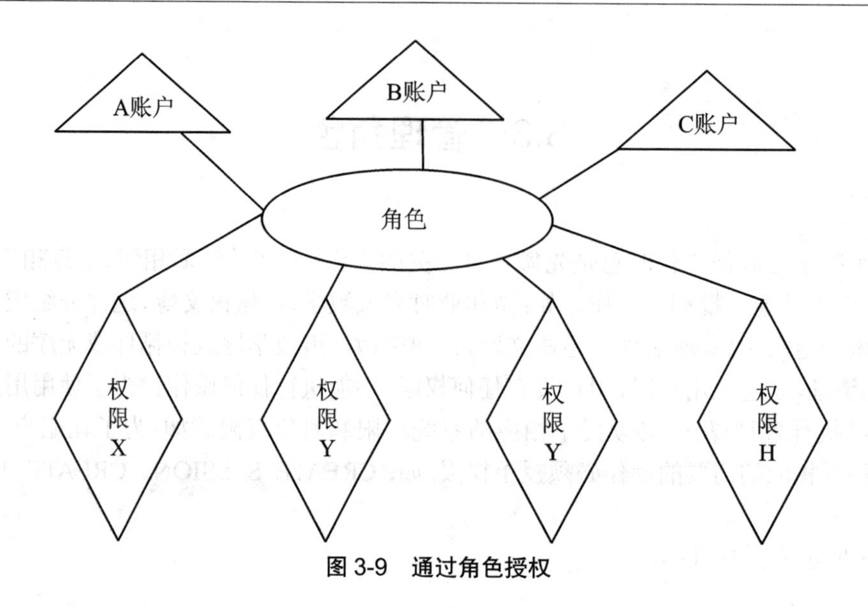

图 3-9　通过角色授权

3.3.1　Oracle 预定义角色

我们知道角色是一组相关权限的集合，使用角色最主要的目的是简化权限管理，当建立数据库、安装数据字典和一些相关包后 Oracle 就已经建立了一些预定义角色，下面我们介绍常用的预定义角色。

- CONNECT

其所包含的权限有：ALTER SESSION、CREATE SESSION、CREATE CLUSTER、CREATE DATABASE LINK、CREATE SEQUENCE、CREATE SYNANYM、CREATE TABLE、CREATE VIEW。

- RESOURCE

其所包含的权限有：CREATE INDEXTYPE、CREATE OPERATOR、CREATE PROCEDURE、CREATE TRIGGER、CREATE TYPE、CREATE CLUSTER、CREATE TABLE 等。

- DBA

其所包含的权限：所有系统权限。

3.3.2　创建角色

在设计应用数据库的时候，人们可以使用预定义角色，但出于安全、角色集合可定义等因素，人们常常根据用户需求定义自己的角色，建立角色是由“CREATE ROLE”由 DBA 角色来完成的。

> 注意：
> 1. 建立角色的账户必须拥有 CREATE ROLE 权限。
> 2. 建立的初始化角色不具备任何系统权限和对象权限。

建立角色的基本语法如下：

```
CREATE ROLE 自定义角色名字 ;
```

示例代码 3-13 为创建角色示例。

示例代码 3-13　创建角色示例

```
SQL>CREATE ROLE TEST_ROLE;
```

3.3.3　使用角色授权

正如上面章节所说，我们一旦有了权限的集合就可以简化授权和权限回收，下面我们主要讲解给角色授权和使用角色给用户授权。

1. 给角色授权

给角色授权的基本语法如下：

```
GRANT 权限列表 ( 多个权限用逗号隔开 )TO 自定义角色名字 ;
```

示例代码 3-14 是给角色授权示例。

示例代码 3-14　给角色授权示例

```
SQL>GRANT CREATE SESSION,CREATE TABLE TO TEST_ROLE;
```

2. 使用角色给用户授权

使用角色给用户授权的基本语法如下：

```
GRANT 角色列表，权限列，( 多个权限用逗号隔开 )TO 自定义用户名字 ;
```

示例代码 3-15 是使用角色给用户授权示例。

示例代码 3-15　使用角色给用户授权示例

```
SQL>GRANT TEST_ROLE TO TEST;
```

我们可以根据设计的需要，把不用的或设计不当的角色删除掉。删除角色的基本语法如下：

```
DROP ROLE 自定义角色名字 ;
```

示例代码 3-16 是删除角色示例。

示例代码 3-16　删除角色示例

```
SQL>DROP ROLE TEST_ROLE;
```

3.3.4　显示当前用户所具有的角色

要显示当前操作用户的角色可以通过查询 user_role_privs 得到相应信息。如示例代码 3-17 所示。

示例代码 3-17　显示当前用户所具有的角色

```
SQL>SELECT USERNAME,GRANTED_ROLE FROM USER_ROLE_PRIVS;
```

运行结果如图 3-10 所示。

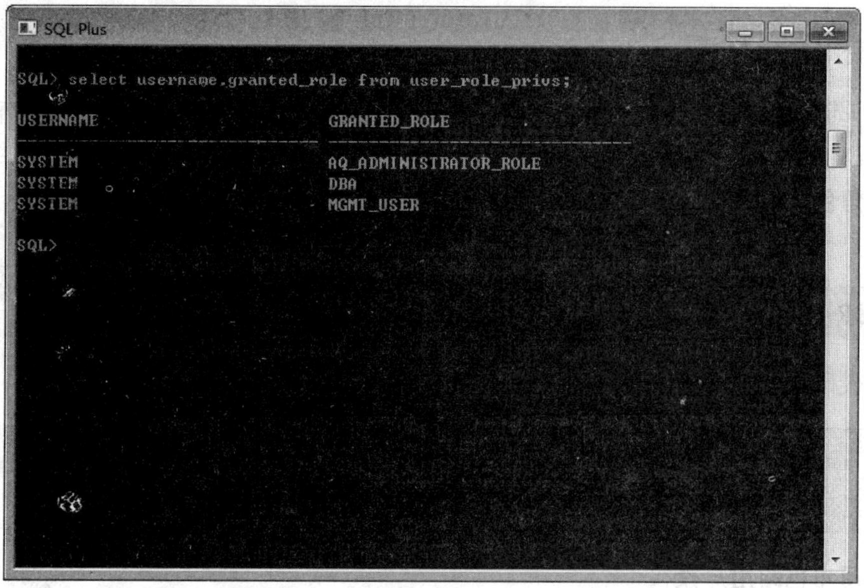

```
SQL Plus
SQL> select username,granted_role from user_role_privs;

USERNAME                       GRANTED_ROLE
------------------------------ ------------------------------
SYSTEM                         AQ_ADMINISTRATOR_ROLE
SYSTEM                         DBA
SYSTEM                         MGMT_USER

SQL>
```

图 3-10　显示当前用户所具有的角色

3.4　数据字典

数据字典是 Oracle 的最重要的组成部分，它用于提供数据库的相关信息，数据字典的维护和修改是由系统自动完成的，而用户只能执行 SELECT 查询系统信息，所以数据字典属于 SYS 模式，并且存放在表空间 SYSTEM。数据字典由基表和视图两部分组成，其中基表存储着数据库的基本信息，普通用户无法写入和读取，而视图则存放着基表解码后的信息，用户可以查询，比如一个表的创建者信息，创建时间信息、所属表空间信息、用户访问权限信息等。当用户在数据库中对数据进行操作时遇到困难也可以访问数据字典来查看详细的信息。

Oracle 中的数据字典有静态和动态之分。静态数据字典在用户访问数据字典时不会发生改变，但动态数据字典是依赖数据库运行性能的。反映数据库运行的一些内在信息，所以在访问这类数据字典时往往不是一成不变的，以下分别就这两类数据字典来论述。

3.4.1　静态数据字典

这类数据字典主要是由表和视图组成,应该注意的是,数据字典中的表是不能直接被访问的,但是可以访问数据字典中的视图。静态数据字典的视图分为三类,它们分别由三个前缀构成:USER_*、ALL_*、DBA_*。

- USER_*

该视图存储了关于当前用户所拥有的对象的信息(即所有在该用户模式下的对象)

- ALL_*

该视图存储了当前用户能够访问的对象的信息。(与 USER_* 相比, ALL_* 并不需要拥有该对象,只有需要具有访问该对象的权限即可。)

- DBA_*

该视图存储了数据库中所有对象的信息。(前提是当前用户具有访问这些数据库的权限,一般来说必须具有管理员权限)。

从上面的描述可以看出,三者之间存储的数据肯定会有重叠,其实它们除了访问范围的不同以外(因为权限不一样,所以访问对象的范围不一样),其他均具有一致性。具体来说,由于数据字典视图是由 SYS(系统用户)所拥有的,所以在缺省情况下,只有 SYS 和拥有 DBA 系统权限的用户可以看到所有的视图。没有 DBA 权限的用户只能看到 USER_* 和 ALL_* 视图。如果没有被授予相关的 SELECT 权限的话,是不能看到 DBA_* 视图的。

由于三者具有相似性,下面以 USER_ 为例介绍几个常用的静态视图。

1. USER_USERS 视图

主要描述当前用户的信息,主要包括当前用户名、账户 ID、账户状态、表空间名、创建时间等。例如执行如图 3-11 所示命令即可返回这些信息。

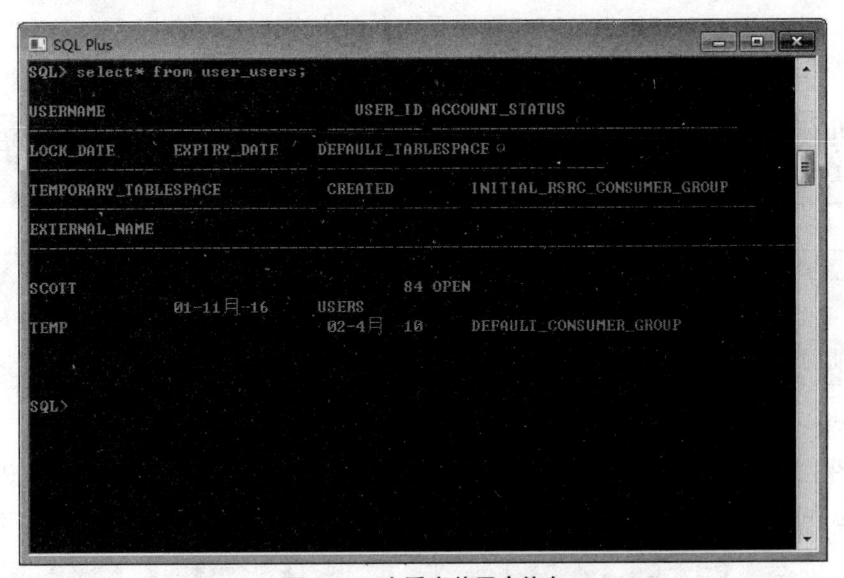

图 3-11　查看当前用户信息

2. USER_TABLES 视图

主要描述当前用户拥有的所有表的信息,主要包括表名、表空间名、簇名等。通过此视图可以清楚地了解当前用户可以操作的表有哪些。执行命令为：

```
SELECT*FROM USER_TABLES;
```

执行结果如图 3-12 所示。

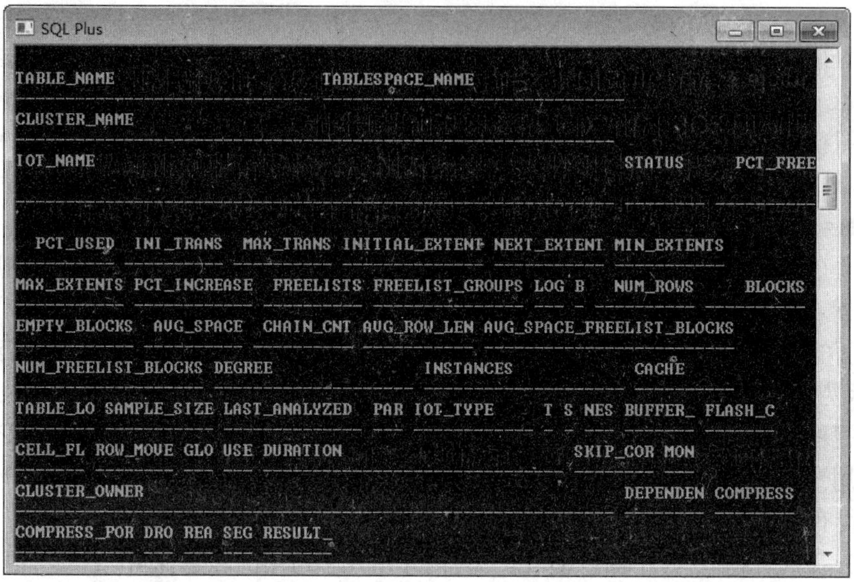

```
SQL Plus
TABLE_NAME                    TABLESPACE_NAME
CLUSTER_NAME
IOT_NAME                                              STATUS    PCT_FREE
  PCT_USED  INI_TRANS  MAX_TRANS INITIAL_EXTENT NEXT_EXTENT MIN_EXTENTS
MAX_EXTENTS PCT_INCREASE  FREELISTS FREELIST_GROUPS LOG B   NUM_ROWS     BLOCKS
EMPTY_BLOCKS  AVG_SPACE  CHAIN_CNT AVG_ROW_LEN AVG_SPACE_FREELIST_BLOCKS
NUM_FREELIST_BLOCKS DEGREE              INSTANCES           CACHE
TABLE_LO SAMPLE_SIZE LAST_ANALYZED  PAR IOT_TYPE     T S NES BUFFER_ FLASH_C
CELL_FL ROW_MOVE GLO USE DURATION                    SKIP_COR MON
CLUSTER_OWNER                                         DEPENDEN COMPRESS
COMPRESS_FOR DRO REA SEG RESULT_
```

图 3-12　查看当前用户下的表

3. USER_OBJECTS 视图

主要描述当前用户拥有的所有对象的信息，对象包括表、视图、存储过程、触发器、包、索引、序列等。该视图比 USER_TABLES 视图更加全面。例如，需要获取一个名为“EMP”的对象类型和其状态的信息，可执行下面命令：

```
SELECT OBJECT_TYPE，STATUS FROM USER_OBJECTS WHERE OBJECT_NAME='EMP';
```

注意：

这里需注意 UPPER 的使用，数据字典里的所有对象均为大写形式，而 PL/SQL 里大小写是不敏感的，所以在实际措施中一定要注意大小写匹配。

4. USER_TAB_PRIVS 视图

该视图主要是存储当前用户下对所有表的权限信息，比如，为了了解当前用户对 TABLE 的权限信息，可以执行如下命令：

```
SELECT * FROM USER_TAB_PRIVS WHERE TABLE_NAME=UPPER("TABLE1");
```

了解当前用户对该表的权限后就可以清楚地知道，哪些操作可以执行，哪些操作不能执行。

> 要点：
> 前面的视图均为 USER_ 开头的，其实 ALL_ 开头的也完全是一样的，只是列出来的信息是当前用户可以访问的对象而不是当前用户拥有的对象，对于 DBA_ 开头的需要管理员权限其他用法也完全一样，这里就不再赘述了。

3.4.2　动态数据字典

Oracle 包含一些潜在的由系统管理员（如 SYS）维护的表和视图，由于当数据库运行的时候它们会不断进行更新，所以称它们为动态数据字典（或者是动态性能视图）这些视图提供了关于内存和磁盘的运行情况，所以我们只能对其进行只读访问而不能修改它们。Oracle 中这些动态性能视图都是以 v $ 开头。比如：v $ access，下面就几个主要的动态性能视图进行介绍。

1. v $ access

该视图显示数据库中锁定的数据库对象以及访问这些对象的会话对象（session 对象）。

运行如下命令：

```
SELECT*FROM V $ACCESS ;
```

2. v $ session

该视图列出当前会话的详细信息。由于该视图字段较多，这里就不列详细字段。为了解详细信息，可以直接在 SQL*PLUS 命令行下键入：Desc v $session。

3. v $ active_instance

该视图主要描述当前数据库下的活动的实例的信息，依然可以使用 SELECT 语句来观察该信息。

4. v $ context

带视图列出当前会话的属性信息。比如命名空间、属性、值等。

3.5　小结

✓ 掌握 Oracle 数据库验证账户的概念，能够创建账户 / 密码，修改账户基本要素。

✓ 掌握 Oracle 数据库的权限体系，（系统权限、对象权限）能够根据需求，熟练掌握给数据库账户授予相应的 SQL 权限，对不需要的权限能够回收。

✓ 掌握 Oracle 数据库角色的重要地位，能够自如地分类和分配权限集合，并把角色授予账户，并能回收角色权限。

3.6 英语角

user	用户
role	角色
privilege	权限
view	视图
create	创建
alter	更改
revoke	回收
grant	授予

3.7 作业

1. 为什么 Oracle 数据库要使用角色这一元素?
2. 权限分为哪些类,分别举出一两个例子。
3. 请创建一个账户,并说明初始创建的账户的特点?
4. 请简述数据字典的作用。

3.8 思考题

1. 联系实现生活,怎么理解数据库安全的重要性?
2. 怎么理解权限在一个企业流程管理中的作用?

3.9 学员回顾内容

1. 回顾数据库安全的重要性。
2. 体会 Oracle 数据库账户、权限和角色的相互关系。

参考资料
《Oracle 实用教程（第 4 版）》　郑阿齐　电子工业出版社　2015-1
《Oracle 查询优化改写技巧与案例》　有教无类、落落　电子工业出版社　2015-1

第 4 章　Oracle 与简单 SQL 语句

学习目标

- ✧ 理解 SQL 语言的特点等概念。
- ✧ 理解事务的概念和简单用法。
- ✧ 掌握基本 SQL 语句的用法。
- ✧ 掌握这些数据库操纵的基本命令。
- ✧ 熟练使用 Oracle 事务提交与回滚命令。

课前准备

- ✧ SELECT 命令的用法。
- ✧ DML 命令用法。
- ✧ 事务提交与回滚的概念与用法。
- ✧ 使用基本的 SQL 工具：SQL*Plus。

本章简介

SQL（Structured Query Language）是关系型数据库标准语言，已经被主流的商用 DBMS 产品如：DB2、ORACLE、SYSBASE、SQL SERVER 等所采用，已经是关系型数据库领域中的主流语言。

SQL 包含查询功能以及插入、删除、更新和数据定义功能。作为一个 SQL 数据库是表的汇集，它用一个或多个模式定义。作为 SQL 用户可以是应用程序，也可以是终端用户。

在本章中，我们将详细介绍 SQL 的特点、SQL*Plus 工具、简单的 SQL 语句与命令、事务概念及应用。

4.1　SQL 概述

目前 SQL 主要有三个标准：最早的 SQL 标准是 1986 年由美国 ANSI 公布的，最后，ISO 于 1987 年也正是采纳它为国际标准，并在此基础上进行补充，到 1989 年，ISO 提出完整特性的 SQL，并称之为 SQL-89，后来又发展的 SQL-92 或 SQL2，最近发展的 SQL-99 标准由称之为 SQL3。

4.1.1　SQL 语言的特点

SQL 是一种一体化的语言，它包括数据定义、数据查询、数据操纵和数据控制等功能。

SQL 语言是一种高度非过程化的语言，它没有必要告诉计算机“如何”去做，而只需描述清楚用户“要做什么”系统会自动完成。

SQL 语言非常简洁，它很贴近英语自然语言。

SQL 语言可以直接以名命令方式交互使用，也可以嵌入到程序方式使用。

4.1.2　SQL 语言分类

SQL 的核心是查询功能，并不是，包括数据定义、数据操纵和数据控制等所有功能，SQL 功能语言命令动词如下：

数据查询（SELECT 查询语句）：命令是 SELECT，用于检索数据库数据，在所有的 SQL 语句中 SELECT 语句功能和语法最复杂最灵活。

数据定义（Data Definition Language，DDL）：命令是 CREATE、DROP、ALTER，用于建立、删除修改数据库对象。

数据操纵（Data Manipulation Language，DML）：命令是 INSERT、UPDATE、DELETE，用于改变数据库数据，按顺序依次是，增加新数据，修改已有数据，删除已有数据。

数据控制（Data Control Language，DCL）：命令是 GRANT、REVOKE，用于执行权限的受权和回收工作，按顺序依次是授权命令、回收权限命令。

4.1.3　SQL 支持三级模式结构

在讲述 SQL 支持三级模式结构之前，我们先了解一下三级模式结构的概念，数据库系统设计员可在视图层、逻辑层和物理层对数据进行抽象设计，通过外模式、概念模式和内模式来描述不同层次上的数据特性。

概念模式也称模式，是数据库中全部数据的逻辑结构和特性的描述，它由若干个概念记录类型组成，只涉及行的描述，不涉及具体的值。概念模式的一个具体值也成为模式的一个实例。同一个模式可以有很多实例，反映的是数据库结构及其联系，是相对稳定的，而实例是反映数据库的某一时刻的状态，是相对变动的。例如：学生纪录的定义：学号、姓名、年龄，而（100，“王明”，22）则是该记录类型的一个值，即：记录类型的一个实例。

概念模式不仅需要描述概念记录类型，还要描述记录间的联系、操作、完整性，安全等要求，但概念模式不涉及存储结构。

外模式也称为用户模式或子模式，是用户与数据库系统的接口，是用户用到的那部分数据的描述，它由若干个外部记录类型组成。数据库使用 DML 对数据进行操作，实际上就是对外模式的外部记录进行操作。

描述外模式的数据定义语言为 DDL。程序员主要与外模式打交道，按外模式的结构存储和操作数据。

内模式也称为存储模式，数据物理结构和存储方式的描述，数据库内部的表示方式。定义所有内部记录类型、索引和文件的组织方式，以及数据库控制方面细节，描述内模式的数据定义语言称“内模式 DDL”。

数据按外模式方式提供给客户，按内模式的描述存储在磁盘上，而概念模式是连接这两级模式的相对稳定的中间观点，内外两级中任何一级改变时不受另一级牵制。

SQL 语言支持数据库三级模式结构，其中：视图对应外模式，基本表对应概念模式，存储文件对应内模式。

具体结构如图 4-1 所示。

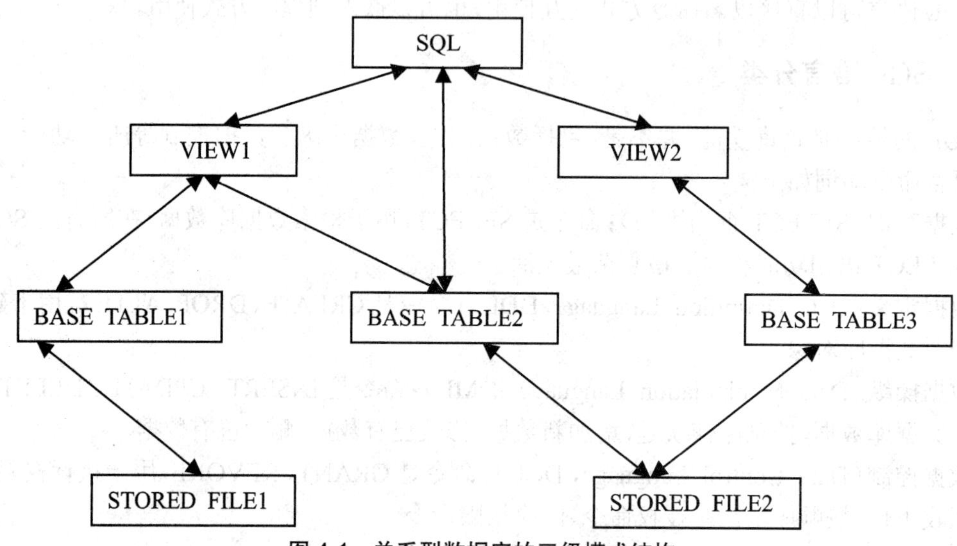

图 4-1 关系型数据库的三级模式结构

4.1.4 SQL 的基本组成

数据定义语言（DDL）：SQL DDL 提供定义关系模式和视图、删除关系和视图、修改关系模式的命令。

交互式数据库操纵语言（DML）：SQL DML 提供查询、插入、修改删除数据记录的命令。

事务控制（transaction control）：提供事务开始结束的命令。

嵌入式 SQL 和动态 SQL（embeded SQL and dynamic SQL）用于嵌入到某种高级语言（C、C++、Jave 等）中混合编程，其中 SQL 的责任且操纵数据库，而高级语言控制流程。

完整性（integrity）：SQL DLL 包括定义数据库中的数据必须满足完整性约束条件的命令，对于破坏完整性约束的更新将被禁止。

权限管理（authorization）：SQL DDL 包括对关系和视图访问的权限。

本章我们主要讲解基本的 DDL 和 DML。

4.1.5 SQL 语句编写规则

（1）SQL 关键字不区分大小写，既可以大写，也可以小写，或混写。

示例代码 4-1 SQL 关键字不区分大小写

```
SQL>SELECT 1+2 FROM dual;
```

```
SQL>select  1+2  from  dual;
SQL>select  1+2  FORM  dual;
```

以上三条语句等效。

（2）对象名和列名不区分大小写，既可以大写，也可以小写，或混写。

示例代码 4-2　对象名和列名不区分大小写

```
SQL>SELECT  sal  FROM  emp;
SQL>SELECT  Sal  FROM  Emp;
SQL>SELECT  SAL  FROM  EMP;
```

以上三条语句等效。

（3）字符和日期值区分大小写，当在 SQL 中引用字符和日期值时区分大小写的。

示例代码 4-3　字符和日期值区分大小写

```
SQL>SELECT  ename  FROM  emp  where  ename="SCOTT";
SQL>SELECT  ename  FROM  emp  where  ename="scott";
```

以上两条语句不等效。

（4）当编写 SQL 语句时，语句很短可以放在一行书写，如果太长可以放在多行书写，采用跳格和缩紧提高可读性。在 SQL*PLUS 中 SQL 语句以分号结束。

示例代码 4-4　SQL 语句换行书写

```
--- 单行书写一条 SQL 语句：
SQL>SELECT  ename  FROM  emp  where  ename='SCOTT';
--- 多行书写一条 SQL 语句：
SQL>SELECT  ename
SQL>FROM  emp
SQL>where  ename='SCOTT';
```

以上两条语句等效。

4.2　SQL*Plus 工具介绍

在学习使用 SQL 语句之前我们简要介绍 SQL*Plus 工具，学会使用该工具进行编辑、编译、调试和运行 SQL 语句。

SQL*Plus 是 Oracle 公司提供的一个工具程序，它用于运行 SQL 语句和 PL/SQL 块，并且用于跟踪调试 SQL 语句和 PL/SQL 块。该工具可以在命令行运行，也可以在 Windows 窗口环境运行，从 Oracle11g 开始 Oracle 公司还提供了在 Web 页面中运行的 SQL*Plus 工具。下面详细介绍 SQL*Plus 工具的使用。

4.2.1 在命令行运行 SQL* Plus

在命令行运行 SQL*Plus 是使用 sqlplus 命令来完成，其使用的语法规则如下：

```
Sqlplus [USERNAME]/[PASSWORD][@server]
```

其中：

USERNAME 是指定数据库账户名。

PASSWOR 是指定的账户密码。

server 指定网络服务名，连接本地数据库时该项可以省略。

连接本地数据库示例如图 4-2 所示。

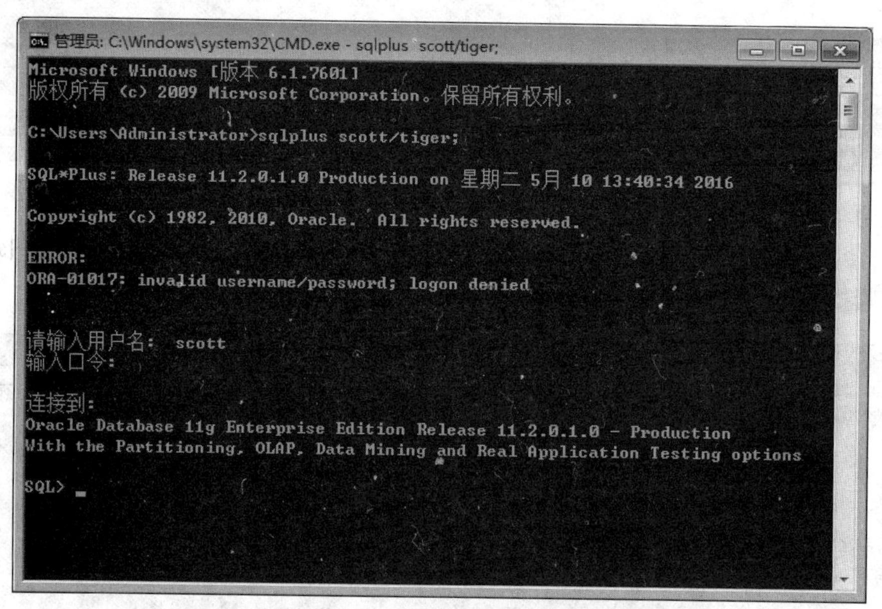

图 4-2 Oracle 数据库本地连接

这个连接本地数据库的示例，就是采取默认服务名的方式（缺少“@ 服务名”），当然也可以指定服务名连接本地数据库。

连接远地数据库示例如图 4-3 所示。

在这个远地连接数据库的方式中，以“@Oracle11”的方式指定了服务名。当然也可以指定服务名连接本地数据库。Plus 工具可以命令运行中混合编程，其中 SQL 负责操纵数据库，而高级语言控制流程。

当连接了数据库后就可以执行 SQL 语句或 PL/SQL 块（PL/SQL 部分将在以后章节讲解）。执行 SQL 语句示例，如图 4-4 所示。

在这个示例中执行了简单的查询操作：从部门表查询得到雇员名称和雇员号。

管理员: C:\Windows\system32\CMD.exe - sqlplus scott/tiger@xigi_oracle;
Microsoft Windows [版本 6.1.7601]
版权所有 (c) 2009 Microsoft Corporation。保留所有权利。
C:\Users\Administrator>sqlplus scott/tiger@xigi_oracle;
SQL*Plus: Release 11.2.0.1.0 Production on 星期二 5月 10 13:43:11 2016
Copyright (c) 1982, 2010, Oracle. All rights reserved.
ERROR:
ORA-12154: TNS: 无法解析指定的连接标识符
请输入用户名: scott
输入口令:
连接到:
Oracle Database 11g Enterprise Edition Release 11.2.0.1.0 - Production
With the Partitioning, OLAP, Data Mining and Real Application Testing options
SQL>

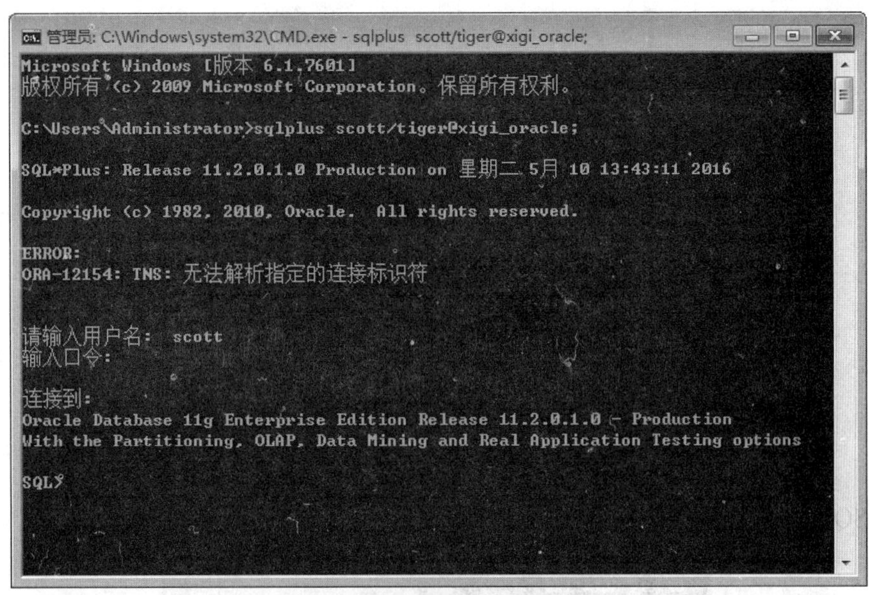

图 4-3　Oracle 数据库远地连接

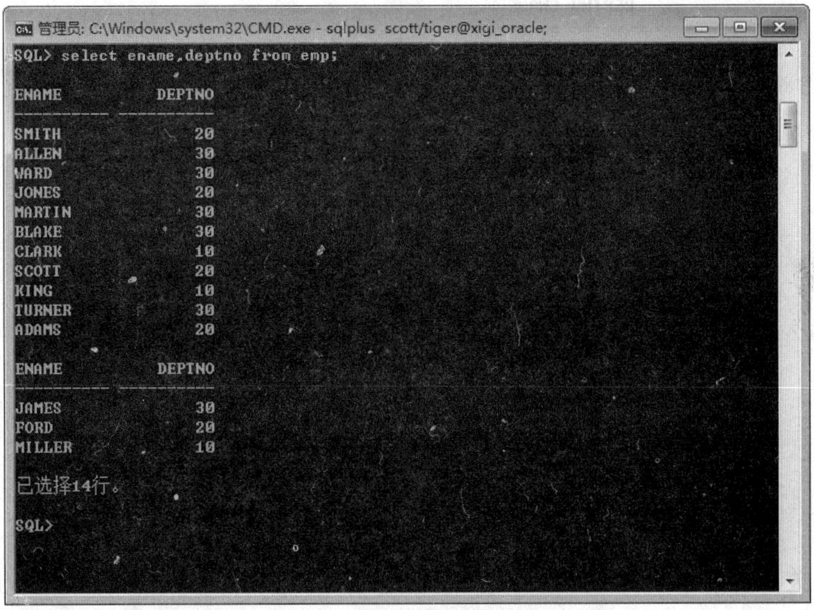

管理员: C:\Windows\system32\CMD.exe - sqlplus scott/tiger@xigi_oracle;
SQL> select ename,deptno from emp;
ENAME DEPTNO
SMITH 20
ALLEN 30
WARD 30
JONES 20
MARTIN 30
BLAKE 30
CLARK 10
SCOTT 20
KING 10
TURNER 30
ADAMS 20
ENAME DEPTNO
JAMES 30
FORD 20
MILLER 10
已选择14行。
SQL>

图 4-4　执行简单 SQL 语句

4.2.2　在 Windows 环境中运行 SQL*Plus

在 Windows 平台上安装了 Oracle 客户端或服务器产品，那么可以在窗口环境中运行 SQL*Plus，如图 4-5 所示。具体方法为：“开始”→“程序”→“OracleHome11g”→“Application Development”→“SQL*Plus”。

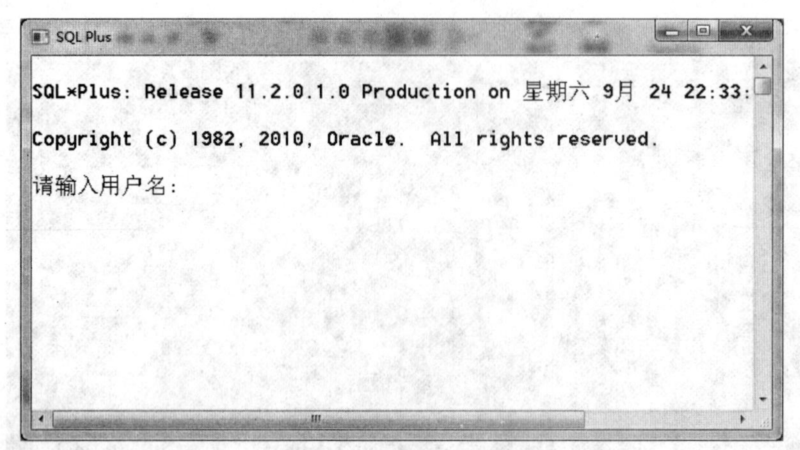

图 4-5　SQL* Plus 界面

执行 SQL 语句示例如图 4-6 所示。

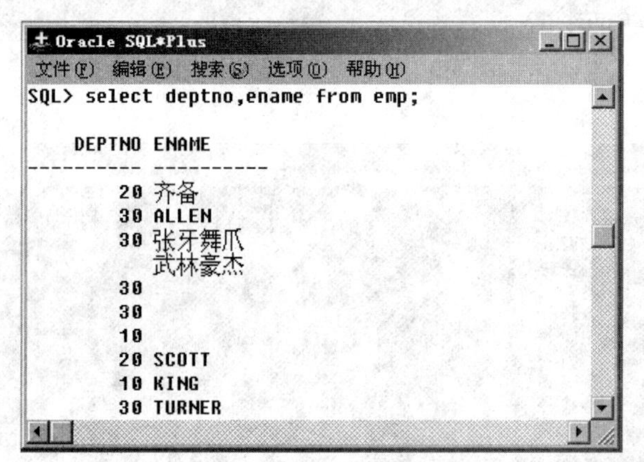

图 4-6　Oracle 为登录成功执行简单 SQL

4.3　使用 SQL 语句

SQL 是关系数据库的基本操作语言，它是应用程序与数据库进行交换操作的接口，SQL 语言包括查询语言（SELECT）、数据操纵语言（INSERT　UPDATE　DELETE）、数据定义语言（CREATE　ALTER　DROP）、数据控制语言（GRANT　REVOKE）等。我们将讲解简单的 SELECT 语句，DML 语句，事务控制语句的作用以及编写这些 SQL 语句的方法，接下来我们使用 Oracle　SQL*Plus 工具登录 Oracle 默认账户 SCOTT/TIGER，并且使用默认账户的 DEPT 表和 EMP 为例加以说明 SQL 命令操作。

DEPT 表为公司部门表，该表包括“部门号（DEPTNO）、部门名称（DNAME）、部门位置（LOC）”数据库表字段。

EMP 表为公司员工表，该表包括“员工号（EMPNO）、员工名称（ENAME）、职务（JOB）、管理者（MGR）、雇用日期（HIREDATE）、薪水（SAL）、补助（COMM）、部门（DEPTNO）”数据库表字段。

以上两个表 DEPT 是主表，EMP 表是从表，通过 DEPTNO（部门号）建立外键联系。

4.3.1　使用基本查询

SELECT 语句用于检索数据，在所有的 SQL 语句中 SELECT 语句功能和语法最复杂、最灵活，我们将讲解简单的查询及 WHERE 和 ORDER BY 的使用方法。

查询数据 SELECT 语句的基本语法如下：

```
SELECT<*,COLUMN[ALIAS,…]>FROM TABLE;
```

SELECT 关键字用于指定要检索的列：其中“*”表示检索所有的列，COLUMN 指定要检索的列或表达式，ALIAS 用于指定要检索的列或表达式的别名。FROM 指定要检索的表，下面以检索默认账户 SCOTT 的 EMP 和 DEPT 表的数据为例说明 SELECT 的简单用法。

1. 确定表结构

当检索表数据时，既可以检索所有的列也可以检索特定的列。但要检索所有特定的列的数据，必须清楚表的结构，通过 SQL*PLUS 的 Describe 命令（简写：DESC）可以显示表的结构，下面以 EMP、DEPT 为例显示表结构。

显示 EMP 表结构图 4-7 所示。

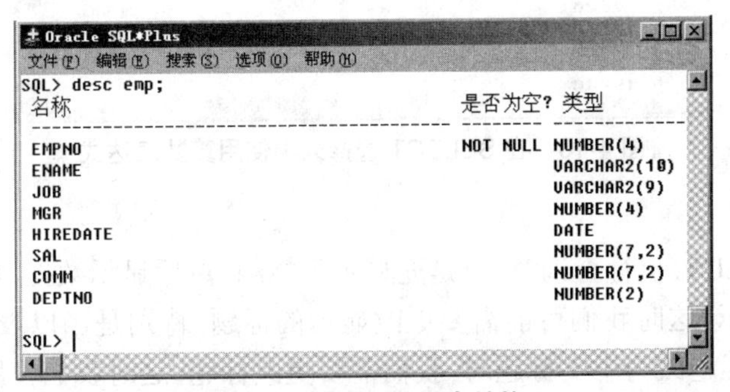

图 4-7　显示数据库表结构

2. 检索所有的列

要检索表的所有的列，可以在 SELECT 关键字后使用“*”号。例如，检索表：DEPT 所有的列。如图 4-8 所示。

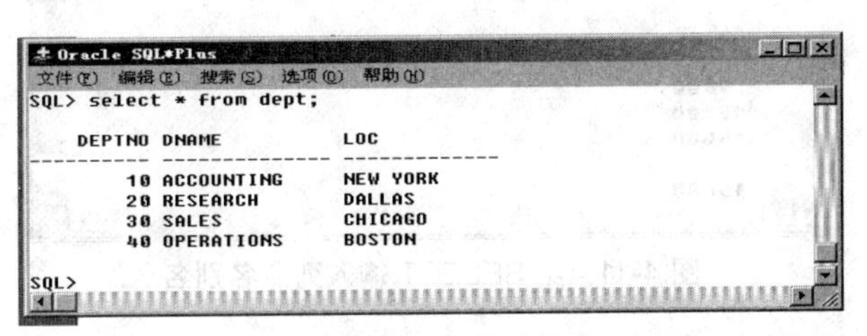

图 4-8　检索数据库表所有列

3. 检索特定列

要检索表中特定的列，在关键字 SELECT 后指定特定的列的列名，如果检索的是指定的多个列的数据，那么使用“，”把列名分隔开，例如，检索表：DEPT 特定的列：部门号，部门名称。如图 4-9 所示。

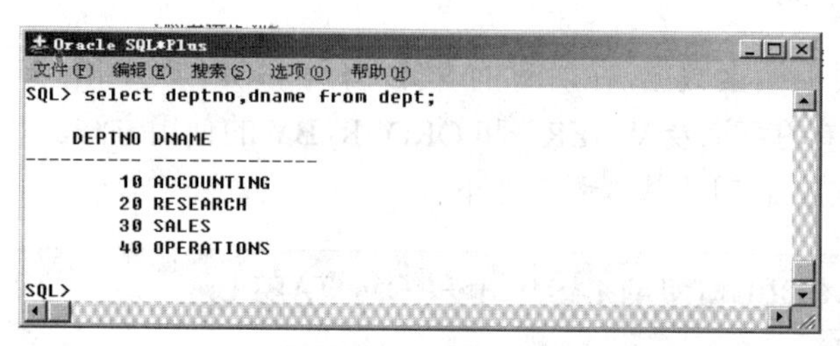

图 4-9 从数据库表检索特定的列的数据

4. 使用算术表达式

当执行查询操作时，可以在数字列上使用算术表达式(+，-，*，/)进行加减乘除运算，其中乘除运算级别比加减高，如果要改变优先级可以使用“()”。例如，从 EMP 表查询年工资：月工资乘以 12 个月。如图 4-10 所示。

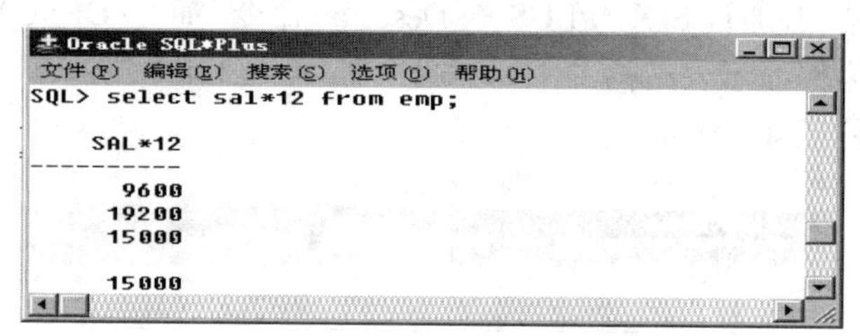

图 4-10 在 SELECT 选择列中使用算数表达式

5. 使用列别名

在使用 SQL*PLUS，执行查询时，总是先显示列标题，然后显示数据，默认情况下列名或表达式作为列标题显示，这时我们可能需要更改显示的标题，特别是当以表达式作为标题显示，或者要把英文列名标题改为中文标题时，我们需要更改标题，这时我们使用别名来更改显示的标题，在列名后加上“AS 自定义的列别名”例如：从 EMP 表查询年薪时使用中文“年薪”作为查询输入列标题。

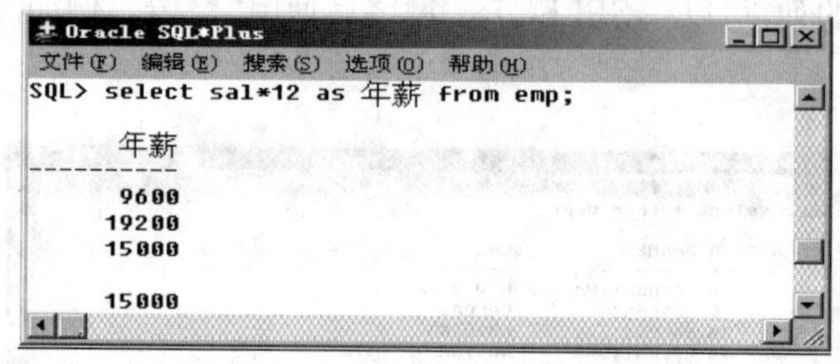

图 4-11 给 SELECT 输入列命名别名

6. 处理 NULL

NULL 表示未知数据，既不是空格，也不是 0。当给表插入数据时，没有给定值，并且没有默认值，那么其数据就是 NULL。例如：查询 EMP 表中雇员的补助列值为 NULL 值的情况。

> 注意：
> 算术表达式含有 NULL 的时候，其计算结果也是 NULL。

含 NULL 值的查询输出示例如图 4-12 所示。

```
Oracle SQL*Plus
文件(F)  编辑(E)  搜索(S)  选项(O)  帮助(H)
SQL> select ename,comm from emp;

ENAME            COMM
---------- ----------
齐备
ALLEN             300
张牙舞爪          500
武林豪杰
                 1400
```

图 4-12　显示表列 NULL 值

针对以上情况，有时要求数据输出时，当列值为 NULL 时就需要转化成某指定的非 NULL 值输出，这时我们往往需要使用 NVL（表达式 1，表达式 2）函数加以转换，仍以上例为例，转换时为 NULL 值转化输出值为“0”。

> 注意：
> 使用 NVL（表达式 1，表达式 2）函数时，如果表达式 1 为非 NULL 时就输出表达式 1 的值，否则输出表达式 2 的值，但这两个表达式的类型要匹配。

使用 NVL 函数的示例如图 4-13 所示。

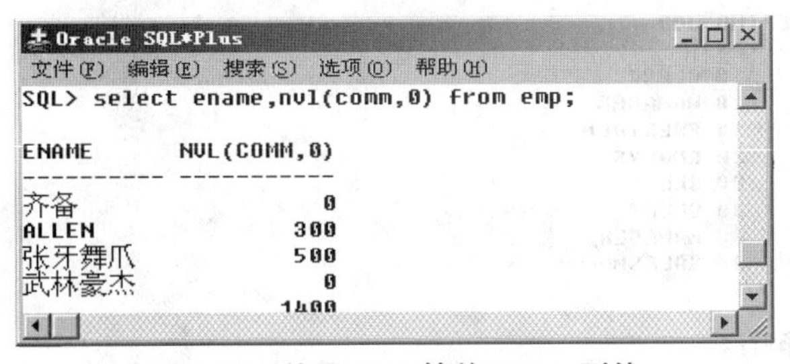

图 4-13　使用 NVL 转关 NULL 列值

7. 取消重复的行

当我们在检索数据的时候需要检索非重复行数据，例如，我们需要知道员工表里有多少部门和岗位，如果不把重复的纪录弃掉，则可能显示重复的岗位和部门的组合。我们只需要在选择列表里最前面加上 DISTINCT 操作符即可。

没有加 DISTINCT 操作符的示例如图 4-14 所示。

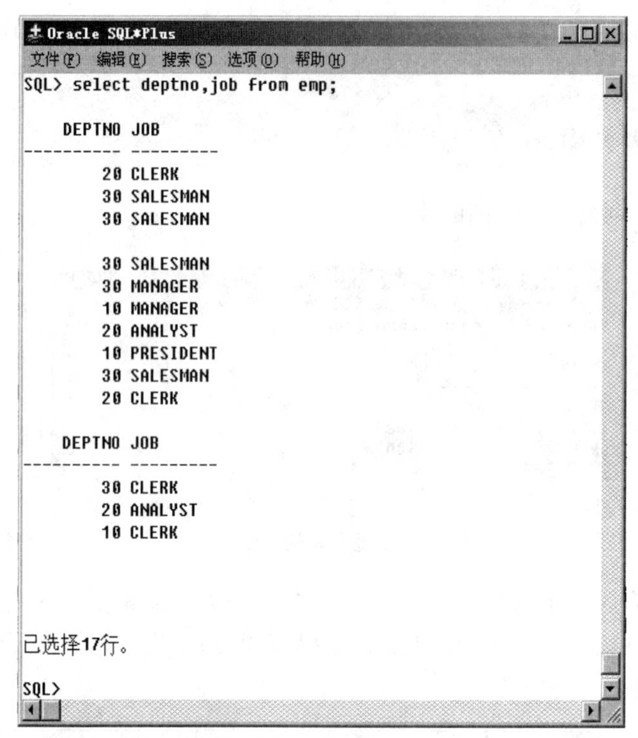

图 4-14　未取消重复行

加 DISTINCT 操作符的示例如图 4-15 所示。

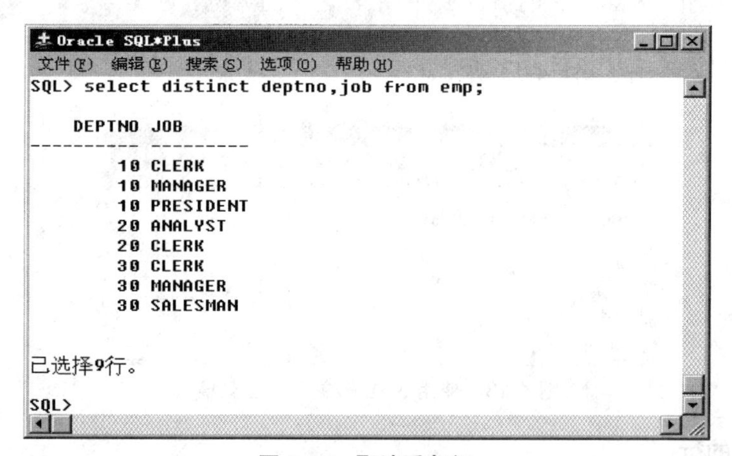

图 4-15　取消重复行

从以上加 DISTINCT 和不加 DISTINCT 操作符的输出结果，我们发现加 DISTINCT 操作符输出结果集消除了重复的行，保证了输出记录行的唯一性。

4.3.2　查询语句中使用 WHERE 子句

使用简单的查询语句进行查询数据库表时，没有指定任何查询条件，所以以上的查询均检索出所有的数据行，但在实际的应用环境中往往只需要查询特定的数据，例如：需要检索月工资高于 10000.00 的雇员信息。再如：需要检索 10 号部门的员工信息等。

使用 WHERE 条件查询的语法规则如下：

```
SELECT<*,COLUMN[ALIAS,…]>FROM TABLE [WHERE CONDITION(S)]
```

WHERE 关键字用于指定查询条件子句，CONDITION 指定具体的条件，如果条件子句返回为 TRUE，就会检索出该行数据，如果条件为 FALSE，则不会返回指定行的数据。条件子句中常用的比较条件操作符如表 4-1 所示。

表 4-1　条件子句中常用比较操作符

比较操作符	含义
=	等于
<>、! =	不等于
>=	大于等于
<=	小于等于
>	大于
<	小于
BETWEEN...AND...	在两值之间
IN(list)	匹配于列表值
LIKE	匹配于字符字样
IS NULL	测试为 NULL

1. 使用等值或不等值查询

使用等值、不等值查询可以使用数字值、字符值、日期值等进行比较。例如：EMP 表查询雇用日期小于某个日期的雇员名称和雇用日期。

示例如图 4-16 所示。

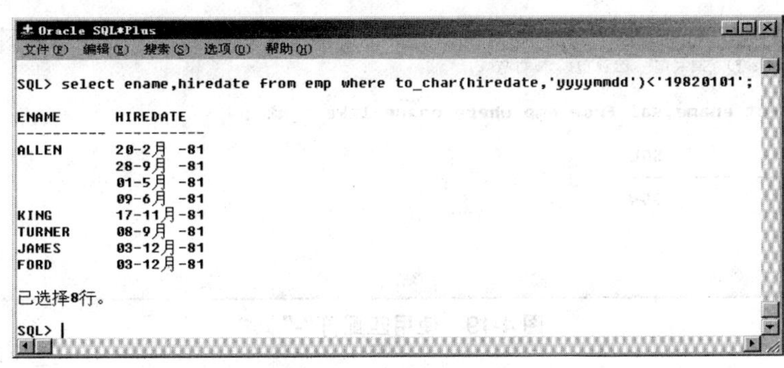

图 4-16　不等值查询

2. 在 WHERE 条件中使用 BETWEEN...AND 操作符

在 BETWEEN 后头指定较小的值，在 AND 后头指定较大的值，例如：查询 EMP 表中工资在 0 至 1000 的员工的姓名和薪水。

示例如图 4-17 所示。

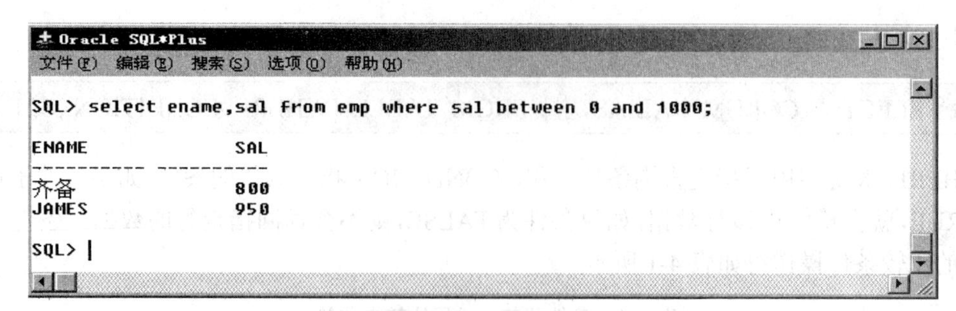

图 4-17　区间查询

3. 在 WHERE 条件中使用 LIKE 查询

LIKE 操作符执行模糊查询，如果知道查询的某些信息，但又不能完全确定时，就使用模糊查询，执行模糊查询需要用到通配符“%”和“_”。其中的“%”是指多字符通配，而“_”是指单字符匹配，这种情况下需要匹配多字符时，只能使用多个下划线。例如：查询 EMP 表中的员工姓名中含有字符“S”的员工姓名和薪水，以及查询员工姓名中第二个字符为“M”的员工姓名和薪水信息。

“%”通配示例如图 4-18 所示。

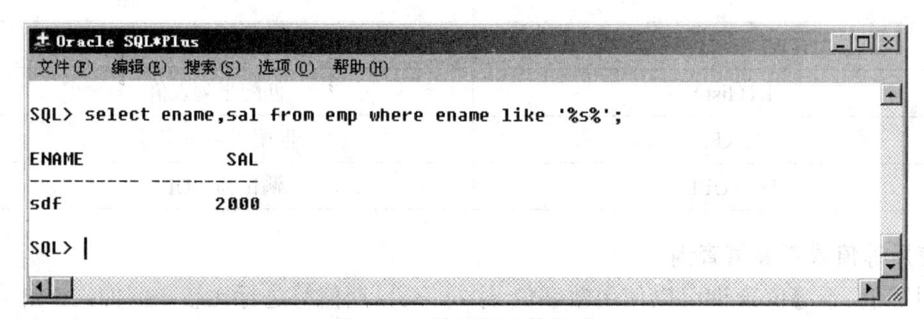

图 4-18　使用通配符“%”

“_”单字符匹配示例如图 4-19 所示。

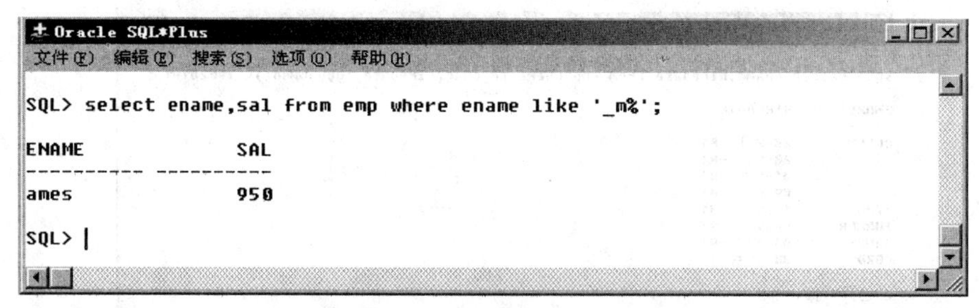

图 4-19　使用匹配符“-”

4. 在 WHERE 子句中使用逻辑操作符

在使用多个条件进行查询中，我们需要用到逻辑操作符：AND、OR、NOT 中的一个或多个的组合。逻辑操作符的优先级低于任何一种比较操作符，在这三个操作符中优先级从 NOT、AND、OR 依次降低。如果需要改变操作符优先级需要加“()”，例如：从 EMP 雇员表中查询雇员补助不为 NULL 值的所有雇员姓名和薪水。

在 WHERE 中使用逻辑操作符的示例如图 4-20 所示。

```
Oracle SQL*Plus
文件(F) 编辑(E) 搜索(S) 选项(O) 帮助(H)

SQL> select ename,sal from emp where comm is not null;

ENAME             SAL
---------- ----------
ALLEN            1600
张牙舞爪          1250
                 1250
                 2850
                 2450
SCOTT            3000
TURNER           1500

已选择7行。

SQL> |
```

图 4-20　使用逻辑操作符号

4.3.3　查询语句中使用 ORDER BY 子句

在执行查询操作时，默认情况下会按照行数据插入的先后顺利来显示行数据。在实际应用中，往往希望查询结果按一定顺序显示，比如证券管理公司希望知道今天购买股票份额前十位的投资商人和投资额等。这时需要用到排列子句 ORDER BY。

使用 ORDER BY 进行排序的语法规则如下：

```
SELECT<*, COLUMN [ALIAS,…]>FROM TABLE [WHERE CONDITION(S)]
[ORDER BY EXPR [ASC | DESC]]
```

EXPR 指定要排序的列或表达式，ASC 用于指定进行升序排序（默认），DESC 用于指定降序排序。当查询语句同时包含多个子句时，ORDER BY 子句必须放在最后。

1. 升序排序

在升序排序时可以在排序列之后指定 ASC，或不指定（默认）。例如：查询 EMP 雇员姓名和薪水信息，要求以薪水由低到高顺序显示。

升序排序示例如图 4-21 所示。

```
Oracle SQL*Plus
文件(F) 编辑(E) 搜索(S) 选项(O) 帮助(H)

SQL> select ename,sal from emp order by sal asc;

ENAME             SAL
---------- ----------
齐备              800
ames              950
ADAMS            1100
张牙舞爪          1250
                 1250
MILLER           1300
TURNER           1500
ALLEN            1600
sdf              2000
```

图 4-21　升序查询

2. 降序排序示例

在使用降序排序时必须在需要排序的列的后面加上 DESC。例如：查询 EMP 雇员姓名和薪水信息，要求以薪水由高到低顺序显示。

降序排序示例如图 4-22 所示。

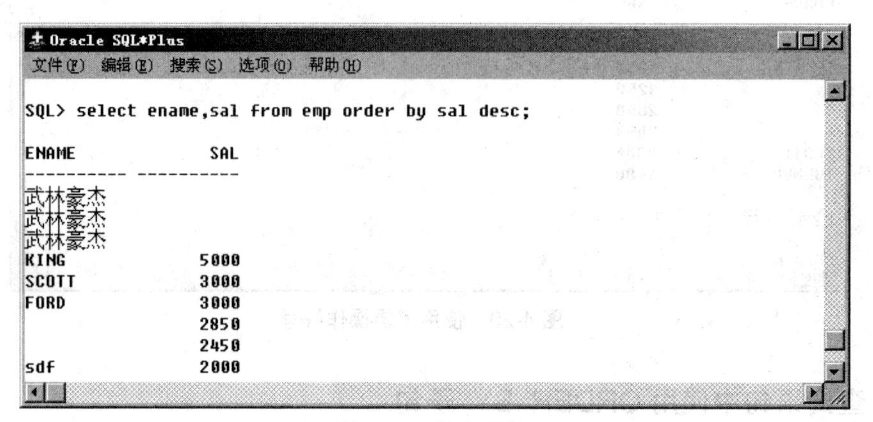

图 4-22　降序查询

> 注意：
>
> 可以对排序列的列表中不同的列同时进行升序降序排序，多列同时排序时使用“，”加以分隔。

4.3.4　使用 INSERT 增加新数据

假如，公司有新员工加入，这时需要往公司管理系统员工信息表中增加新员工信息，这时就提出了问题：怎么在数据库中增加数据这就需要：给表增加数据时可以使用 INSERT 命令语向数据库表插入数据。在这里，我们主要讲解插入单行数据。

用 INSERT 插入单行数据的语法规则如下：

```
INSERT INTO <TABLE>([COLUMN[，COLUMN…]])VALUES(VALUE[，VALUE…]);
```

TABLE 可以是表或视图。列的列表中的列数和值的个数应该一致，并且相应的顺序和数据类型也一致。

INSERT 插入单行数据示例如示例代码 4-5 所示。

示例代码 4-5　使用 INSERT 插入单行数据

```
INSERT INTO EMP (EMPNO,ENAME,SAL)VALUES(9999,'TEST',10000.00);
```

4.3.5　使用 UPDATE 修改现有数据

我们经常需要修改数据库中的数据，比如：某公司员工工作成绩优异，公司准备给其加薪水，这时需要修改员工表中的相应数据。这时我们需要使用命令 UPDATE 修改数据。

UPDATE 命令的基本语法规则如下：

```
UPDATE <TABLE | VIEW>
SET COLUMN=VALVE[,COLUMN=VALUE…]
WHERE<CONDITIONS>;
```

在这里我们可以按一定的条件，或无条件直接修改表或视图数据列值。

使用 UPDATE 修改数据库表数据的示例如示例代码 4-6 所示。

示例代码 4-6　使用 UPDATE 命令修改数据

```
UPDATE EMP
SET SAL=10000
WHERE EMPNO=7788;
```

4.3.6　使用 DELETE 删除数据库表数据

我们有时候在数据库里增加了错误的数据，或不需要的数据，或数据库表的数据已经没有价值了，需要清除掉，这时我们需要对数据库表数据做删除操作，我们使用 DELETE 命令删除数据。

DELETE 命令的语法规则如下：

```
DELETE FROM<TABLE | VIEW>
WHERE<CONDITIONS>;
```

在这里我们可以按一定的条件，或无条件直接删除表视图数据记录。

使用 DELETE 删除数据库表数据的示例如示例代码 4-7 所示。

示例代码 4-7　DELETE 命令删除数据

```
DELETE FROM EMP
WHERE EMPNO=7788;
```

4.4　事务概述

在讲事务的概念之前，我们已经使用过 Oracle 事务，只是自己不清楚哪一部分是事务。我们建立数据库的目的就是要保存数据、修改数据、删除数据等。并对所做的操作加以确认或者反悔。每次把操作的结果（数据）保存到数据库，以便今后对数据进行访问（如：查询、修改等）这种对数据库操作的确认或反悔就涉及到数据库的一个重要的概念——事务。那么事务是什么样子呢？例如：我们创建一个简单的表，我们使用 SQL*Plus 往数据库中插入数据后没做其他工作就退出了 SQL*Plus 等等，其实我们就是在使用事务，只是自己没感觉或没意识到在应用事务。每当你重新登录 SQL*Plus 时（插入数据成功后退出 SQL*Plus）或接着查找刚创建的数据库表（假如创建成功）总能看到操作的结果已经在数据库中保存下来了。这是怎么会事呢？我们接下来介绍事务的概念和应用，讲解完本节内容后我们将明白发生的一切！

什么是事务？事务是用于确保数据库的一致性，它由一组相关的 DML 语句组成，该组的 DML 语句要么全部成功，要么全部取消。假如某客户将银行账户的现金转入支票账户。此时执行两个操作：减少现金账户现金额，增加支票账户现金额，为了确保数据的一致性，要么这两个操作全部成功，要么全部取消。

事务的组成：数据库事务主要由 INSERT、UPDATE、DELETE 和 SELECT FORM UPDATE 语句组成。当在应用程序中执行第一条 SQL 语句时事务开始，当执行 COMMIT 或 ROLLBACK 命令时提交或回滚事务。

事务的开始和结束：在 Oracle 中一个事务是从第一条改变 Oracle 数据库的 SQL 语句开始自动启动，正常情况下以碰到 COMMIT 命令或 ROLLBACK 命令语句执行成功即为当前事务的结束。

4.4.1 事务和锁

当执行 DML 操作时，Oracle 数据库会在作用的数据库表上加表级锁，以防止用户修改表结构，同时会在作用的行上加行级锁，以防止其他相应的行上执行 DML 操作。为了确保未提交的数据不被用户读取，Oracle 还确保数据读取一致性（即：未提交的数据不会被其他事务操作访问，此时其他事务只能访问数据的前映像）。

4.4.2 事务提交和回滚

使用 COMMIT 命令提交事务。当执行了该命令，会确认事务的变化、结束事务，删除保存点、释放锁，而当执行 ROLLBACK 时会回退事务变化（即回退到事务开始前的状态），结束事务。删除保存点，释放锁。

> 注意：
> 自动执行 DDL 语句成功，自动提交事务。
> 执行 DCL（GRANT，REVOKE）语句成功自动提交事务。
> 退出 SQL*PLUS 自动提交事务。

使用 COMMIT 提交事务的示例如示例代码 4-8 所示。

示例代码 4-8 事务提交

```
SQL>DELETE FROM EMP WHERE EMPNO=7788;
SQL>COMMIT;
```

当以上语句执行成功，雇员号为 7788 的雇员信息将被当前事务永久删除。

使用 ROLLBACK 回滚事务的示例如示例代码 4-9 所示。

示例代码 4-9　事务回滚

```
SQL>DELETE FROM EMP WHERE EMPNO=7788;
    SQL>ROLLBACK;
```

当以上语句执行成功，雇员号为 7788 的雇员信息在当前事务中将不被删除。

4.4.3　一个完整的事务样例

在这个例子中我们建立了一个简单的数据库表 TEMP，在数据库表中增加数据，对增加的数据执行 COMMIT 提交（确认）或 ROLLBACK 回滚（反悔）观察事务在数据库操作中的作用。

例子解释：

第一步：我们先创建了一个数据库 TEMP。（第一个事务：自动提交事务）

第二步：往数据库里插入两条数据。

第三步：对插入的数据加以确认（提交）。（第二个事务：COMIT 提交确认）

第四步：在往数据库里插入一条数据。

第五步：对插入的数据进行反悔（回滚）。（第三个事务：ROLLBACK 反悔回滚）

第六步：通过另一个图解释最终结果：数据库里保存了最初插入的两条数据记录。

事务样例代码如图 4-23、图 4-24 所示。

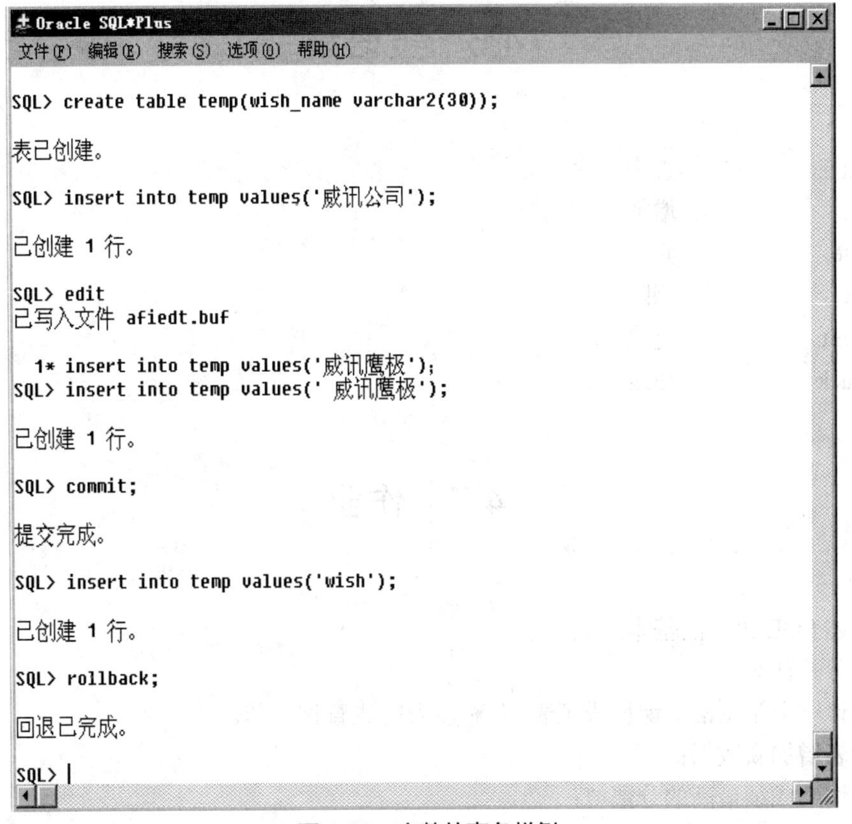

图 4-23　完整的事务样例

图 4-24　事务样例结果

4.5　小结

✓ 掌握和使用基本的 SQL 语句和命令，如：SELECT、INSERT、UPDATE、DELETE、COMMIT、ROLLBACK 等。

✓ 了解事务与事务提交、回滚等概念。

4.6　英语角

select	查询
insert	增加
update	修改
delete	删除
commit	提交
rollback	回滚

4.7　作业

1. 简述 SQL 语言的基本组成。
2. 事务是什么？
3. 设计一个学生语文课程成绩表，并对该表完成查询工作。
   给表增加新数据；
   查询出成绩最高的分数值；
   成绩分数最低的分数值；

删除表中所有的数据。

4.8　思考题

为什么事务重要，举例说明？

4.9　学员回顾内容

SELECT 与 DML 语句的简单应用。

参考资料
《Oracle 实用案例渐进教程》　任树华　清华大学出版业　2014-3
《Oracle 数据库管理从入门到精髓》　丁士泽　清华大学出版社　2014-1

第 5 章　Oracle 与高级 SQL 语句

学习目标

✧ 了解复杂查询的概念。

✧ 理解高级查询的概念以及对其各个复杂查询的应用。

✧ 掌握 SQL 语句在 Oracle 数据库的高级应用：分组查询、连接查询、子查询、合并查询等。

课前准备

✧ 分组查询。

✧ 连接查询。

✧ 子查询。

✧ 合并查询。

✧ 其他复杂查询。

本章简介

本章将在基本的 SQL 语句使用的基础上学习高级 SQL 语句，在这一章里我们将深入学习分组查询、连接查询、子查询、合并查询等。以适应使用 SQL 语句解决复杂的问题，比如我们需要在员工表和部门表之间建立连接查询：查询出员工表里的部门字段的数据或在部门表里存在的所有员工信息等。涉及到多表之间的数据查询的问题就需要更复杂的 SQL 语句来解决，接下来我们将学习高级 SQL 语句在 Oracle 数据库中的使用。

5.1　分组查询

在开发数据库应用程序时，经常需要统计数据库中的数据。当执行数据统计时需要将表中数据划分成几个组，最终统计每个组的数据结果，假设用户经常统计不同部门的雇员总数、雇员平均工资、雇员工资总和并希望生成如表 5-1 所示的统计报表。

表 5-1 统计报表

部门号	雇员总数	雇员平均工资	雇员工资总和
10	2	1600.05	3200.10
30	8	4500.00	36000.00
60	8	8009.01	64072.08
70	1	10000.00	10000.00
80	5	5000.00	25000.00
100	2	30000.00	60000.00

在关系数据库中，数据分组是通过 GROUP BY 子句，分组函数以及 HAVING 子句共同实现。其中 GROUP BY 子句用于指定要分组的列（例如：EMPNO），而分组函数则用于显示统计结果（如：COUNT、AVG、MIN 等），而 HAVING 子句则用于限制分组显示结果。

5.1.1 分组函数

分组函数用于统计表的数据，与单行函数不同，分组函数作用于多行，并且返回一个结果，所以有时也称为多行函数。一般情况下，分组函数要与 GROUP BY 子句结合使用。在使用分组函数时，如果忽略了 GROUP BY 子句会汇总所有的行，并产生一个错误结果。Oracle 数据库提供了大量的分组函数，常用的分组函数已经在函数部分介绍过，这里就不再单独对具体函数做解释。

注意：

当使用分组函数时，分组函数只能出现在选择列表、ORDER BY 和 HAVING 子句中，而不能出现在 WHERE 和 GROUP BY 子句中，另外，使用分组函数还有以下一些注意事项：

1. 当使用分组函数时，除了函数 COUNT(*)之外，其他分组函数都会忽略 NULL 行。

2. 当执行 SELECT 语句时，如果选择列表同时包含列、表达式、分组函数，那么这些列和表达式必须出现在 GROUP BY 子句中。

3. 当使用分组函数时，分组函数可以指定 ALL 和 DISTINCT 选项。其中 ALL 是默认选项，该选项表示统计所有的行（包括重复的行），DISTINCT 则统计不重复行值。

5.1.2 GROUP BY 和 HAVING

GROUP BY 子句用于对查询结果进行分组统计，而 HAVING 则用于限制分组显示结果，GROUP BY 和 HAVING 子句的语法如下：

```
SELECT COLUMN,GROUP_FUNCTION FROM TABLE
[WHERE CONDITION][GROUP BY GROUP_BY_EXPR]
[HAVING GROUP CONDITION]
```

从以上语法规则我们能看出使用 HAVING 可以按条件限制分组。

（1）使用 GROUP BY 进行单列分组，单列分组就是指 GROUP BY 子句使用单个列生成分组统计数据。进行单列分组时会基于列的每个不同值生成数据统计结果。下面以显示每个部门平均工资和最高工资为例，说明 GROUP BY 进行单列分组，如图 5-1 所示。

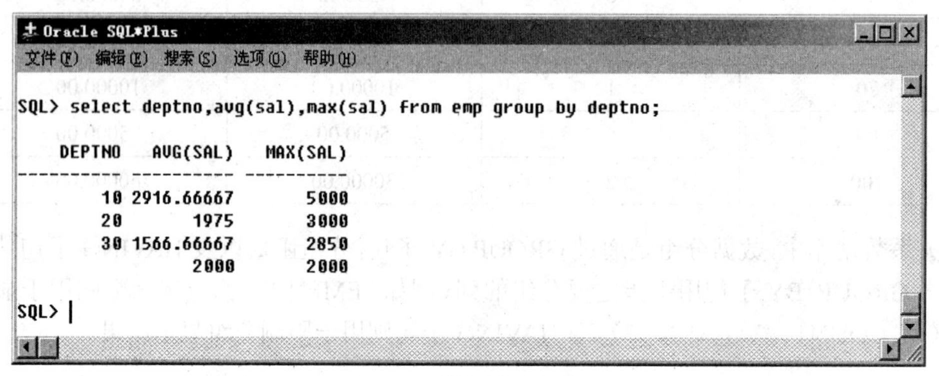

图 5-1　单列分组查询

（2）使用 GROUP BY 进行多列分组，多列分组就是指在 GROUP BY 子句中使用多个列生成分组统计数据，进行单列分组时会基于多个列的不同值生成数据统计结果。下面以显示每个部门每种岗位的平均工资和最高工资为例，说明多列分组，如图 5-2 所示。

```
Oracle SQL*Plus
文件(F)  编辑(E)  搜索(S)  选项(O)  帮助(H)

SQL> select deptno,job,avg(sal),max(sal) from emp group by deptno,job;

    DEPTNO JOB         AVG(SAL)   MAX(SAL)
---------- --------- ---------- ----------
        10 CLERK           1300       1300
        10 MANAGER         2450       2450
        10 PRESIDENT       5000       5000
        20 ANALYST         3000       3000
        20 CLERK            950       1100
        30 CLERK            950        950
        30 MANAGER         2850       2850
        30 SALESMAN        1400       1600
                           2000       2000

已选择9行。

SQL>
```

图 5-2　多列分组查询

（3）使用 HAVING 子句限制分组显示结果，HAVING 子句用于限制分组统计结果。并且 HAVING 子句必须跟在 GROUP BY 子句后，下面以显示平均工资低于 2500 部门号、平均工资及最高工资为例，说明 HAVING 子句的用法，如图 5-3 所示。

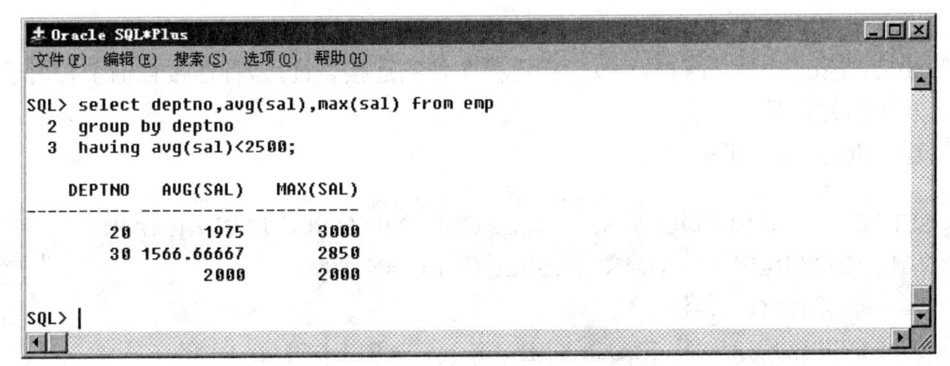

图 5-3　HAVING 限制分组查询

> 注意：
>
> 使用 GROUP BY 子句、WHERE 子句和分组函数有以下注意事项：
>
> 1. 分组函数只能出现在选择列表，HAVING 子句和 ORDER BY 子句中。
>
> 2. 如果在 SELECT 子句中同时包含 GROUP BY 子句、HAVING 子句和 ORDER BY 子句，ORDER BY 子句放在最后。
>
> 3. 限制分组显示结果时，必须使用 HAVING 子句。

5.2　连接查询

连接查询是指基于两个或两个以上的基表或视图的查询，在实际应用中，查询单个表可能无法满足应用程序的要求（例如：我们既要显示部门位置，又要显示雇员名称，这时就需要用到连接查询，同时使用 DEPT 和 EMP 表进行查询）。

> 注意：
>
> 1. 当使用连接查询时，必须在 FROM 子句后指定两个或两个以上的表。
>
> 2. 当使用连接查询时，应当在列名前面加表名作为前缀，但是如果不同表之间的列名不同，则不需要在列名前面加表名作前缀，反之，必须加表名作前缀。
>
> 3. 当使用连接查询时，必须在 WHERE 子句中指定有效的连接条件（在不同的列表之间进行连接）。如果是无效的连接查询会导致产生笛卡尔集（X*Y）。
>
> 4. 可以使用表的别名进行连接查询，能够简化连接查询。

5.2.1 相等连接

我们在执行数据库信息查询时经常遇到常值等值查询，或不同数据库表的某些字段值相等的等值查询，例如：公司信息库经常需要查询某具体员工号（如：员工号为“7788”）的员工信息；再如：需要查询员工表中的部门号在部门表中的部门号字段存在的员工信息等。像这样的值相等查询举不胜举，那么在数据库中相等连接查询准确的说是个什么概念呢？

相等连接：是指使用相等符号（=）指定连接条件的连接查询，该种连接查询主要用于检索主从表之间的相关数据。

使用连接查询的相关语法如下：

```
SELECT  TABLE1.COLUMN, TABLE2.COLUMN FORM TABLE1, TABLE2
WHERE  TABLE1.COLUMN=TABLE2.COLUMN;
------ 别名简化查询语法
SELECT T1.COLUMN, T2.COLUMN FROM TABLE1 T1, TABLE2 T2
WHERE  T1.COLUMN=T2.COLUMN;
```

例如：使用相等连接执行主从查询：显示所有雇员的姓名和工资及其所在部门的名称。如图 5-4 所示。

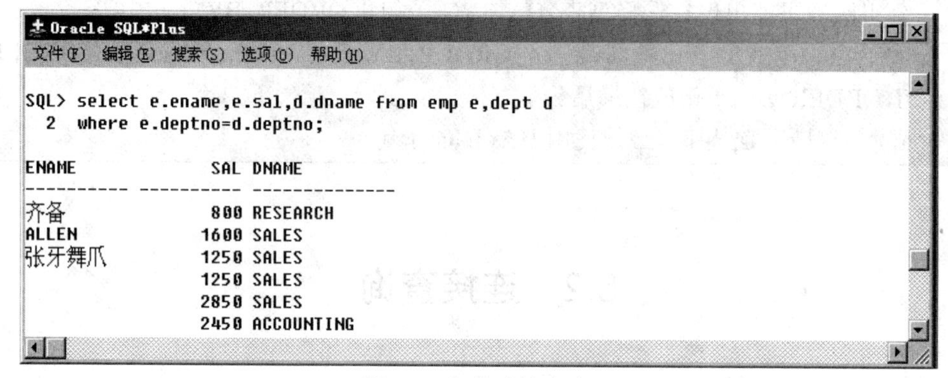

图 5-4　相等连接查询

使用 AND 指定其他条件，如图 5-5 所示。

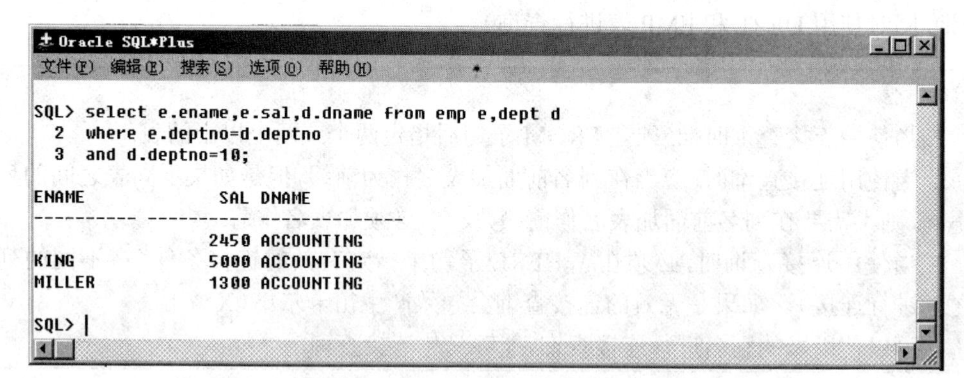

图 5-5　在相等连接查询中使用逻辑操作符指定多个条件

5.2.2　不等连接

我们在现实世界中不等值查找数据是一件很平常的事，比如去菜市场买菜，当你问到第一家菜农的白菜是 1 元一斤，你肯定会货比三家，看看菜市场其他菜农有没有比 1 元钱一斤更加物美且价钱却更低的白菜，同样的道理也存在计算机数据库信息系统中，例如：公司管理系统中也经常遇到查询员工工资高于某个值的员工信息等。那么在数据库信息系统查询中不等连接查询是什么呢？

不等连接查询：是指在连接条件中使用除相等比较符外的其他比较符的连接查询，并且不等连接主要用于在不同表之间显示特定范围的信息。例如：我们从雇员表和部门表中查询部门号在 10 和 20 之间的部门名称、雇员名称、雇员薪水，如图 5-6 所示。

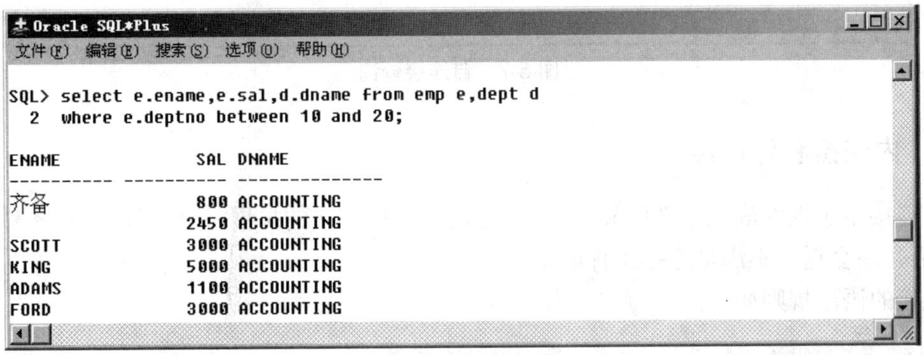

```
Oracle SQL*Plus
文件(F)  编辑(E)  搜索(S)  选项(O)  帮助(H)

SQL> select e.ename,e.sal,d.dname from emp e,dept d
  2  where e.deptno between 10 and 20;

ENAME             SAL DNAME
---------- ---------- --------------
齐备              800 ACCOUNTING
                 2450 ACCOUNTING
SCOTT            3000 ACCOUNTING
KING             5000 ACCOUNTING
ADAMS            1100 ACCOUNTING
FORD             3000 ACCOUNTING
```

图 5-6　不等连接查询

5.2.3　自连接

自连接是指在同一张表之间的连接查询，它主要用于自参照表上显示下级关系或者层次关系。自参照表是指在不同列之间具有参照关系或主从关系的表。例如：EMP 表包含 EMPNO（雇员号）、MGR（管理者），二者之间具有参照关系，参见表 5-2。

表 5-2　参照关系表

EMPNO	NAME	MGR
7839	KING	
7566	JONES	7839
7698	BLAKE	7839
7782	CLARK	7839
……	……	……

根据雇员号（EMPNO）和管理者（MGR）可以确定管理和被管理的关系，为了显示管理与被管理的关系我们使用自连接。例如，查询指定雇员的上级管理者的名字。

自连接示例如图 5-7 所示。

```
Oracle SQL*Plus
文件(F) 编辑(E) 搜索(S) 选项(O) 帮助(H)

SQL> select e.ename from emp e,emp d
  2  where e.empno=d.mgr
  3  and d.ename='blake';

ENAME
----------
KING

SQL> |
```

图 5-7 自连接查询

5.2.4 内连接和外连接

内连接用于返回满足条件的记录;而外连接则是内连接的扩展,不仅返回满足条件的所有记录,而且还会返回不满足连接条件的记录。

连接的语法规则如下:

```
SELECT TABLE1.COLUMN,TABLE2.COLUMN FROM TABLE1
[INNER | LEFT | RIGHT | FULL]JOIN TABLE2
ON TABLE1.COLUMN=TABLE2.COLUMN;
```

其中:

INNER JOIN:表示内连接。

LEFT JOIN:表示左连接。

RIGHT JOIN:表示右连接。

FULL JOIN:表示完全连接。

ON:后跟连接条件。

1. 内连接

内连接是返回满足条件的记录。默认情况下,在执行连接查询时如果没有指定任何连接操作符,这些连接查询为内连接。例如:从 EMP 表和 DEPT 表中查询雇员所在的部门在部门表中存在,且部门号为"20"的雇员姓名及雇员所在部门的部门名称。

内连接示例如图 5-8 所示。

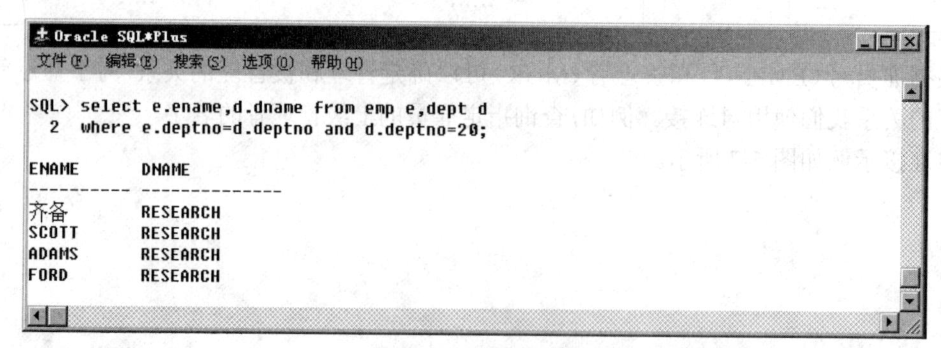

图 5-8 内连接查询

在 FROM 子句中指定 INNER JOIN 也可以实现内连接。

2. 左外连接

左外连接是通过指定 LEFT[OUTER]JOIN 选项来实现的，当使用左外连接的时候不仅仅会返回满足的所有记录，而且还会返回不满足的连接操作符左边的其他行。例如：我们需要从雇员表和部门表里查询雇员表中雇员记录的部门号在部门表里存在且部门号为 20 的雇员名称、对应的部门名称以及非 20 号的部门名称。

左外连接示例如图 5-9 所示。

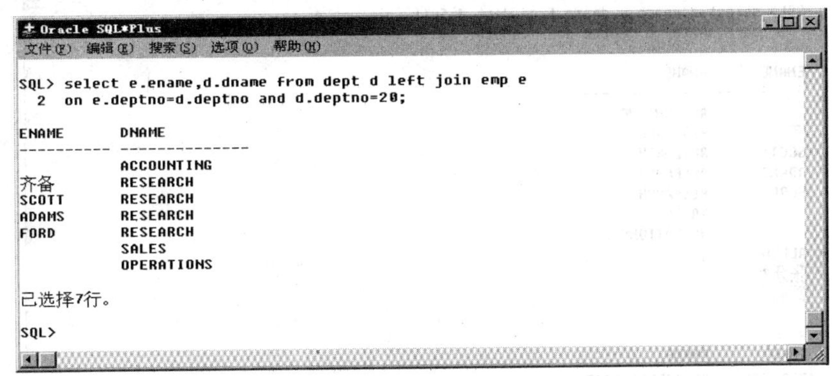

图 5-9　左外连接查询

3. 右外连接

右外连接是通过指定 RIGHT[OUTUR]JOIN 选项来实现的。当使用右外连接的时候不仅仅会返回满足条件的所有记录，而且还会返回不满足条件的连接操作符右边的其他行。

例如：我们需要从雇员表和部门表里查询雇员表中雇员记录的部门号在部门表里存在且部门号为 20 的雇员名称、对应的部门名称以及非 20 号部门的雇员名称。

右外连接示例如图 5-10 所示。

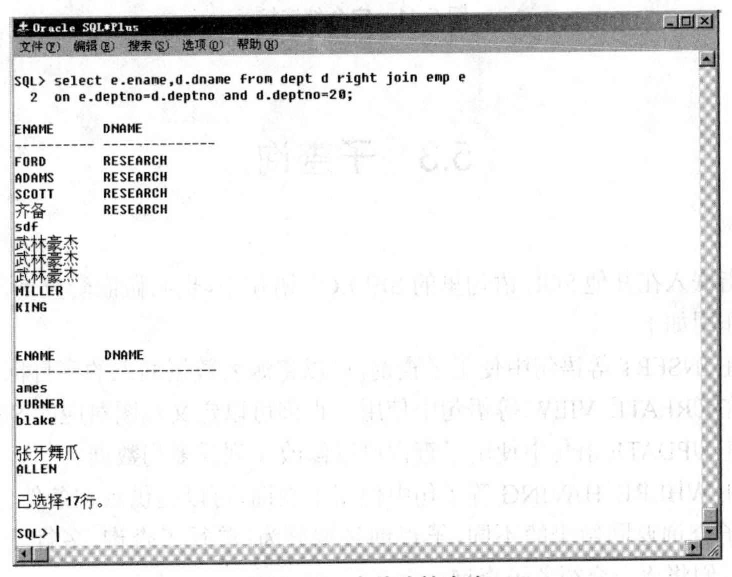

图 5-10　右外连接查询

4. 完全外连接

完全外连接是通过指定 FULL[OUTER]JOIN 选项来实现的，当使用完全外连接的时候不仅仅会返回满足条件的所有记录，而且还会返回不满足的所有其他行。例如：我们需要从雇员表和部门表里查询雇员表中雇员记录的部门号在部门表里存在且部门号为 20 雇员名称、对应的 20 号部门名称、非 20 号部门的雇员名称、非 20 号部门的名称，如图 5-11 所示。

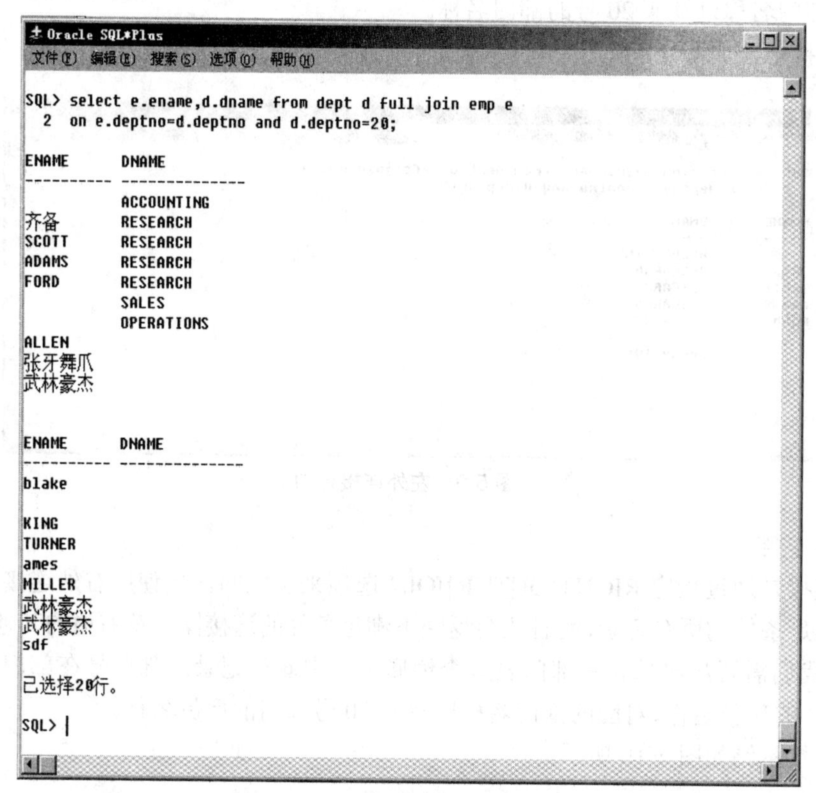

图 5-11 完全外连接

5.3 子查询

子查询是指嵌入在其他 SQL 语句里的 SELECT 语句中，也叫做嵌套查询。

子查询的作用如下：

通过在 INSERT 等语句中使用子查询，可以将源表数据插入的到目标表中。

通过在 CREATE VIEW 等语句中使用子查询可以定义视图对应的 SELECT 语句。

通过在 UPDATE 语句中使用子查询可以修改一列或多列数据。

通过在 WHERE、HAVING 等子句中使用子查询，可以提供查询条件。

根据子查询返回结果的不同，子查询又被分为：单行子查询、多行子查询、多列子查询。下面我们将逐一介绍各子查询。

> 注意：
> 当在 DDL 语句中引用子查询时，可以带有 ORDER BY 子句，但是当在 WHERE 子句，SELECT 子句中引用子查询时，不能带有 ORDER BY 子句。

5.3.1 单行子查询

单行子查询是指只返回一行数据的子查询语句。在 WHERE 子句中使用子查询用单行子查询可以使用单行比较符（<>、=、>=、<=、>、<）。

单行子查询示例如图 5-12 所示。

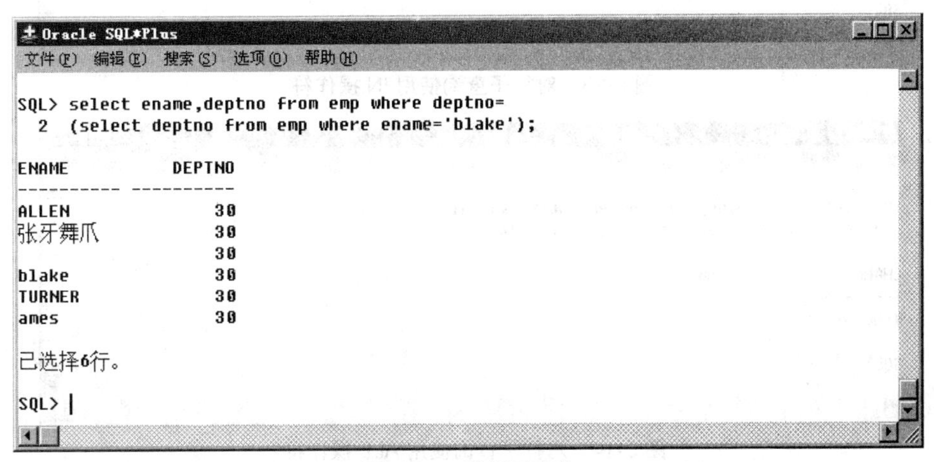

图 5-12 单行子查询

5.3.2 多行子查询

多行子查询是指返回多行数据的子查询语句。当在 WHERE 子句中使用多行子查询时，必须使用多行比较符（IN、ALL、ANY）。它们的作用如下：

IN：匹配子查询结果的任意一个值即可。

ALL：必须要符合子查询的所有结果值。

ANY：只要符合子查询结果的任意一个值即可。

> 注意：
> ALL 和 ANY 操作符不能单独使用，只能和单行比较符（< > <> >= <= =）结合使用。

1. 在多行子查询中使用 IN 操作符

当多行子查询中使用 IN 操作符时，会处理匹配于子查询任何一个值的行。

使用操作符 IN 的多行子查询示例如图 5-13 所示。

2. 在多行子查询中使用 ALL 操作符

ALL 操作符必须与单行操作符结合使用，并且返回行必须匹配于所有子查询结果。

使用 ALL 操作的多行子查询如图 5-14 所示。

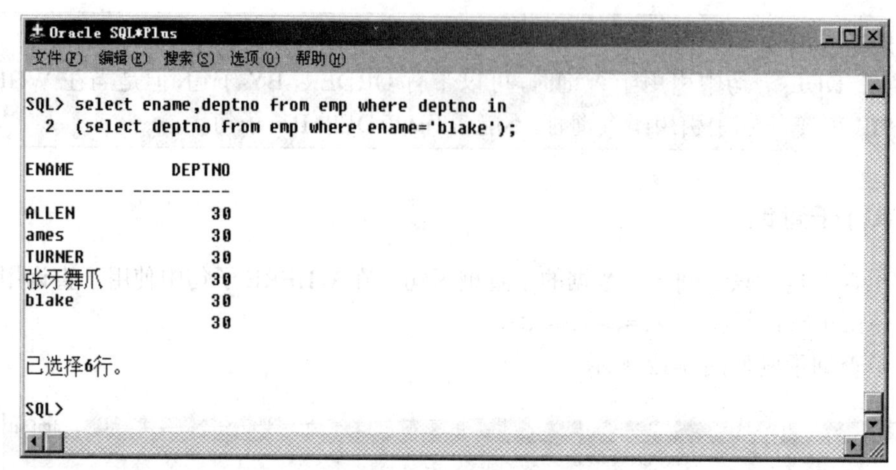

图 5-13 对行子查询使用 IN 操作符

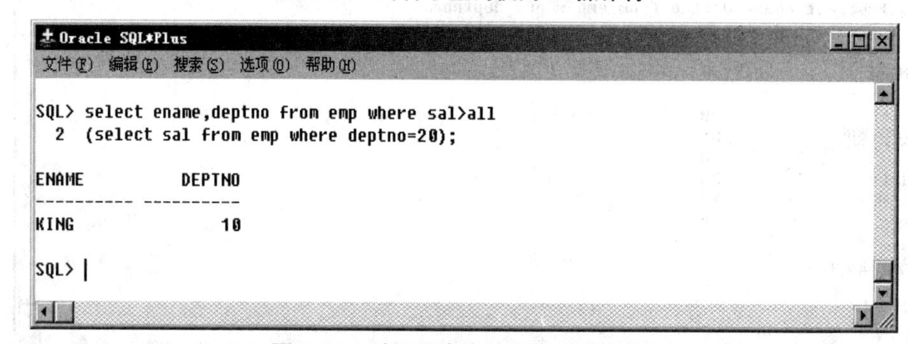

图 5-14 对行子查询使用 ALL 操作符

3. 在多行子查询中使用 ANY 操作符

ANY 操作符必须与单行操作结合使用，并且返回行匹配于子查询任何一个结果即可，使用 ANY 操作的多行子查询示例如图 5-15 所示。

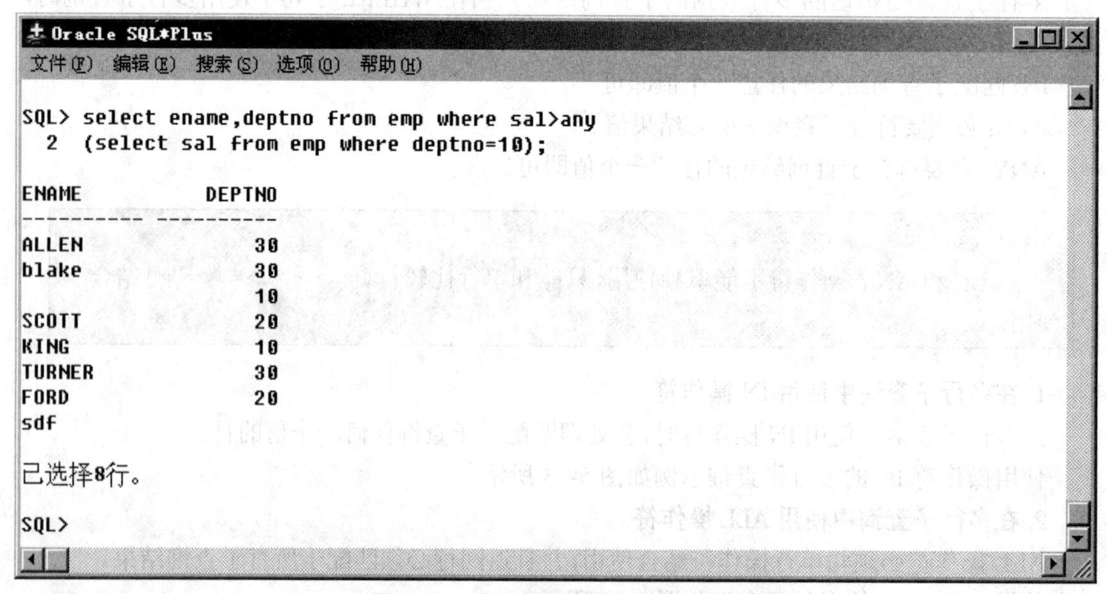

图 5-15 对子查询使用 ANY 操作符

5.3.3　多列子查询

单行子查询是指子查询只返回单行列数据，多行子查询是指查询返回单列多行数据，二者都是针对单列而言。而多列子查询则是指返回多列数据的子查询语句。

多列子查询示例如图 5-16 所示。

Oracle SQL*Plus

文件(F)　编辑(E)　搜索(S)　选项(O)　帮助(H)

```
SQL> select ename,job,sal,deptno from emp where (deptno,job)=
  2  (select deptno,job from emp where ename='smith');

ENAME      JOB              SAL     DEPTNO
---------- --------- ---------- ----------
smith      CLERK            800         20
ADAMS      CLERK           1100         20

SQL>
```

图 5-16　多列子查询

5.3.4　其他常用的子查询

在 WHERE 子句中除了可以使用单行子查询，多行子查询以及多列子查询外，还可以在相关子查询和 DML 语句中使用子查询等。我们这里着重介绍子查询和 DML 中使用子查询。

1. 相关子查询

相关子查询是指需要引用主查询列表中子查询语句，相关子查询是通过 EXISTS 来实现的。图 5-17 是显示工作在“NEWYORK”所有雇员的例子。

Oracle SQL*Plus

文件(F)　编辑(E)　搜索(S)　选项(O)　帮助(H)

```
SQL> select ename,job,sal,deptno from emp where exists
  2  (select 1 from dept where dept.deptno=emp.deptno and dept.loc='NEWYORK');

ENAME      JOB              SAL     DEPTNO
---------- --------- ---------- ----------
smith      CLERK            800         20
SCOTT      ANALYST         3000         20
ADAMS      CLERK           1100         20
FORD       ANALYST         3000         20

SQL>
```

图 5-17　相关子查询

当使用 EXISTS 时，如果子查询存在返回结果，则条件为：TRUE；如果子查询没有返回结果，则条件为 FALSE。

> 注意：
> IN 与 EXISTS 区别：

将一列和一系列值相比较，最简单的办法就是在 WHERE 子句中使用子查询。在 WHERE 子句中可以使用两种格式的子查询。

第一种格式是使用 IN 操作符：

…WHERE COLUMN IN（SELECT * FROM…WHERE…）；

第二种格式是使用 UXIST 操作符。

…WHERE EXISTS（SELECT'X'FROM…WHERE…）；

绝大多数人会使用第一种格式，因为它比较容易编写，而实际上第二种格式远比第一种格式的效率高。在 Oracle 中可以几乎将所有的 IN 操作符子查询改写未使用 EXISTS 的子查询。

第二种格式中，子查询以 SELECT'X' 开始。运用 EXISTS 子句不管子查询从表中抽取什么数据它只查看 WHERE 子句号这样优化器就不必遍历整个表而仅根据索引就可完成工作（这里假定在 WHERE 语句中使用的列存在索引）。相对于 IN 子句来说，EXISTS 使用相连子查询。构造起来要比 IN 子查询困难一些。

通过使用 EXIST，Oracle 系统会首先检查主查询，然后运行子查询直到它找到第一个匹配项，这就节省了时间。Oracle 系统在执行 IN 子查询时，首先执行子查询，并将获得的结果列表存放在一个加了索引的临时表中。在执行子查询之前，系统先将主查询挂起，待子查询执行完毕，存放在临时表中以再执行主查询。这也就是使用 EXISTS 比使用 IN 通常查询速度快的原因。

同样，应尽可能使用 NOT EXISTS 来代替 NOT IN，尽管二者都使用了 NOT（不能使用索引而降低速度）。NOT EXISTS 要比 NOT IN 查询效率更高。

2. 在 DML 的 INSERT 语句中使用子查询

通过 INSERT 语句引用子查询，可以将一张表的数据装载到另一张表中，如示例代码 5-1 所示。

示例代码 5-1 在 DML 的 INSERT 语句中使用子查询

```
SQL>CREATE TABLE EMPLOYEE(ID NUMBER(10)PRIMARY KEY,
NAME VARCHAR2(10));
INSERT INTO EMPLOYEE(ID,NAME)SELECT EMPNO,ENAME FROM EMP;
```

3. 在 DML 的 UPDATE 语句中使用子查询

通过在 UPDATE 语句中引用子查询，可以修改一张表中的一部分或全部数据。代码如示例代码 5-2 所示。

示例代码 5-2 在 DML 的 UPDATE 语句中使用子查询

```
SQL>UPDATE EMP SET SAL=(SELECT SAL FROM EMP WHERE
NAME='SMITH');
```

4. 在 DML 的 DELETE 语句中使用子查询

在这种情况下删除数据的条件是未知的，取决于子查询的结果。代码如示例代码 5-3 所示。

示例代码 5-3　在 DML 的 UPDATE 语句中使用子查询

```
SQL>DELETE FROM EMP WHERE SAL=(SELECT SAL FROM EMP
WHERE ENAME='SMITH')
```

5.4 合并查询

我们在对数据库进行查询时常碰到这样的问题：我们要查找的内容在两个或多个不同的数据库表里头，我们查询的输出结果集是这些表的输出结果的总和或各部分输出结果的差集等。查询结果必须具有相同的属性和类型，这个时候我们就需要用到数据库的合并查询：即，合并多个 SELECT 语句的结果，我们可以采用集合操作符 UNION（并集，结果总集删除重复记录），UNIION ALL（并集，结果集总集不删除重复记录）、INTERSECT（交集）、MINUS（差集）。

合并查询的语法规则如下：

```
SQL>SELECT 语句 1<[ UNION | UNIION ALL | INTERSECT | MINUS]>
        SELECT 语句 2
        ……
```

5.4.1 使用 UNION 的合并查询

UNION 操作符用于获取两个结果集的并集，该操作会自动过滤掉重复数据行，并按输出结果的第一列进行排序。例如：从雇员表查询出员工工资在 2000 以上，或者职务是“MANAGE”的员工的名称和职务（要求过滤掉结果总集的重复记录）。

使用 UNION 进行合并查询的示例如图 5-18 所示。

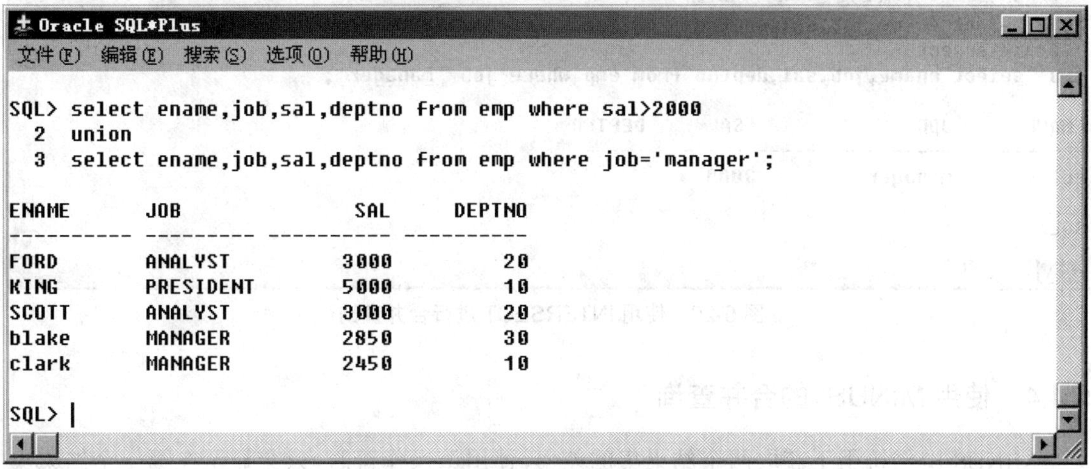

```
Oracle SQL*Plus
文件(F) 编辑(E) 搜索(S) 选项(O) 帮助(H)

SQL> select ename,job,sal,deptno from emp where sal>2000
  2  union
  3  select ename,job,sal,deptno from emp where job='manager';

ENAME      JOB              SAL     DEPTNO
---------- --------- ---------- ----------
FORD       ANALYST         3000         20
KING       PRESIDENT       5000         10
SCOTT      ANALYST         3000         20
blake      MANAGER         2850         30
clark      MANAGER         2450         10

SQL> |
```

图 5-18　使用 UNION 进行合并查询

5.4.2　使用 UNION ALL 的合并查询

UNION ALL 操作符用于获取两个结果集的并集，该操作不会过滤掉重复数据行，并不会按输出结果的任何列进行排序。例如：从雇员表查询出员工工资在 2000 以上，或者职务是“MANAGER”的员工名称和职务。

使用 UNION ALL 进行合并查询的示例如图 5-19 所示。

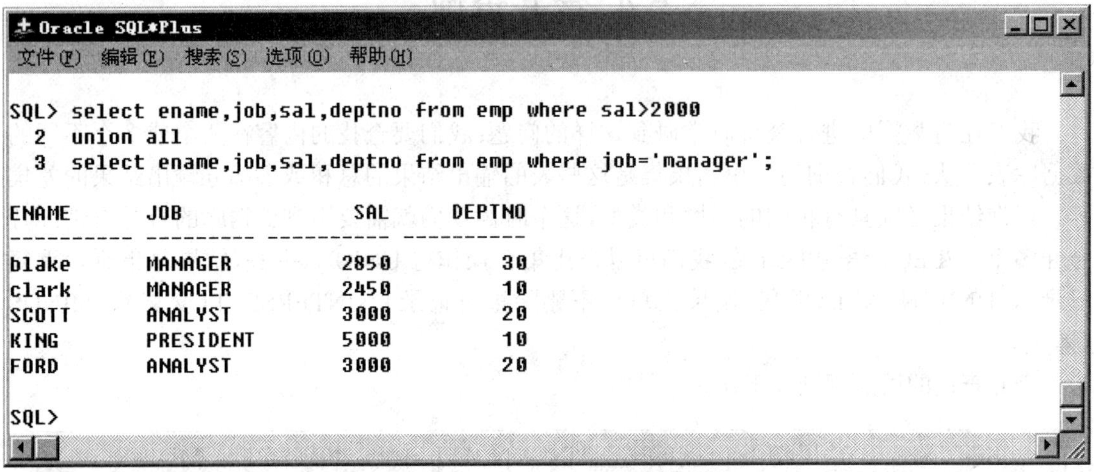

```
Oracle SQL*Plus
文件(F)  编辑(E)  搜索(S)  选项(O)  帮助(H)

SQL> select ename,job,sal,deptno from emp where sal>2000
  2  union all
  3  select ename,job,sal,deptno from emp where job='manager';

ENAME      JOB              SAL     DEPTNO
---------- --------- ---------- ----------
blake      MANAGER         2850         30
clark      MANAGER         2450         10
SCOTT      ANALYST         3000         20
KING       PRESIDENT       5000         10
FORD       ANALYST         3000         20

SQL>
```

图 5-19　使用 UNION ALL 进行合并查询

5.4.3　使用 INTERSECT 的合并查询

INTERSECT 操作符用于获取两个结果集的交集，当使用该操作符的，只会显示同时存在于两个结果集中的数据，并且会以第一列进行排序，例如：从雇员表查询出员工工资在 2000 以上的而且职务是“MANAGER”的员工的名称和职务。

使用 UNION ALL 进行合并查询的示例如图 5-20 所示。

```
Oracle SQL*Plus
文件(F)  编辑(E)  搜索(S)  选项(O)  帮助(H)
SQL> select ename,job,sal,deptno from emp where sal>2000
  2  intersect
  3  select ename,job,sal,deptno from emp where job='manager';

ENAME      JOB              SAL     DEPTNO
---------- --------- ---------- ----------
sdf        manager         3000

SQL>
```

图 5-20　使用 INTERSECT 进行合并查询

5.4.4　使用 MINUS 的合并查询

MINUS 操作符用于获取两个结果集的差集，使用该操作符时，只会显示在第一个结果集中存在，第二个结果集中不存在的数据集，并会以第一列进行排序，例如：从雇员表查询出员工工资在 2000 以上，但职务非“MANAGER”的员工称和职务。

使用 MINUS 进行合并查询的示例如图 5-21 所示。

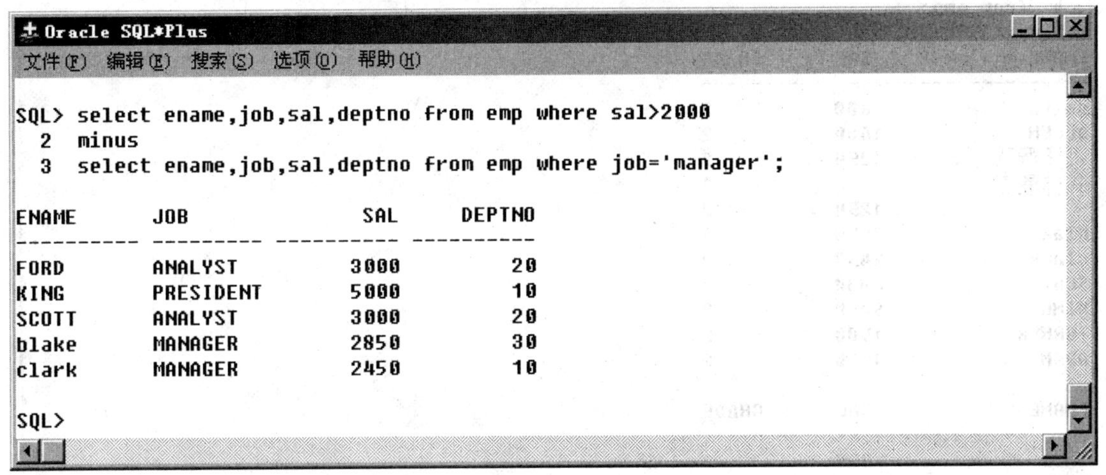

图 5-21　使用 MINUS 进行合并查询

5.5　其他复杂的查询

在这一节中我们主要讲解怎样使用 CASE 表达式，为了在 SQL 语句中使用 IF...THEN...ELSE 语法，可以使用 CASE 表达式。同时我们可以使用 WHEN 子句指定条件语句。

例如：对雇员表雇员工资进行查询分级，对于工资在 3000 以上的定位最高级（第三级）工资，对于工资大于 200 且小于等于 3000 的员工工资定位第二级，对于其他的情况为第一级。查询输出员工工资、员工名称及工资级别。

使用 CASE 表达式查询示例如图 5-22 所示。

```
Oracle SQL*Plus
文件(F) 编辑(E) 搜索(S) 选项(O) 帮助(H)
SQL> select ename,sal,case when sal>3000 then 3
  2  when sal>200 then 2
  3  else 1 end grade
  4  from emp;

ENAME             SAL      GRADE
---------- ---------- ----------
smith             800          2
ALLEN            1600          2
张牙舞爪         1250          2
武林豪杰                       1
                 1250          2
blake            2850          2
clark            2450          2
SCOTT            3000          2
KING             5000          3
TURNER           1500          2
ADAMS            1100          2

ENAME             SAL      GRADE
---------- ---------- ----------
ames              950          2
FORD             3000          2
MILLER           1300          2
武林豪杰                       1
武林豪杰                       1
sdf              3000          2

已选择17行。

SQL>
```

图 5-22 使用 CASE 表达式进行复杂查询

5.6 小结

本节内容比较单一，但是却具有很高的重要性，本章主要讲解了分组查询、连接查询、子查询、合并查询等复杂的查询。在数据库应用于设计方面经常需要用到这些复杂查询来表达复杂的业务逻辑，设计者如果能够很好的使用复杂的 SQL 语句往往能够大大简化程序（C 语言、Java 等）逻辑，既减少程序量，又减少程序调试工作量等。

5.7 英语角

group by　　分组查询
join　　连接

union	联合
intersect	交集
minus	差集

5.8　作业

1. 内连接和外连接的区别是什么？
2. 左外连接和右外连接以及完全连接查询有何区别？
3.Union 和 union all 在合并查询的区别是什么？
4. 在多行子查询中使用 IN、ALL、ANY 操作符有何区别？

5.9　思考题

为什么我们需要掌握复杂 SQL 查询语句的使用方法？

5.10　学员回顾内容

连接查询、子查询、分组查询、合并查询。

参考资料

《Oracle 数据库基础教程》　孙风栋　电子工业出版社　2014-1
《Oracle 从入门到精通》　明日科技　清华大学出版社　2012-9

第 6 章　簇、视图和索引

学习目标

✧ 了解簇的作用，会建立简单的索引簇。
✧ 深入掌握索引概念，充分掌握限制索引，能够创建索引和管理索引。
✧ 深入掌握视图的概念与作用，掌握对视图的应用方法。

课前准备

✧ 簇。
✧ 视图。
✧ 索引。

本章简介

在前面的相关章节里我们已经讲到了多个 Oracle 数据库对象，如：表、序列、同义词等，在此基础上我们进一步学习与此紧密相关的对象的应用。本章将讲解 CLUSTER、VIEW、INDEX 相关知识和应用，进一步提升我们所学的 Oracle 数据库知识，接下来我们将围绕怎样创建簇、视图、索引及它们的相关应用而展开这一章节内容。

6.1　簇

我们到商场买东西，总能发现相关产品总是聚集摆放，以供用户选择购买，例如：家用电器往往都是聚集摆放，而接下来我们要讲解的 CLUSTER 也是相关数据库数据聚集存放的一种方式，便于相关数据访问。我们已经知道，一般情况下当建立表时 Oracle 会为该表分配相应的表段，并会将表的数据存放到表段中。Oracle 还提供了存放表数据的另一种数据结构，即：簇（Cluster），在特定情况下使用簇可以降低磁盘 I/O 次数，提高系统的性能。

6.1.1　簇特点简介

簇是存储表数据的一种可选结构，它由一组共享的相同数据块表组成。并且这些表都具有共同的簇键列。簇的特点如下：

每个簇都必须有一个簇键，它用于标识要存储到一起的行。

簇键可以包含一列或多列，并且簇键列应该是在 WHERE 子句经常引用的列。

在簇表中必须要具有对应于簇键的列，并且数据类型和长度一定要匹配。

当修改簇键列值时，会导致物理移动相应行的数据，所以簇键是很少修改的列。

使用簇可以提高随机访问数据的能力，但会降低全表扫描的速度。

6.1.2　创建簇

建立簇是使用 CREATE　CLUSTER 命令完成的，执行该命令要求用户必须要具有 CREATE　CLUSTER 系统权限。如果要在其他用户模式中建立簇，则要求用户必须具有 CREATE ANY　CLUSTER 系统权限。当建立簇时，Oracle 会为簇分配相应的簇段，因为簇段所需要的空间是从表空间上分配，所以要求簇所有者必须要在表空间上具有相应的空间配额。接下来我们主要讲解建立和使用索引簇。

6.1.3　建立索引簇

索引簇是指使用索引定位簇列数据的方法。当使用索引簇时，簇键列数据是通过索引来定位的。如果用户经常使用主键表查询显示相关数据。那么可以将这些表组织到索引簇中，并且将主外键列作为簇键列。操作如示例代码 6-1 所示。

示例代码 6-1　建立连接查找

```
SELECT DNAME,ENAME,SAL FROM DEPT,EMP WHERE DEPT.DEPTNO=EMP.
DEPTNO AND DEPT.DEPTNO=10;
```

为了加快访问速度，可以将这两个表 DEPT 和 EMP 组织到索引簇中，并且应该将部门号（DEPTNO）作为簇键列。

1. 建立索引簇

示例代码 6-2　建立索引簇

```
CREATE CLUSTER DEPT_EMP_CLUSTER(DEPTNO NUMBER(3));
```

2. 建立簇表

建立簇表 DEPT 的示例如示例代码 6-3 所示。

示例代码 6-3　建立簇表 DEPTNEW

```
CREATE TABLE DEPTNEW(
DEPTNO NUMBER(3) CONSTRAINT PK_DEPT_NEW PRIMARY KEY,
DNAME VARCHAR2(14),
LOC VARCHAR2(13),
ADDRESS VARCHAR2(30)
)CLUSTER DEPT_EMP_CLUSTER(DEPTNO);
```

执行以上命令后，将表 DEPT 增加到簇 DEPT_EMP_CLUSTER 中了。

由于索引簇用于组织主从表数据，所以我们继续建立从表EMP，并且加入簇中（示例代码6-4）。

示例代码6-4 建立簇表EMPNEW

```
CREATE TABLE EMPNEW(
EMPNO NUMBER(4) PRIMARY KEY,
ENAME VARCHAR2(10),
JOB VARCHAR2(9),
MGR NUMBER(4),
HIREDATE DATE,
SAL NUMBER(7,2),
COMM NUMBER(7,2),
DEPTNO NUMBER(3) CONSTRAINT FK_DEPTNO_NEW REFERENCES DEPT-
NEW(DEPTNO)
)CLUSTER DEPT_EMP_CLUSTER(DEPTNO);
```

注意：

簇表数据是放在簇段中的，所以用户不需要任何表空间配额，为了将表组织到簇中，在建表时必须指定CLUSTER子句。

3. 建立簇索引

在建立簇及簇表之后，在插入数据之前必须首先建立簇索引，否则会显示错误信息。建立簇索引一般由簇的拥有者建立，如果由其他用户建立簇索引必须具有CREATE ANY INDEX的系统权限。

创建簇索引的示例如示例代码6-5所示。

示例代码6-5 建立簇索引

```
CREATE INDEX DEPT_EMP_IDX ON CLUSTER DEPT_EMP_CLUSTER;
```

4. 使用索引簇

当主从表组织到索引簇之后，如果在二者之间进行连接查询，那么可以大大降低I/O次数。从而提高查询的速度。

使用簇索引的示例如示例代码6-6所示。

示例代码6-6 使用簇索引

```
SELECT DNAME,ENAME,SAL FROM DEPT,EMP
WHERE DEPT.DEPTNO=10 AND DEPT.DEPTNO=EMP.DEPTNO;
```

6.1.4 删除簇

删除簇是使用DROP CLUSTER命令由簇的拥有者来完成的，如果要以其他用户身份删除簇，则要求该用户必须有 DROP ANY CLUSTER 系统权限。

> 注意：
> 如果在簇中已经包含了表，那么在删除簇时必须带有 INCLUDING TABLES 子句。

删除不带表的簇的示例如示例代码 6-7 所示。

示例代码 6-7　删除不带表的簇

```
DROP CLUSTER DEPT_EMP_CLUSTER;
```

删除带表的簇的方法 1 示例如示例代码 6-8 所示。

示例代码 6-8　删除带表的簇方法 1

```
DROP CLUSTER DEPT_EMP_CLUSTER INCLUDING TABLES;
```

删除带表的簇的方法 2 示例如示例代码 6-9 所示。

示例代码 6-9　删除带表的簇方法 2

```
DROP TABLE DEPT;
DROP TABLE EMP;
DROP CLUSTER DEPT_EMP_CLUSTER;
```

6.1.5　显示簇信息

1. 显示当前用户所有簇信息

当建立簇时，Oracle 会将簇的结构信息存放在数据字典基表中。我们可以通过查询数据字典 DBA_CLUSTERS（存放所有簇信息）、USER_CLUSTERS（存放当前用户所有簇信息）可以获取簇的信息。

显示当前用户所有簇的簇名和簇类型信息示例如示例代码 6-10 所示。

示例代码 6-10　显示当前用户所有簇信息

```
SELECT CLUSTER_NAME,CLUSTER_TYPE FROM USER_CLUSTERS;
```

2. 显示簇包含的表及簇键列

当我们需要知道创建簇所包含的簇表和簇键列时我们可以通过查询数据字典 USER_CLU_COLEMNS 试图获取它们的信息。

显示当前用户所有簇的簇表和簇键列的部分信息示例如示例代码 6-11 所示。

示例代码 6-11　显示当前用户所有簇的簇表和簇键列的部分信息

```
SELECT CLU_COLUMN_NAME,TABLE_NAME FROM USER_CLU_COLUMNS;
```

6.2 视图

视图是一个数据库对象，它容许用户从一个表或一组表或其他视图建立一个“虚表”。和表不同，视图中没有数据，而仅仅是一条 SQL 查询语句。按此查询出来的数据以表的形式表示。事实上，有时候，在视图上进行数据库操作，而这些操作是视图和表都支持的操作，如果不告诉用户操作是在视图中的话，用户完全可以认为它是在数据库表中操作。和数据库表一样，可以在视图上执行 INSERT、UPDATE、DELETE、SELECT 数据操作。用户总能从视图中查询数据。

6.2.1 视图作用简介

了解为什么需要使用视图很重要，使用视图有如下理由：

视图可以提供附加的安全层，例如：公司有一张公司雇员的情况表，可以为各个部门经理建立分别的视图，使他们只能看到自己部门员工情况，不能看到别的部门情况。

视图可以隐藏数据的复杂性，Oracle 数据库有许多表。用户执行连接操作，用户可以从两个或多个表中检索出信息，但这些连接操作有时候非常复杂，常常把最终用户弄糊涂，有时候甚至专家也苦恼，在这样的情况下，就必要建立视图，组合各基表数据。

视图可以简化命名。我们在给表列进行命名的时候往往需要表达具体的业务含义。列名很复杂，如：FUND_TRADE_BEGIN_TIME，而我们建立视图的时候可以重新命名为更加容易让客户记忆的名字，如：TRADE_BTIME，这样就简单多了。

视图带来更改的灵活性，可以更改组成视图的一个或多个表的内容而不更改应用程序。比如一个视图，它的列数据有来自两个表的多个列，只要不更改与视图对应库表列，这对这两个表的其他列作修改，或增减库列表，对视图没有影响，照旧可以使用。

视图可以让不同的用户去关心自己感兴趣的数据和某些特定的数据，而与任务无关的，不需要的数据就可以不在视图中显示。

6.2.2 创建视图

创建视图的语法规则为：

```
CREATE[OR REPLACE]VIEW 自定义视图名称(数据项别名列表，多个列时以“，”分隔)AS SELECT 子查询语句
```

注意：

在创建视图时需要注意，如果不使用视图别名列表，视图显示的数据项标题为 SELECT 子查询列表的名称；如果使用视图别名列表，则要注意数据项列表项数与 SELECT 字段列表项数一样，并且它们数据类型也是一致的，数据项大小也是一致的。

1. 创建简单的视图

示例如图 6-1 所示。

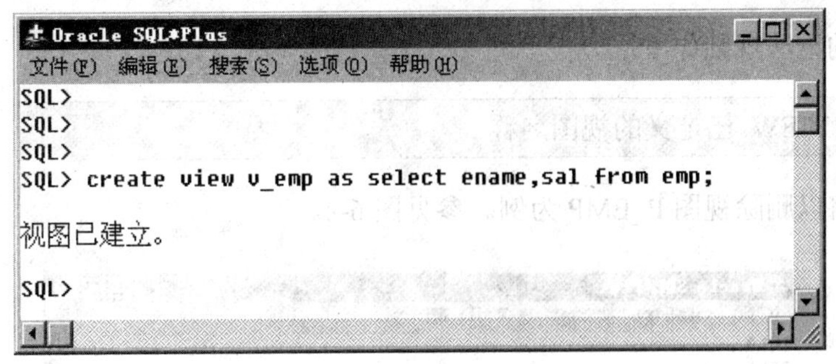

图 6-1　创建简单的视图

以上示例中我们创建了视图 V_EMP。

2. 建立别名列表的视图

示例如图 6-2 所示。

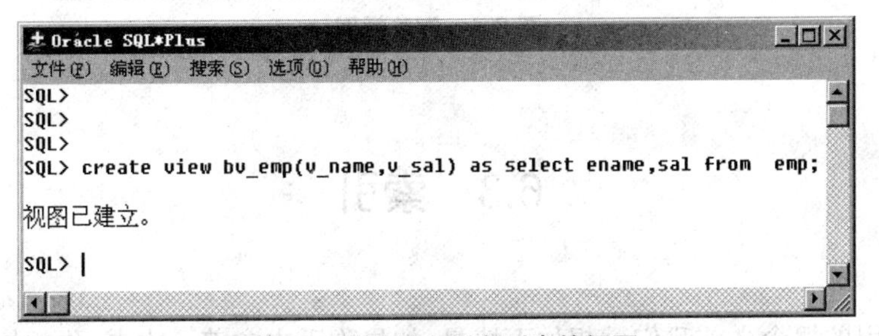

图 6-2　创建具有别名列表的视图

在以上示例中我们创建了视图 AV_EMP 并且给输出标题另取名字分别是“V_NAME”“V_SAL”分别对应视图子查询 ENAME、SAL 列。

3. 创建复杂的视图

示例如图 6-3 所示。

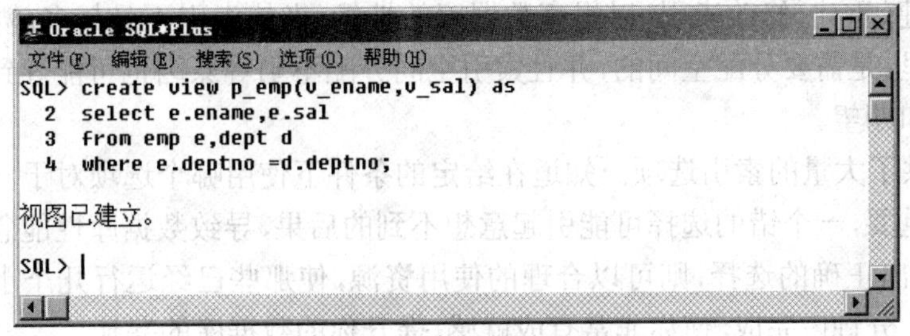

图 6-3　创建复杂的视图

在以上示例中我们创建了视图 P_EMP 并且给输出标题另取名字分别是“V_ENAME”“V_SAL”分别对应视图子查询 E.ENAME、E.SAL 列。该视图子查询是一个高级的连接子查询。

关于 Oracle 为数据库管理系统的系统视图在前面数据字典部分已经讲过，我们这里就不再讲解。

6.2.3　删除视图

删除视图的语法规则如下：

```
DROP VIEW 已定义的视图名称;
```

下面我们将以删除视图 P_EMP 为例。参见图 6-4。

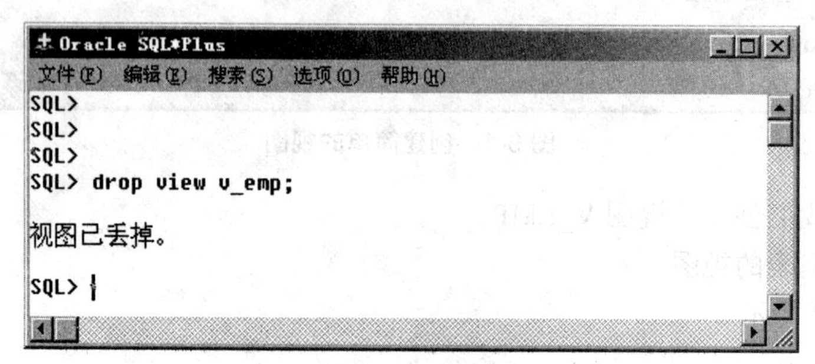

图 6-4　删除视图

6.3　索引

在讲解索引的概念之前我们试想如下情景：如果你手中拿着一本书，你想快速地找到你所要的内容，请问，你的第一反映是什么？你是赶快通篇翻书找你的内容吗？找你要的内容方法是很多的，然而普遍的，而且是有效的方法当然是先看目录，找到内容所在的位置，然后再看内容。而我们紧接着要讲的内容便是在数据库里快速查询数据的重要方法"书的目录法"—索引。

索引是本章需要讨论的另一个重要概念。如果我们的数据库性能降低，那么我们的第一反应应该是创建、重建、修改索引，以提高数据库的性能，当然索引不是越多越好，因为索引是建在表的空间里，是需要分配空间的，并且索引空间分配不当等原因也可能导致达不到我们提高性能的要求和期望。

Oracle 提供了大量的索引选项。知道在给定的条件下使用哪个选项对于一个应用程序的性能来说非常重要，一个错的选择可能引起意想不到的后果，导致数据库性能急剧下降或进程终止，而如果做出正确的选择，则可以合理的使用资源，使那些已经运行几个小时的甚至几天的进程可以在几分钟内完成，使你非常有成就感，提升你的数据库的兴趣。

6.3.1　基本的索引概念

查询 DBA_INDEXES 视图可以得到所有索引的列表。通过 USER_INDEXES 视图可以检索模式的索引。访问 USER_IND_COLUMNS 视图可得到一个给定表中被索引特定列。

6.3.2　索引分类

根据索引值是否唯一分为唯一索引和非唯一索引；根据索引的组织结构不同分为平衡树索引和位图索引；根据基于的列数不同分为单列索引和复合索引。

1. 唯一索引和非唯一索引

唯一索引是索引值不重复的索引，非唯一索引是索引值可以重复的索引。这两个索引的索引值都可以为 NULL。默认情况下，Oracle 创建的索引是非唯一索引。

2. 平衡树索引和位图索引

平衡树又称为 B 树索引，在树的叶子节点中保存了索引值及其 ROWID。默认情况下，Oracle 创建的索引是平衡树索引，它占用空间多，适合索引值基数高、重复率低的应用。

位图索引是为每一个索引值建立一个位图，在这个位图中使用一个位元来对应一条记录的 ROWID。位图索引实际上是个二维数组，列数由索引值的基数决定，行数由表中记录个数决定，位图索引占用空间小，适合索引值基数少，重复率高的应用，例如性别字段。

3. 单列索引和复合索引

索引可以建立在一列上也可以建立在多列上，在一列上创建的索引为单列索引，在多列上建立的索引是复合索引。

4. 函数索引

函数索引是指包含列的函数或表达式创建的索引。在函数索引的表达式中可以使用各种算术运算符、PL/SQL 函数和内置的 SQL 函数。

6.3.3　创建索引

创建索引的语法如下所示：

```
CREARE [UNIQUE]|[BITMAP] INDEX INDEX_NAME
ON TABLE_NAME([COLUMN_NAME[ASC|DESC],…]|[EXPRESSION])
[REVERSE]
[PARAMATER_LIST]
```

说明：

UNIQUE：建立唯一索引。

BITMAP：建立位图索引。

REVERSE：建立反键索引。

PARAMETER_LIST：用于指定索引的存放位置、存储空间分配和数据库参数设置。

1. 创建非唯一索引

在默认情况下，CREATE INDEX 创建的是一个非唯一性的 B 树索引。参见示例代码 6-12。

示例代码 6-12　创建唯一索引

```
CREATE INDEX EMP_INDEX ON EMP(ENAME);
```

2. 创建唯一索引

在 DEPT 表的 DNAME 上创建唯一索引。参见示例代码 6-13。

示例代码 6-13　在 DEPT 表的 DNAME 上创建唯一索引

```
CREATE UNIQUE INDEX DEPT_INDEX ON DEPT(DNAME);
```

在表的唯一性约束列和主键约束列上，系统会自动创建一个唯一性索引。

3. 创建位图索引

唯一性索引和非唯一性索引都属于 B 树索引，如果表中列值具有较小的基数，即列的数据较多，但是重复率较高，就应为创建位图索引。如示例代码 6-14 所示。

示例代码 6-14　在 STU 表的 SEX 列创建位图索引（假设表 STU 已经创建）

```
CREATE BITMAP INDEX STU_SEX ON STU(SEX);
```

4. 创建函数索引

为了提高在查询条件中使用函数和表达式的查询语句的执行速度，可以创建函数索引，Oracle 首先会对包含索引列的函数值或表达式进行求值，然后对求值后的结果进行排序，最后在存储到索引表中。如示例代码 6-15 所示。

示例代码 6-15　在 EMP 表的 SAL 列创建位图索引（假设表 STU 已经创建）

```
CREATE INDEX IDX ON EMP(LOWER(ENAME));
```

示例代码 6-15 中，我们在 EMP 表的 ENAME 字段创建了函数（LOWER）索引。

6.3.4　删除索引

在创建索引之后，如果存在下面几种情况可以删除索引：

（1）该索引不再使用。

（2）经过一段时间的监视，发现很少或几乎不使用此索引。

（3）由于索引中包含损坏的数据或过多的存储碎片，需要删除此索引建立新的索引。

（4）由于移动了表数据导致索引失效。

删除索引使用的语法规则如下所示：

```
DROP INEDEX 索引名字
```

删除 EMP 表在 ENAME 列上创建的 EMP_INDEX 索引，如示例代码 6-16 所示。

示例代码 6-16　删除 EMP 表在 ENAME 列上创建的 EMP_INDEX 索引

```
DROP INDEX EMP_INDEX;
```

6.3.5　查看索引信息

查看索引信息，我们通过查询数据字典视图或动态性能视图获得索引信息，包含索引信息的数据字典，如下所示：

（1）DBA_INDEXES、ALL_INDEXES、USER_INDEXES: 包含索引的基本描述信息和统计信息，包括索引的所有者、索引名称、索引类型、对应表名等基本信息。

（2）DBA_IND_EXPRESSIONS、ALL_IND_EXPRESSIONS、USER_IND_CLUMNS: 包含索引列的描述信息，包括索引的名称、表名称和索引列的名称等信息。

（3）DBA_IND_EXPRESSIONS、ALL_IND_EXPRESSIONS、USER_IND_EXPRESSIONS: 包含函数索引的描述信息，通过该视图可以查看到函数索引的函数表达式。

查看 EMP 表上的所有索引信息参见示例代码 6-17。

示例代码 6-17　查看 EMP 表上的所有索引信息

```
SELECT INDEX_NAME,INDEX_TYPE FROM USER_INDEXES
WHERE TABLE_NAME=' EMP' ;
```

6.4　Oracle SEQUENCE 序列号

序列是产生唯一序号的数据库对象，可以为多个用户依次生成不重复的连续整数，通常使用序列自动生成表中的主键值。序列生成的数字最大可达 38 位十进制数。序列不占用实际的存储空间，在数据字典中只存储序列的定义描述。在 Oracle 中 SEQUENCE 就是所谓的序列号，每次取的时候它会自动增加。如我们去银行开账户的时候，存折号就是一个组合序列号（银行号 + 存折类型 + 日期时间 + 流水序列号就是一个简单固定位数的输出序列）。

6.4.1　CREATE SEQUENCE 定义

创建序列使用 CREATE SEQUENCE 定义，其语法为：

```
CREATE SEQUENCE EMPSEQ  -------- 自定义的序列名
[INCREMENT BY N] ------- 每次加 N 个即递增的间隔
[START WITH N]---- 从 N 开始计数
[MAXVALUE N|NOMINVALUE]---- 设最大值为 N 或者不设置最大值
[MINVALUE N|NOMINVALUE]----- 设最小值为 N 或者不设最小值
[CYCLE|NOCYCLE]----- 设置循环或一直累加，不循环
[CACHE N|NOCACHE];----- 设置在缓存中预先分配一定数量的数据值，以提高获
取序列值的速度，默认为不缓存
```

例如创建一个初始值为 10、最大值为 100、步长为 1 的序列参见示例代码 6-18。

示例代码 6-18　创建序列

```
CREATE SEQUENCE EMP_SEQUENCE INCREMENT BY 1
START WITH 10 MAXVALUE 100;
```

注意：

要创建自己的序列，我们登录的账户要有 CREATE SEQUENCE 或者 CREATE ANYSEQUENCE 权限，否则我们不能创建序列。

6.4.2 SEQUENCE 序列用法

使用序列就是使用序列的两个属性：

（1）CURRVAL：返回序列当前值。

（2）NEXTVAL：返回序列值增加一个步长后的值。

只有在发出至少一个 NEXTVAL 后才可以使用 CURRVAL 属性。

例如，利用序列 EMP_SEQUENCE 向表中插入数据，如示例代码 6-19 所示。

示例代码 6-19 创建序列

```
INSERT  INTO  EMP(EMPNO,ENAME)VALUES(EMP_SEQUENCE.NEXTNAL,'
DAMAO');
SELECT EMP_SEQUENCE.CURRVAL FROM DUAL;
```

说明：

（1）EMP_SEQUENCE.CURRVAL：获取序列的当前值。

（2）EMP_SEQUENCE.NEXTNAL：获取序列的下一个值。

注意：

可以使用 SEQUENCE 的地方：

不包含子查询、SNAPSHOT、VIEW 的 SELECT 语句。

INSERT 语句的子查询中。

INSERT 语句的 VALUES 中。

UPDATE 的 SET 中。

6.4.3 使用 ALTER SEQUENCE 修改序列

序列创建完之后，可以使用 ALTER SEQUENCE 语句修改序列，除了不能修改序列的起始值外，可以对序列的任何字句和参数进行修改，修改 EMP_SEQUENCE 的设置如示例代码 6-20 所示。

示例代码 6-20 修改序列的设置

```
ALTER SEQUENCE EMP_SEQUENCE INCREMENT BY 10
MAXVALUE 10000 CYCLE CACHE 10;
```

注意：

你或者是该 SEQUENCE 的 OWNER，或者有 ALTER ANY SEQUENCE 权限才能改动 SEQUENCE。

6.4.4　使用 DROP SEQUENCE 删除序列

当创建的序列不需要的时候，可以使用 DROP SEQUENCE 删除，如示例代码 6-21 所示。

示例代码 6-21　删除序列

```
DROR SEQUENCE EMP_SEQUENCE;
```

6.5　同义词

同义词是数据库中表、索引、视图或其他模式对象的一个别名。利用同义词可以为数据库对象提供一定的安全性保证，因为别名可以隐藏对象的实际名称和所有者信息，或隐藏分布式数据库中远程对象的物理位置。同时，同义词也可以简化对象的访问，并且当数据库对象改变时，只需要修改同义词而不用改应用程序。

同义词分为私有同义词和公有同义词两种。私有同义词只能被创建它的用户所拥有；此用户可以控制其他用户是否有权使用该同义词；公有同义词被用户组 PUBLLC 拥有，数据库所有用户都可以使用公有同义词。

6.5.1　创建同义词

创建同义词使用 CREATE SYNONYM 语句，其语法格式如下所示。

```
CREATE [PUBLIC] SYNONYM SYNONYM_NAME FOR OBJECT_NAME;
```

例如，为 SCOTT 用户的 EMP 表创建公有同义词，如代码 6-22 所示。

示例代码 6-22　创建公有同义词

```
CREATE PUBLIC SYNONYM SCOTTEMP FOR SCOTT.EMP;
```

6.5.2　使用同义词

创建好同义词之后，就可以利用同义词实现对数据库对象的操作，如代码 6-23 所示。

示例代码 6-23　设置同义词

```
UPDATE SCOTTEMP SET ENAME=’DAMAOMAO’ WHERE EMPNO=7934;
```

6.5.3　删除同义词

当不需要同义词时，通过 DEOP SYNONYM 语句删除同义词，语法如下所示：

```
DROR[PUBLIC]SYNONYM synonym_name;
```

例如，删除公有同义词 SCOTTEMP，如示例代码 6-24 所示。

示例代码 6-24　删除同义词

```
DROR PUBLIC SYNONYM SCOTTEMP;
```

注意：

要创建自己的同义词，登录的账户要有 CREATE SYNONYM 或 CREATE ANY SYNONYM 权限，否则我们不能创建同义词，创建公有同义词还要有 CREATE PUBLIC SYNONYM 权限。

6.6　小结

✓ 通过本章的学习我们掌握了 Oracle 数据库索引簇的概念及应用，对于簇我们需要明白索引簇有利于提高主从表的查询速度，但是我们还是需要慎重使用簇，因为当簇列被修改时会发生数据物理存储的移动，同时，也不利于全局数据访问。

✓ 在本章我们深入探讨了视图的作用（即视图的使用原则、使用场合）我们能够建立符合应用数据库设计要求的视图是我们本章视图相关内容的核心部分，我们在做数据库设计时要搞清什么情况下要使用视图（如：数据安全等）。还要能够创建符合要求的视图。这是我们需要视图部分必须掌握的内容。

✓ 索引本章节又一重要的，必须掌握的内容，因为索引建立的好坏，使用恰当与否往往直接管理数据库的访问速度，即性能。通过本章学习我们应该掌握建立索引的方法。

6.7　英语角

index	索引
cluster	簇
view	视图
bitmap	位图
sequence	序列
synonym	同义词

6.8　作业

1. 视图的作用有哪些？
2. 为什么要建立簇，使用簇要注意些什么限制？
3. 为什么要使用索引？B-tree 索引和位图索引的区别是什么？
4. 举例你所了解的限制索引有哪些情况？

6.9　思考题

1. 为什么数据库管理系统会出现视图的概念？
2. 既然建立索引可以提高数据库系统性能，为何在设计数据库时不多多定义和建立索引？

6.10　学员回顾内容

索引：索引的建立与管理，索引使用受限制方面的内容。
试图：着重回顾视图的作用及使用原则，同时会创建和管理复杂视图。

参考资料
《Oracle PL/SQL 从入门到精通》　丁士峰　清华大学出版社　2012-6
《Orancle 从入门到精通（视频实战）》　秦靖、刘存勇　机械工业出版社　2011-1

上机部分

第 1 章　数据库模型

本阶段目标

✧ 熟悉 Oracle 物理文件。
✧ 手工启动 Oracle 后台服务进程。
✧ 使用 DOS 命令行启动 Oracle 数据库和侦听程序。
✧ 在 Oracle 数据库中实现关系模式。创建符合关系模式的数据库表。

附题：将已有的学籍管理系统基本 E-R 模型转换成关系模型，并且在 Oracle 数据库中实现这一关系模型。（该题可以根据自己的情况选做）

附录：了解一个完整的系统设计过程——商品信息管理系统。

1.1　动手实验——认识 Oracle 物理文件

1.1.1　使用 Windows 搜索工具确定 Oracle 物理文件的位置

打开 Windows 搜索工具，如图 1-1 所示。

确定数据文件的位置：在“要搜索的文件或文件夹名为（M）”项和“搜索范围”项输入要查找的文件名或部分文件名以及搜索范围（如：C：盘）我们需要确定数据文件的位置，故输入 .dbf 或 SYSTEM.DBF 等字样确定我们需要查找的数据文件所在位置。

通过以上的查找我们得到查找结果屏幕。如图 1-2 所示。

如果找到符合条件的文件则会在结果屏幕“目录所在文件夹”中显示文件夹路径，进入文件夹查看数据库文件、控制文件、重做日志文件（一般情况下对于小型数据库系统这些文件都在同一个目录下）。

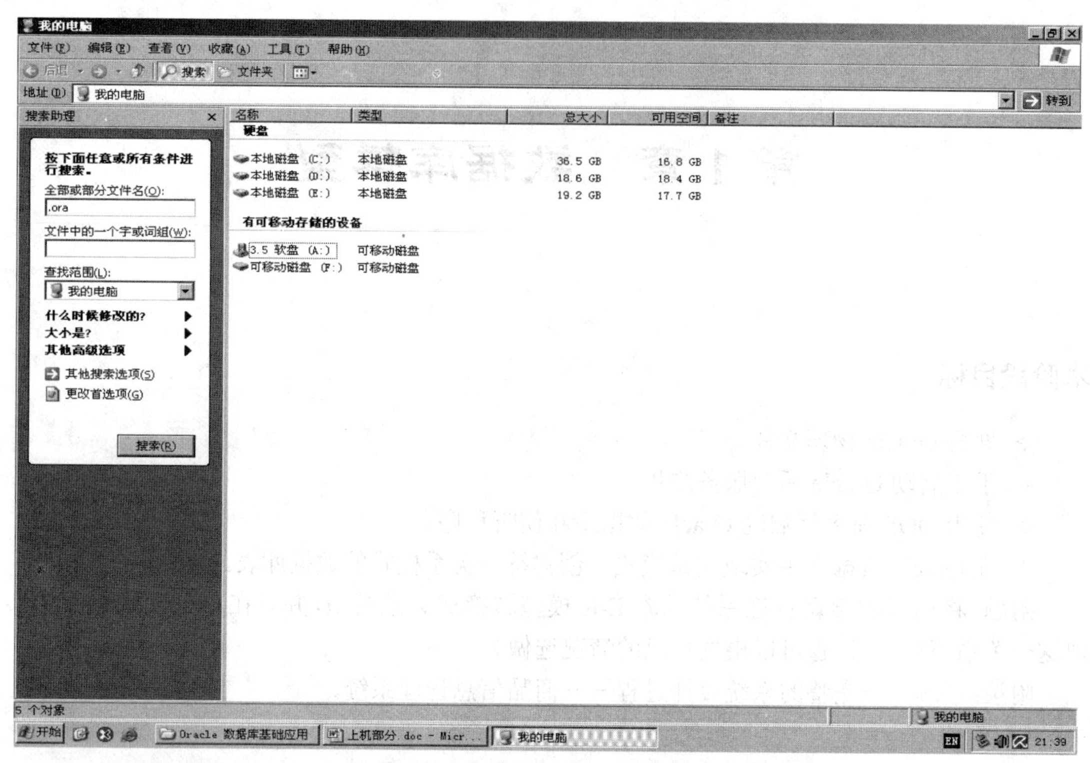

图 1-1　启动 Windows 搜索界面

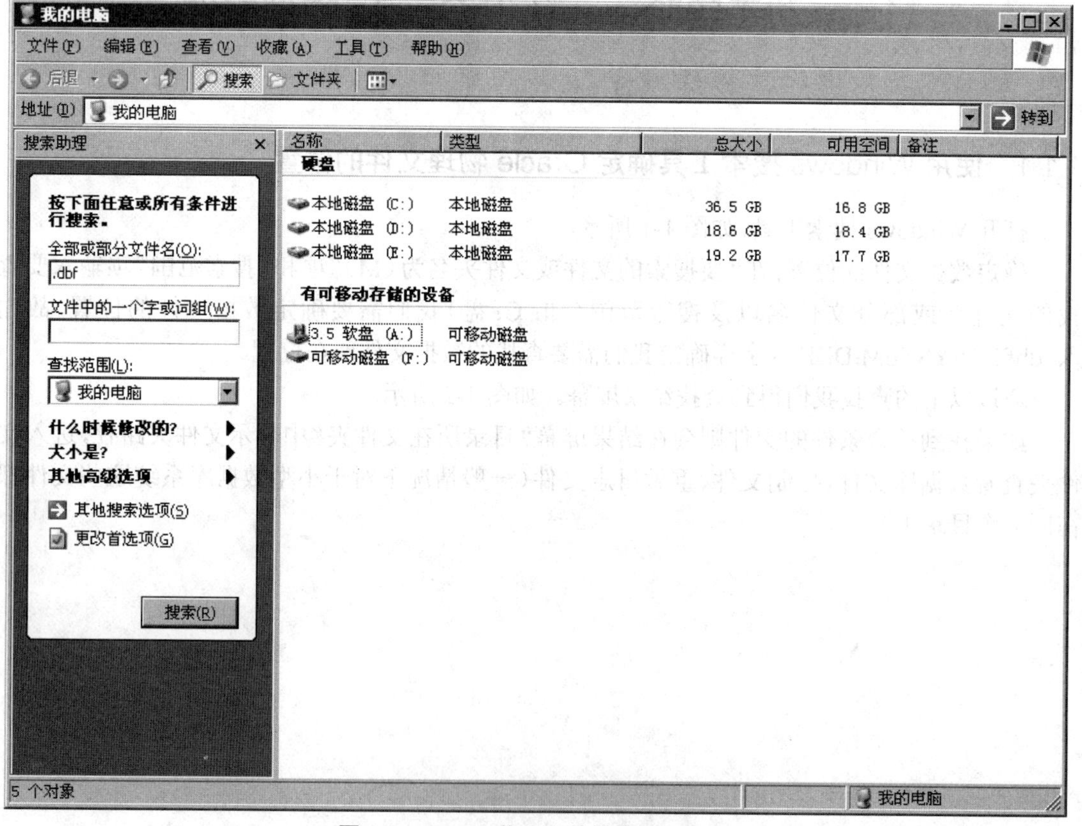

图 1-2　Oracle 物理文件搜索结果界面

1.1.2　查看 INIT.ORA 参数文件(通过和以上相同的方法查找参数文件)

对参数文件主要查看常用参数：

DB_NAME 数据库名；

INSTANCE_NAME 数据库实例名；

CONTROL_FILES 控制文件列表；

DB_BLOCK_SIZE 数据库块大小；

DB_CACHE_SIZE 数据库数据缓冲区大小；

SHARED_POOL_SIZE 共享池大小；

LOG_BUFFER 日志缓冲区大小等。

1.2　动手实验——启动或停止 Oracle 后台进程

启动后台进程主要步骤：

1. 进入 Windows 系统。
2. 单击“开始”菜单。
3. 单击“控制面板”。
4. 单击“服务”。

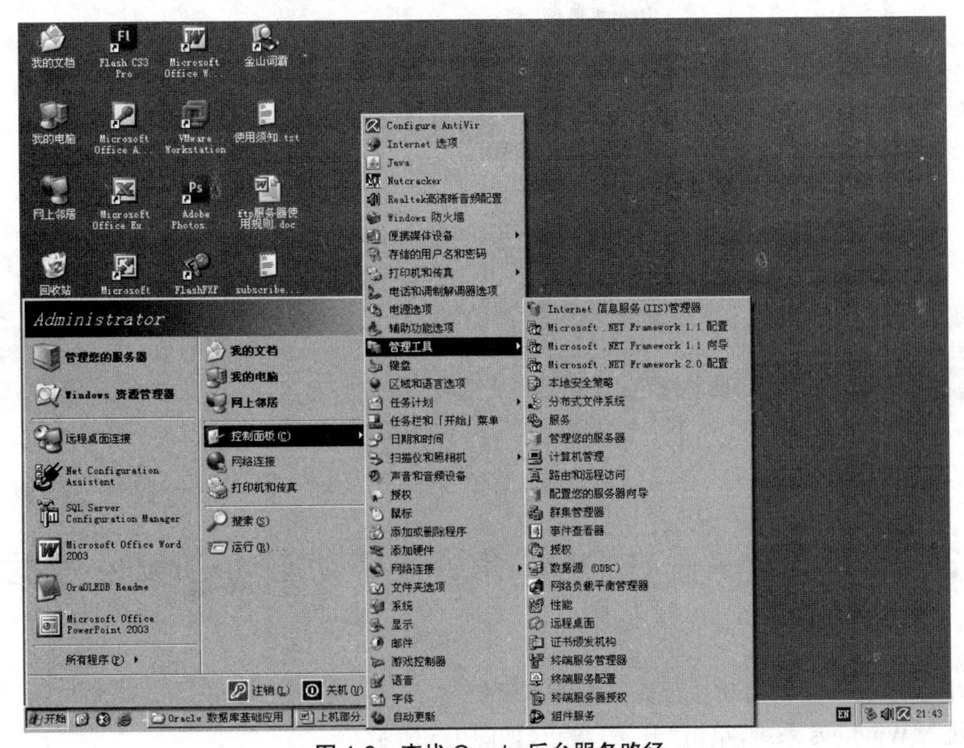

图 1-3　查找 Oracle 后台服务路径

5. 查找相关服务进程（Oracle 单词相关的服务进程名）找到需要启动的进程，并单击。

6. 单击右键弹出右键菜单。

7. 找到“启动”或“停止”菜单项，并单击（服务如果在已启动状态，则右键菜单高亮度显示活动的“停止”菜单项，单击则停止选中服务，反之亦然）。

8. 启动或停止结束。

查找 Oracle 后台服务路径如图 1-3 所示。启动或停止 Oracle 后台服务的主要界面如图 1-4 所示。

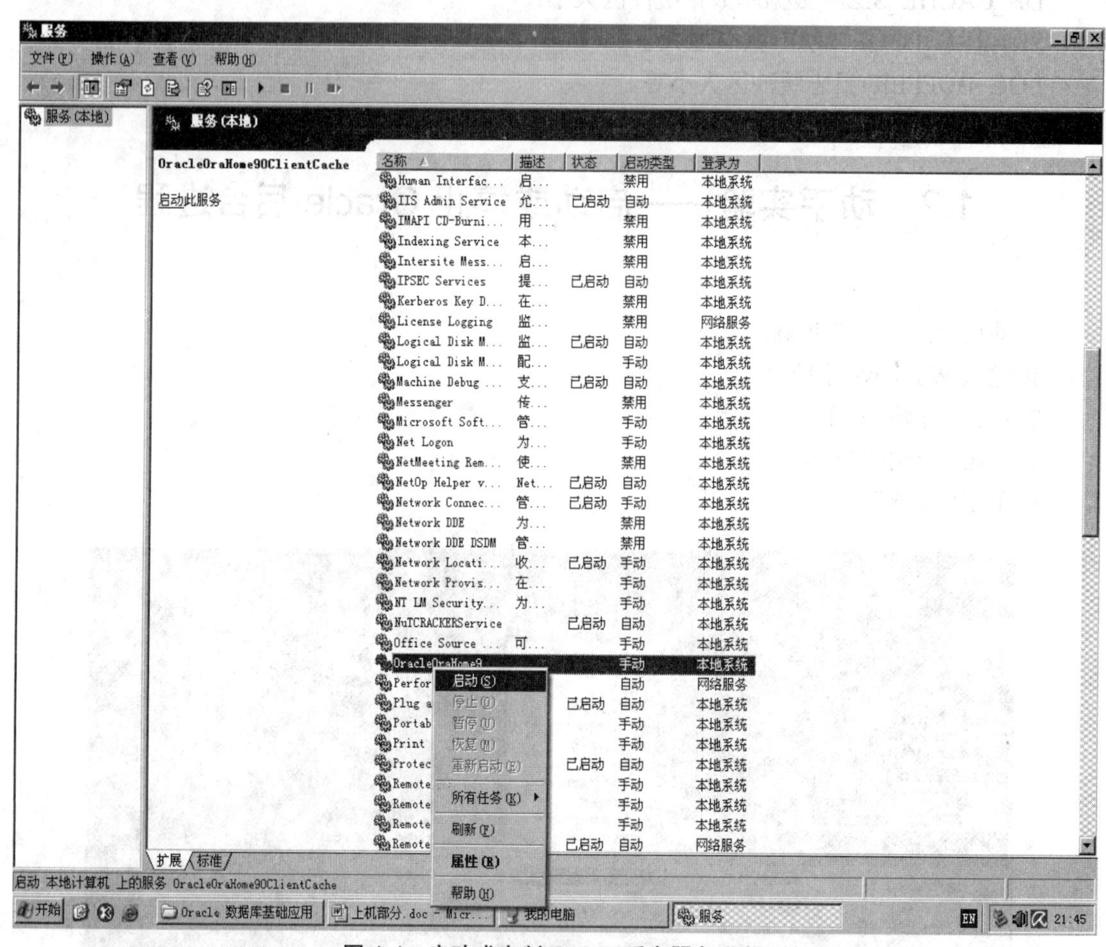

图 1-4 启动或定制 Oracle 后台服务进程

1.3 动手实验——在 DOS 命令行手动启动 Oracle 数据库

在 DOS 命令手动启动 Oracle 数据库步骤如下：

进入 Windows 系统，单击“开始”菜单，如图 1-5 所示。

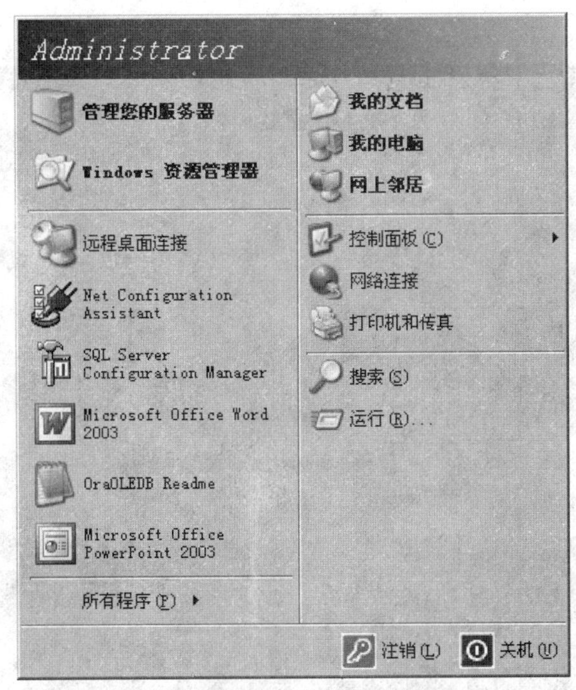

图 1-5　进入“开始”菜单

然后，单击“运行”菜单项目并且在打开项目里头输入“cmd”命令，如图 1-6 所示。

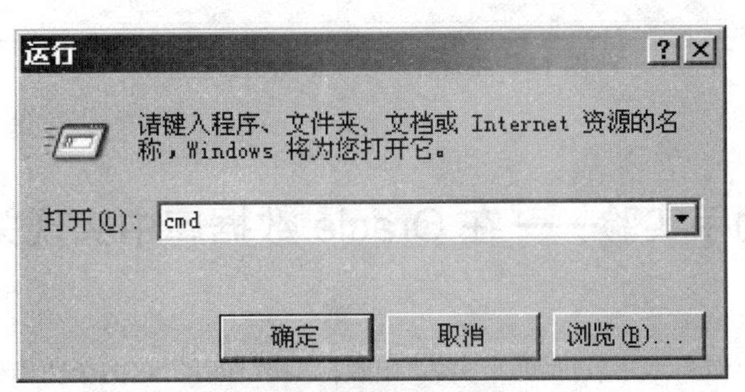

图 1-6　进入“运行”菜单项

进入 CMD 命令界面，并且在命令提示符下输入：

1.“SQLPLUS/NOLOG”进入 SQL*PLUS 工具界面。

2. 在界面提示符“SQL>”输入“connect/as sysdba”获取 dba 权限。

3. 其后输入“startup”则能正常启动数据库。

4. 如果启动成功则提示“数据库装载完毕”“数据库已经打开”等字样。

5. 最后输入“quit”退出 sql*plus 工具。

6. 为了让客户端能够访问服务端，我们还需要启动服务端侦听程序，通过在命令行输入“Isnrctl start”即可启动。

正常启动 Oracle 数据库全过程如图 1-7 所示。

图 1-7　正常启动 Oracle 数据库全过程

1.4　动手实验——在 Oracle 数据库中实现关系模型

题目:现在有一局部应用,包括两个实体“出版社”和“作者”,这两个实体存在多对多的联系。

请自己设计适当属性,画出 E-R 图,再将其转换为关系模式(包括关系名、属性名、码和完整性约束条件),最后用 Oracle 数据库实现其关系模式。

1.5　动手实验——在 Oracle 数据库中实现学籍管理系统 E-R 模型描述的功能(可选)

学籍管理系统:

该例子的局部应用主要涉及的实体包括:学生、宿舍、档案资料、班级、班主任。

图 1-8 是学籍管理系统基本 E-R 图。

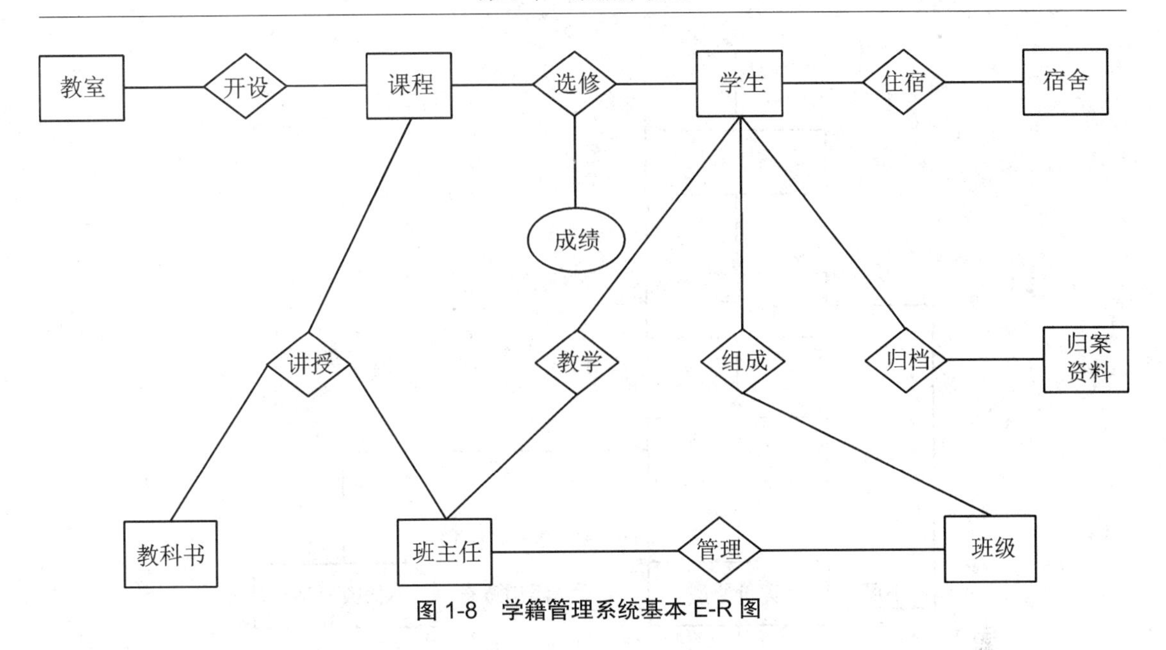

图 1-8　学籍管理系统基本 E-R 图

请根据以上提供信息完成如下工作：

1. 请按 E-R 图的要求标识相关实体联系、属性。

2. 把完整的 E-R 模型转换为关系模型。

3. 用 Oracle 数据库实现关系模型。

1.6　附录：商品信息管理系统——分析与设计资料

1.6.1　系统需求分析

1.　系统开发策略

由于本系统属于商业数据处理系统，是直接面向终端用户，因此它的开发方法是应该有区别于传统方法学的一种快速、灵活、交互式的模式。

快速原型法的提出，打破了传统自顶向下的开发模式，通过“试用 - 反馈 - 修改”的多次反复，开发出真正符合用户需要的应用系统，如图 1-9 所示。

2. 系统功能需求分析

（1）需求分析的任务

需求分析是软件定义时期的最后一个阶段，也是数据库的一个起点，它确定了系统必须完成哪些工作，提高完整、准确、清晰和具体的要求，直接影响到休眠各个阶段的设计，及设计结果是否合理和实用。

需求分析的任务是通过详细调查现实世界要处理的对象（组织、部门、企业等），充分了解原系统（手工系统 / 计算机系统）工作概况，明确用户的各种需求，然后在此基础上确定新系统的功能，新系统必须充分考虑今后可能扩充和改变，不能仅仅按当前应用需求来设计系统。

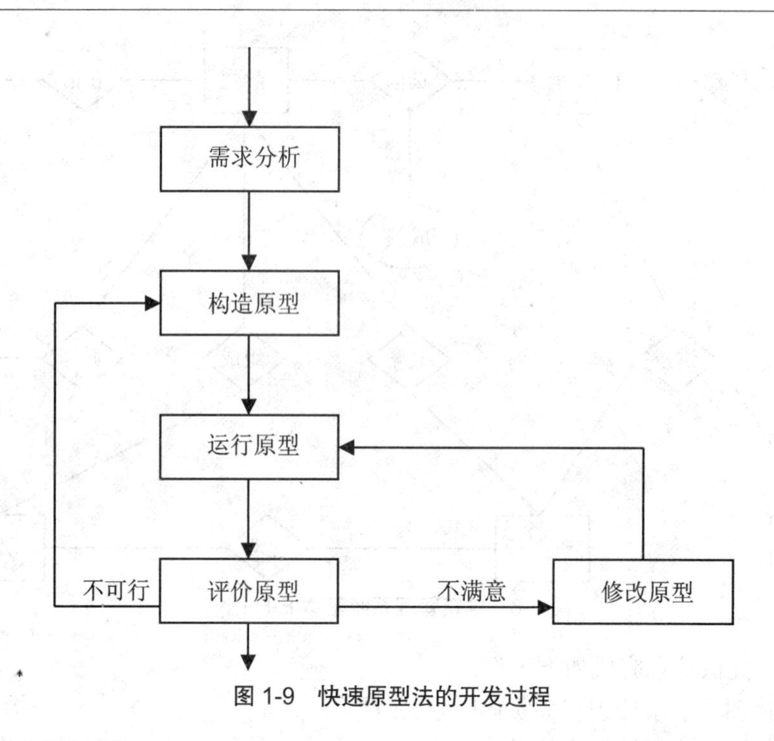

图 1-9 快速原型法的开发过程

其主要解决的问题：

•信息要求。用户希望从数据库中获取什么数据，并由此决定在数据库中存储哪些数据。

•处理要求。明确用户对数据有什么样的处理要求，从而确定数据之间的相互关系。

•安全性与完整性要求。确定用户的最终需求是一件很困难的事情，用户缺少计算机知识，不能准备表达自己的需求，所提出的需求往往经常变化。设计人员缺少用户的专业知识，不易理解用户的真正需求。因此要需求分析阶段要求客户的广泛参与，设计人员也要去熟悉客户的业务工作，才能逐步确定用户的实际需求。

（2）商品信息管理系统的需求分析

商品信息管理系统是一个基于全国连锁制管理的百货店，统一集团内部商品档案的管理工具，以实现信息共享、规范管理。此商品信息管理系统完成以下主要任务：

•商品基本档案维护（新建、查询、设计）。

•商品基本档案的数据检索（按不同要求分类模糊查询，组合查询）。

•报表处理（以不同选择方式，输出基本档案信息）。

（3）商品信息管理系统的业务流程图（图 1-10）。

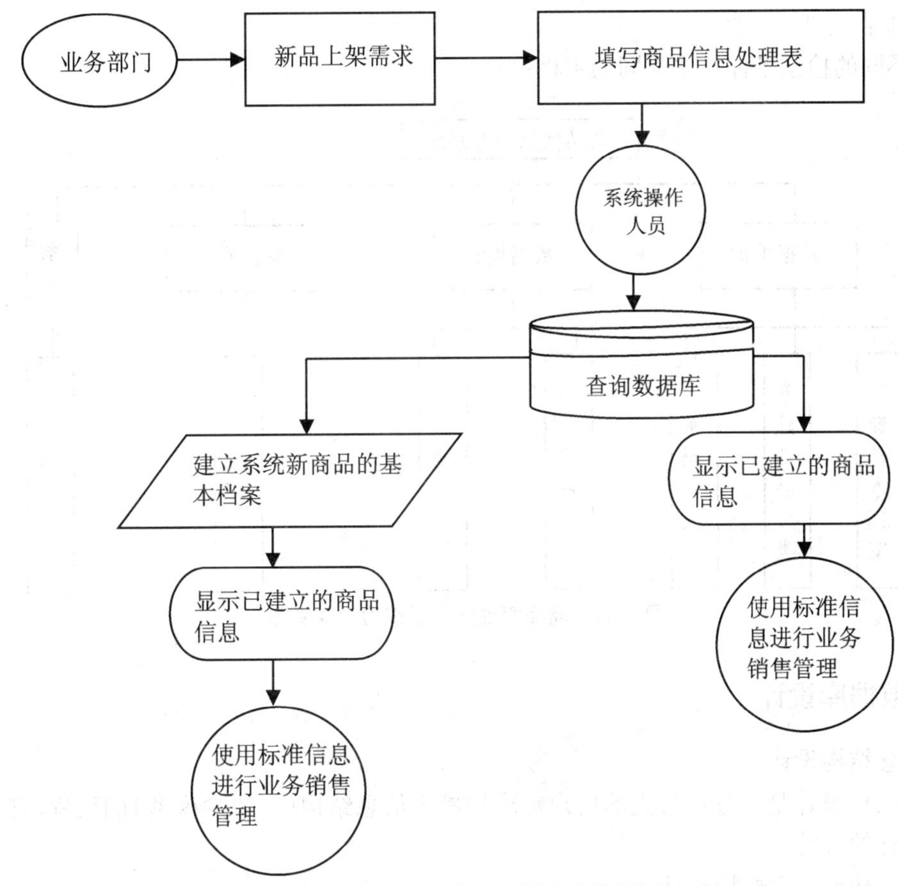

图 1-10　商品信息管理系统业务流程图

1.6.2　系统分析与设计

1. 系统功能模块设计

（1）商品信息管理系统功能模块图

商品信息管理系统主要实现的档案数据的查询功能，它采用模块化程序设计，共有三大主要功能模块，如图 1-11 所示。

（2）数据维护

•对三大基本档案信息（供应商、品牌、单品）进行新建、删除、查询、更新的维护。

•对商品分类信息（部门、分类、次分类）进行数据维护。

（3）数据检索

•商品档案的查询，提供按供应商主档查询，按单品查找和按品牌查找供应商主档信息，并提供排序功能。

•对品牌查询，提供按品牌主档查询和按供应商查找品牌主档信息和合作信息，并提供排序功能。

•对单品查询，提供按单品主档查询和供应商查找单品主档信息和合作信息，并提供排序功能。

（4）报表处理

•按不同的检索条件产生不同的主档信息。

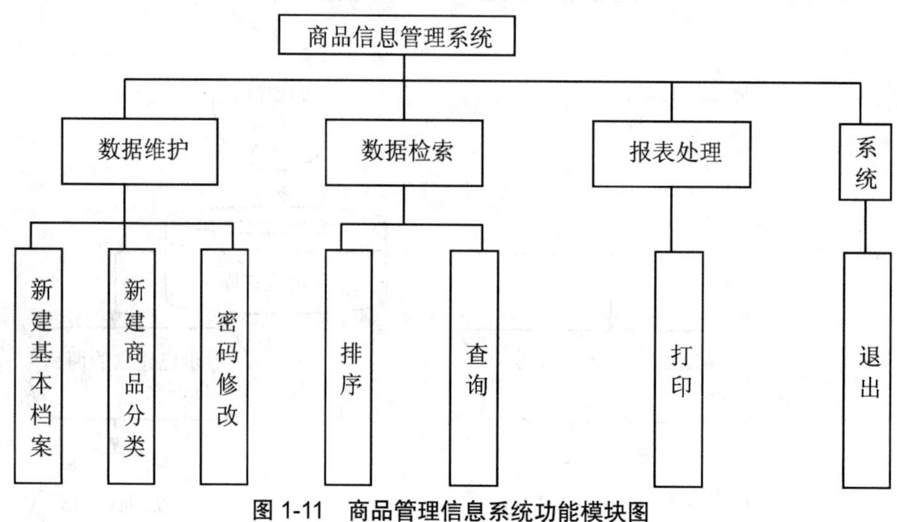

图 1-11 商品管理信息系统功能模块图

1.6.3 数据库设计

1. 概念结构设计

概念结构设计是将分析得到的用户需求抽象为信息结构（即概念模型）的过程，它是整个数据库设计的关键。

概念结构设计主要特点是：

（1）能真实、充分地反映现实世界，包括事物和事物之间的联系，能满足用户对数据的处理要求；是对现实世界的一个真实模型。

（2）易于理解，可以用它和不熟悉计算机的用户交换意见，用户的积极参与是数据库的设计成功的关键。

（3）易于更改，当应用环境和应用要求改变时，容易对概念模型修改和扩充。

（4）易于向关系、网状、层次等各种数据模型转换。

概念结构是各种数据模型的共同基础，它比数据模型更独立于机器、更抽象、从而更加稳定。

为了把用户的数据要求清晰明确的表达出来，通常要建立一种面向问题的数据模型，按照用户的观点来对数据和信息建模，最常用的概念性数据模型就是 E-R 模型。

2.E-R 模型

E-R 模型中包含“实体”“联系”和“属性”三个基本成分。

（1）实体

实体是客观世界存在的且可相互区分的事物，它可以是人也可以是动物；可以是具体的事物也可以是抽象概念。

（2）联系

联系是客观世界中各事物彼此间的联系。联系分为三类：一对一的关系、一对多的关系，多对多的关系。

（3）属性

属性是实体或联系所具有的性质，通常一个实体用若干属性来刻画。

按人们通常就是用实体、联系和属性这三个概念理解现实问题，因此，E-R模型比较接近人的思维方式，此外，E-R模型使用简单的图形符号表示系统分析员对问题的理解，不熟悉计算机的人也能理解它，因此，E-R模型可以作为用户与系统分析员之间的交流工具。

3. 范式

通常用“范式”（Normal Forms）定义消除数据的冗余程度。第一范式冗余程度最大，第五范式冗余程度最小，但是，范式级别越高，存储同样数据的需要分解成更多表，因此，“存储自身”的过程也就越复杂。第二，随着范式级别的提高，数据的存储结构与基于问题域的结构间的匹配程度也随之下降，因此，在需求变化时数据的稳定性较差。第三，范式级别提高则需要访问的表就越多，因此，性能（速度）将下降。从试用角度来看，大多数场合下，选用第三范式比较合适。

第一范式（不可分性）

每个属性值都必须是原子值，即仅仅是一个简单值而不含内部结构。

第二范式（依赖性和从属性）

满足第一范式条件，而且每个非关键字属性都由整个关键字决定。

第三范式（不依赖性或独立性）

符合第二范式的条件，每个非关键字由关键字决定，而且一个非关键字属性不能是对另一个非关键字属性的进一步描述。

4. 商品信息管理系统E-R图

（1）实体关系E-R图

图1-12是商品信息管理系统的实体关系E-R图。

（2）实体属性图

①供应商实体属性E-R分图，如图1-13所示。

②商品实体属性E-R分图，如图1-14所示。

③单品实体属性E-R分图，如图1-15所示。

④供应商—品牌实体属性E-R分图，如图1-16所示。

⑤供应商—单品实体属性E-R分图，如图1-17所示。

⑥部门实体属性E-R分图，如图1-18所示。

⑦分类实体属性E-R 分图，如图1-19所示。

⑧次分类实体属性E-R分图，如图1-20所示。

逻辑结构设计的任务就是把概念结构设计阶段设计的基本E-R图转换为数据库系统所支持的实际数据模型。

把实体的属性定义为关系模型（表）的属性，实体或实体之间关系的主键就是关系模型的主键，商品信息管理系统E-R图中的实体和实体之间关系转化为如下的关系模型：

（1）GYSDA（VDR_ID * P，VDR_NM，VDR_TP，VDR_PRY，REG_MNY，PMT_CD，VDR_ADR，TAX_NO，BANK，ACCT_NO，TEL_NO，CNTCTR，WRK_MD）

（2）CFLPPDA（BRD_ID* P，DEP_ID*F，BRD_NM，NML_DIS_RT，VIP_DIS_RT，EMP_

DIS_RT）

（3）DPDA（GDS_ID*　P，SUBCLS_ID*F　，GDS_NM，GDS_TP，SL_PRC，UNT_ID，STAND，BAR_CD，PRD_ARA）

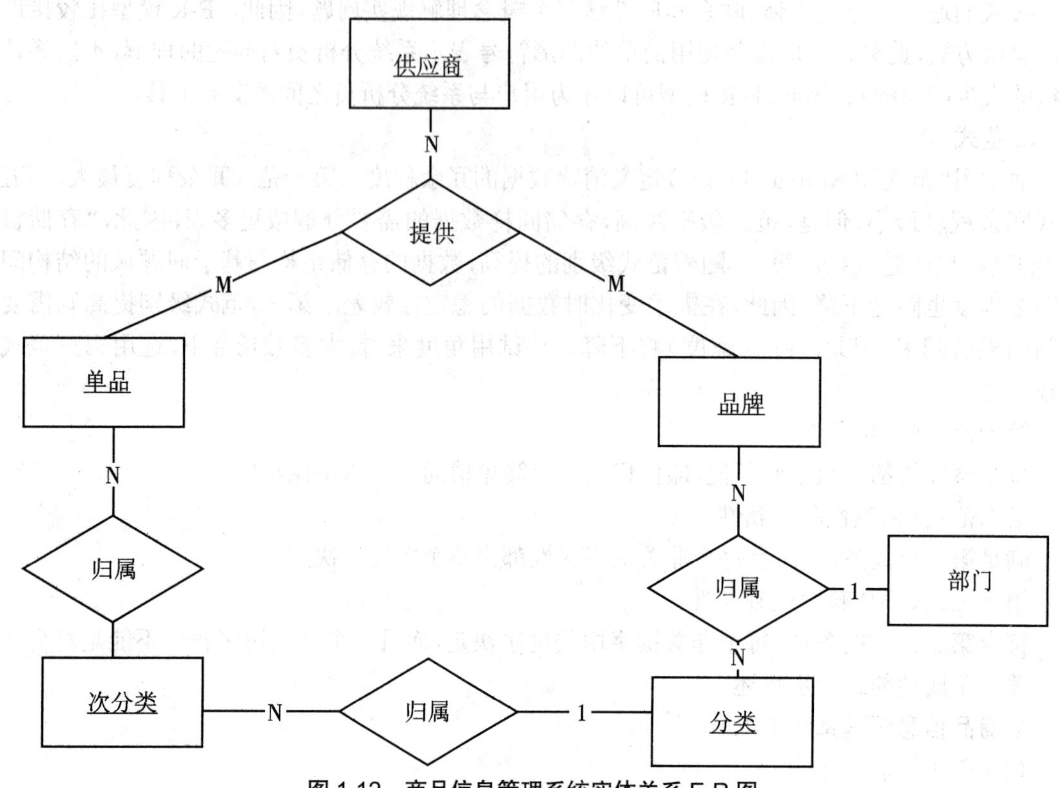

图 1-12　商品信息管理系统实体关系 E-R 图

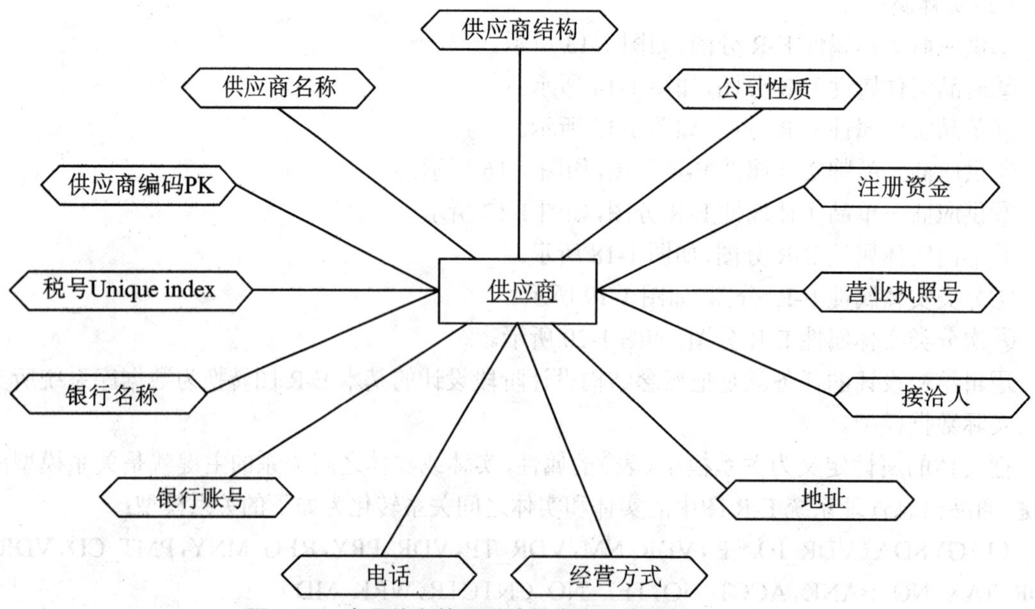

图 1-13　商品信息管理系统供应商实体属性 E-R 分图

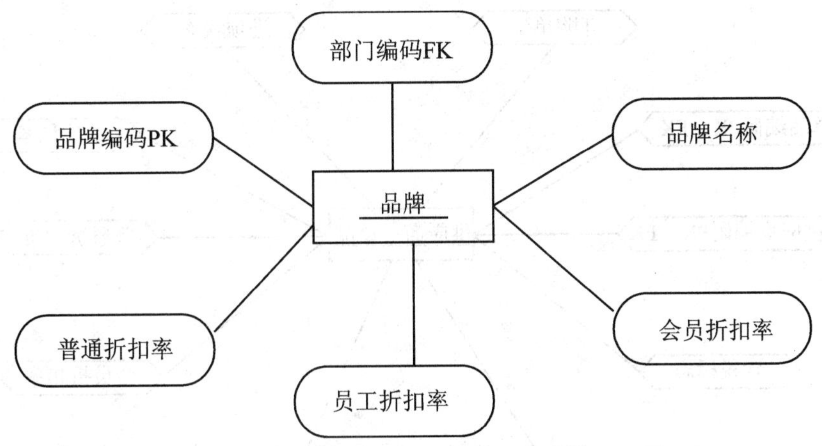

图 1-14　商品信息管理系统品牌实体属性 E-R 图

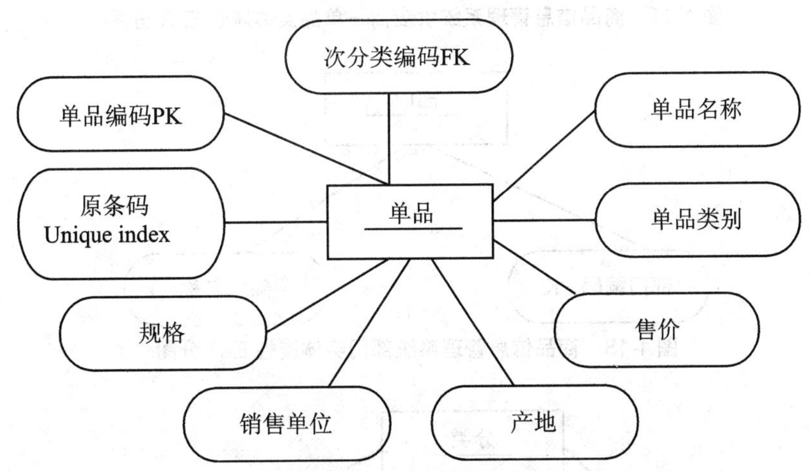

图 1-15　商品信息管理系统单品实体属性 E-R 分图

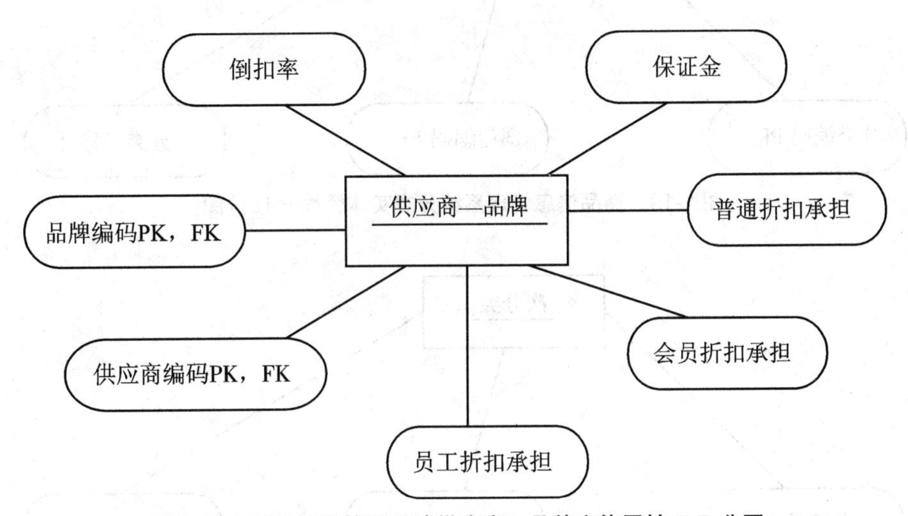

图 1-16　商品信息管理系统供应商—品牌实体属性 E-R 分图

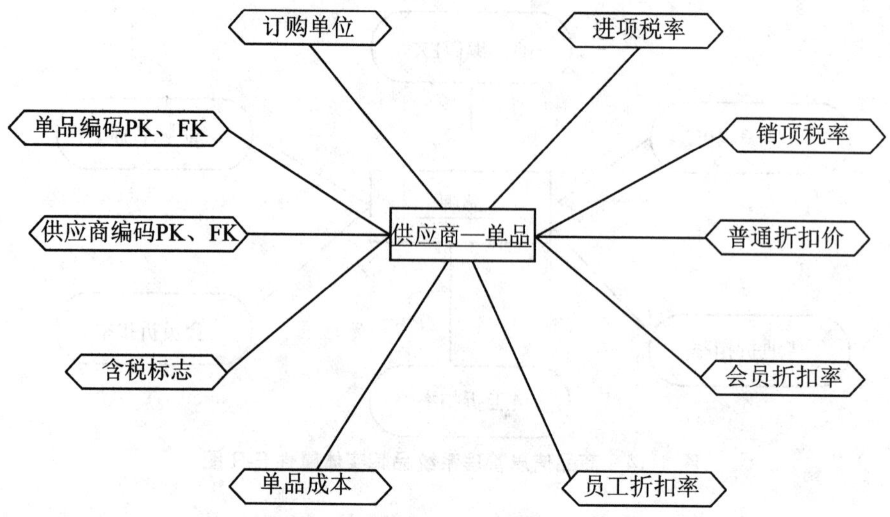

图 1-17 商品信息管理系统供应商—单品实体属性 E-R 分图

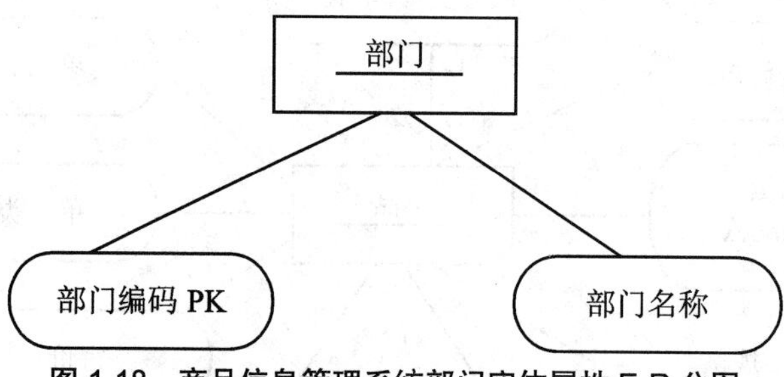

图 1-18 商品信息管理系统部门实体属性 E-R 分图

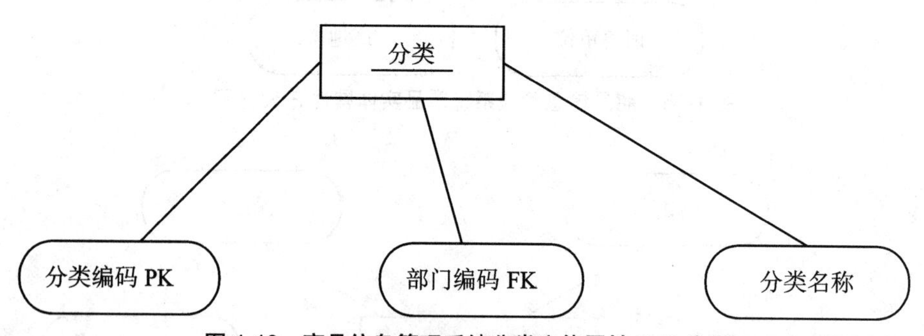

图 1-19 商品信息管理系统分类实体属性 E-R 分图

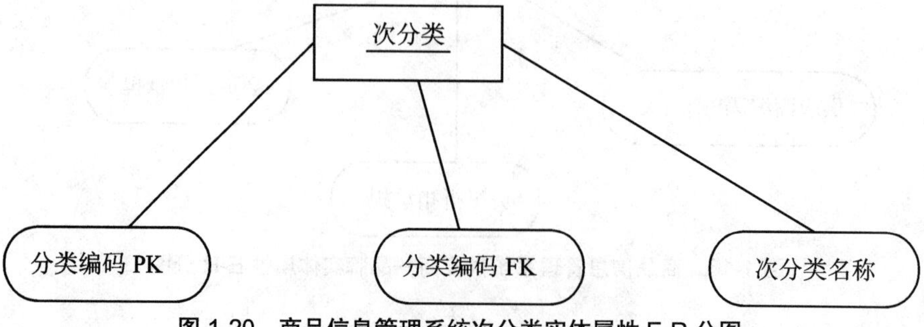

图 1-20 商品信息管理系统次分类实体属性 E-R 分图

（4）GYSPPDZ（VDR_ID*P,*F，BRD_ID*P，*F，DIS_RT，BAS_MNY，NML_SHR_RT，VIP_SHR_RT，EMP_SHR_RT）

（5）GYSDPDZ（VDR_ID*P，*F，GDS_ID*P，*F，OD_UNT_ID，IN_TAX_RT，OUT_TAX_RT，NML_DIS_RT，VIP_DIS_RT，EMP_DIS_RT，GDS_CST，TAX_FLG）

（6）BMDA（DEP_ID*P，DEP_NM）

（7）CFLDA（SUBCLS_ID*P，CLS_ID*F，SUBCLS_NM）

（8）FLDA（CLS_ID*P，DEP_ID*F，CLS_NM）

注：加“*”号的为该表的主键。

5. 系统数据流图

数据流图描绘系统的逻辑模型，图中没有任何具体的物理元素，只是描绘信息在系统中流动和处理情况，因为数据流图是逻辑系统的图形表示，即使不是专业的计算机技术人员，也容易理解，所以是极好的通信工具。此外，设计数据流图只需要考虑系统必须完成的基本逻辑功能，完全不需要考虑如何具体地实现这些功能，所以它也是软件设计很好的出发点。

商品信息管理系统的数据流图，如图1-21所示。

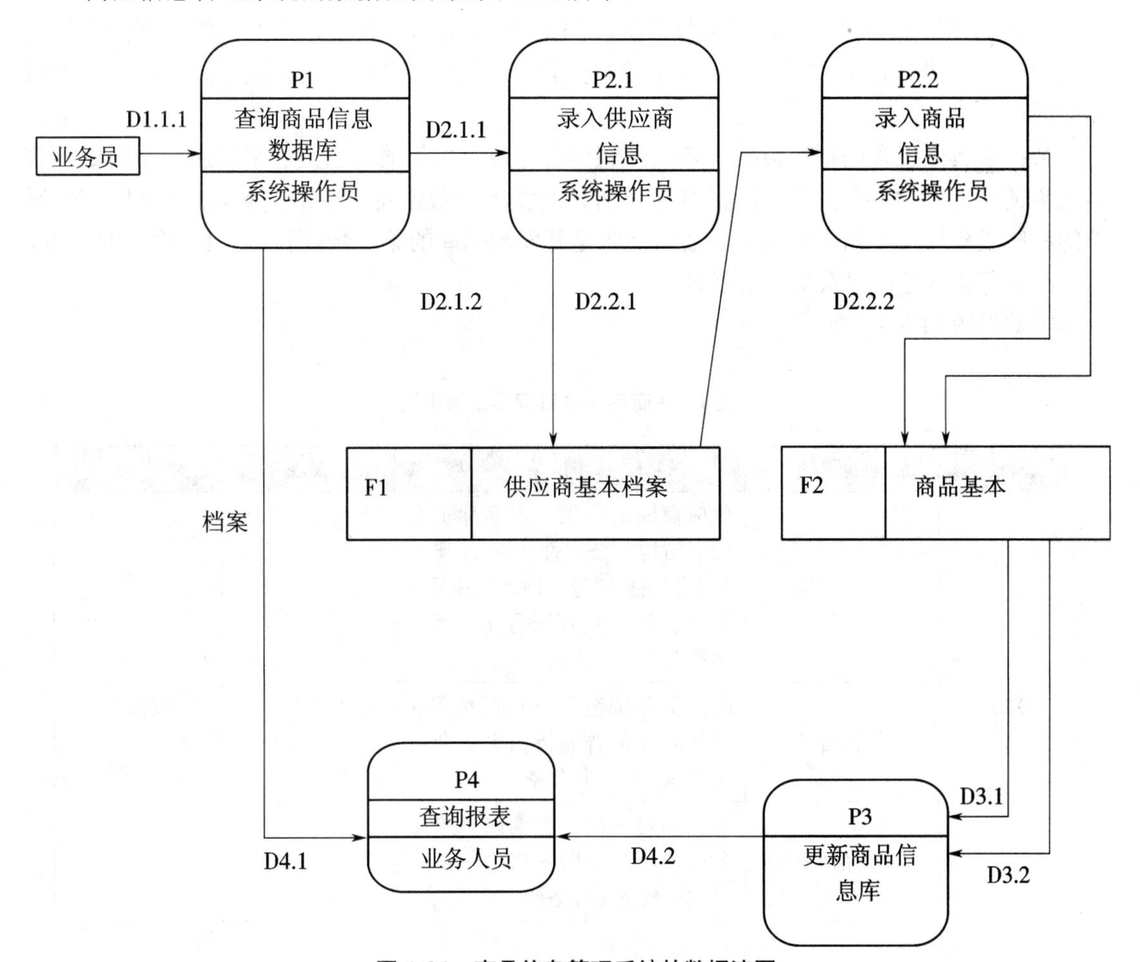

图1-21　商品信息管理系统的数据流图

6. 系统数据字典

数据字典是关于数据信息的集合，也就是对数据流图中包含的所有元素的定义集合。

任何字典最主要的用途都是供人查阅对不了解的条目的解释，数据字典的作用也正是在软件分析和设计的过程中给人提供关于数据的描述信息。

数据流图和数据字典共同构成系统的逻辑模型，没有数据字典数据流图就不严格，然而没有数据的流图数据字典也难以发挥作用。只有数据流图和对数据流图中每个元素的精确定义放在一起，才能共同构成系统的规格说明。

（1）数据字典的内容

一般来说，数据字典应该由四类元素组成：

- 数据流；
- 数据元素（数据项）；
- 数据存储；
- 处理。

（2）数据字典的用途

数据字典最重要的用途是作为分析阶段的工具，在数据字典中建立的一组严密一致的定义很有助于改进分析员和用户之间的通信，也有助于在不同的开发人员或不同开发的小组织建的通信。

数据字典中包含的每个数据元素的控制信息是很有价值的。它列出了使用一个给定的数据元素的所有程序（或模块），能很容易地估计改变一个数据将产生的影响，并能对所有受影响的程序或模块作出相应的改变。数据字典是开发数据库的第一步，而且是很有价值的一步。

（3）商品信息管理系统数据字典

①数据流如表 1-1 所示。

表 1-1 商品信息管理系统数据流

编号	名称	组成	来源	去向
D1.1	供应商档案	供应商编码＋供应商名称＋供应商结构＋公司性质＋ 注册资金＋营业执照号＋地址＋税号＋银行名称＋银行账号＋电话＋接洽人＋经营方式	业务人员	系统操作员
	品牌档案	次分类品牌编码＋部门编码＋品牌名称＋普通折扣率＋会员折扣率＋员工折扣率		
	单品档案	单品编码＋次分类编码＋单品名称＋单品类别＋售价＋销售单位＋规格＋原条码＋产地		

续表

编号	名称	组成	来源	去向
D2.1.1	供应商档案	供应商编码＋供应商名称＋供应商结构＋公司性质＋注册资金＋营业执照＋地址＋税号＋银行名称＋银行账号＋电话＋接洽人＋经营方式	系统操作员	系统操作员
D2.1.2	供应商档案	供应商编码＋供应商名称＋供应商结构＋公司性质＋注册资金＋营业执照＋地址＋税号＋银行名称＋银行账号＋电话＋接洽人＋经营方式	系统操作员	信息库
D2.2.1	供应商档案	供应商编码＋供应商名称＋供应商结构＋公司性质＋注册资金＋营业执照＋地址＋税号＋银行名称＋银行账号＋电话＋接洽人＋经营方式	信息库	系统操作员
D2.2.2	品牌档案	次分类编码＋部门编码＋单品名称＋品牌名称＋普通折扣率＋会员折扣率＋员工折扣率	系统操作员	信息库
D2.2.3	销售单品档案	单品编码＋次分类编码＋单品名称＋单品类别＋售价＋销售单位＋规格＋原条码＋产地	系统操作员	信息库
D3.1	供应商品牌对照	供应商编码＋品牌编码＋倒扣率＋保证金＋普通折扣承担比＋会员折扣承担比＋员工折扣承担比	信息库	信息库
D3.2	供应商单品对照	供应商编码＋单品编码＋订购单位＋进项税＋销项税＋普通折扣率＋会员住口率＋员工折扣率＋订购成本＋含税标志	信息库	信息库

续表

编号	名称	组成	来源	去向
D4.1	供应商档案	供应商编码+供应商名称+供应商结构+公司性质+注册资金+营业执照号+地址+税号+银行名称+银行账号+电话+接洽人+经营方式	信息库	业务人员
D4.2	品牌档案	次分类品牌编码+部门编码+品牌名称+普通折扣率+会员折扣率+员工折扣率		
	单品档案	单品编码+次分类编码+单一品名称+单品类别+售价+销售单位+规格+原条码		

②数据处理

编号:P1	名称:查询处理
输入信息:D1.1.1	激发条件:业务人员通知业务
输出信息:D2.1.1,D4.1	
简要说明:系统操作人员接受业务部门的新品上架业务需求	
加工逻辑:系统操作人员查询商品信息库是否有已维护的信息记录	
出错处理:出错后提示用户	

编号:P2	名称:记录建档
输入信息:D2.1.1,D2.2.1	
文件信息:F1,F2	
输出信息:D3.1,D3.2	激发条件:系统操作员执行建档操作
简要说明:系统操作员执行建档操作	
加工逻辑:系统操作员对未查询到的新记录,键入商品信息库	
出错处理:出错后提示用户	

编号:P3	名称:商品信息库更新商品记录
输入信息:D3.1,D3.2	
输出信息:D4.2	激发条件:新建商品档案
简要说明:对新建入的记录自动更新	
加工逻辑:系统对于新建立的商品产生标准编码,对新调整的供货关系改变主档对照关系表	
出错处理:出错后提示用户	

编号:P4	名称:查询处理
输入信息:D3.1,D3.2	
输出信息:D4.1,D4.2	激发条件:执行查询操作
简要说明:业务人员根据需要执行各类查询操作	
加工逻辑:将各类查询结果在数据窗口中显示,并打印输出	
出错处理:出错后提示用户	

(4)数据库文件

①供应商档案 GYSDA 表结构(表 1-2)

表 1-2　GYSDA

字段名称	字段类型	字段长度	是否为空	字段释意	备注
VDR_ID	CHAR	10	not null	供应商编码	primary key
VDR_NM	CHAR	50	not null	供应商编码	
VDR_TP	CHAR	2	not null	供应商结构	1- 股份有限公司 2- 有限责任公司 3- 国有独资公司 4- 非公司
VDR_PRY	CHAR	2	not null	公司性质	1- 生产厂商 2- 总代理 3- 分销商
REG_MNY	CHAR	10	not null	注册资金	万元
PMT_CD	CHAR	30	not null	营业执照号	
VDR_ADR	CHAR	70	not null	地址	
TAX_NO	CHAR	15	not null	税号	Unique index
BANK	CHAR	40	not null	银行名称	
ACCT_NO	CHAR	30	not null	银行账号	
TEL_NO	CHAR	15	not null	电话	
CNTCTR	CHAR	10	not null	接洽人	
WRK_MD	CHAR	1	not null	经营方式	1- 经销 2- 联销

②品牌档案 CFLPPDA 表结构(表 1-3)

表 1-3　CFLDDDA

字段名称	字段类型	字段长度	是否为空	字段释意	备注
BRD_ID	CHAR	10	not null	品牌编码	Primary key
DEP_ID	CHAR	3	not null	部门编码	Foreign key
BRD_NM	CHAR	40	not null	品牌名称	

续表

字段名称	字段类型	字段长度	是否为空	字段释意	备注
NML_DIS_RT	FLOAT		not null	普通折扣率	
VIP_DIS_RT	FLOAT		not null	会员折扣率	
EMP_DIS_RT	FLOAT		not null	员工折扣率	

③单品档案 DPDA 表结构(表 1-4)

表 1-4 DPDA

字段名称	字段类型	字段长度	是否为空	字段释意	备注
GDS_ID	CHAR	12	not null	单品编码	Primary key
SUBCLS_ID	CHAR	6	not null	次分类编码	Foreign key
GDS_NM	CHAR	40	not null	单品名称	
GDS_TP	CHAR	1	not null	单品类别	1 超市 2 百货
SL_PRC	DECIMAL	12,4	not null	售价	
UNT_ID	CHAR	5	not null	销售单位	
STAND	CHAR	35	not null	规格	
BAR_CD	CHAR	20	not null	原条码	Unique index
PRD_ARA	CHAR	5	not null	产地	

④供应商品牌对照 GYSPPDZ 表结构(表 1-5)

表 1-5 GYSPPDZ

字段名称	字段类型	字段长度	是否为空	字段释意	备注
VDR_ID	CHAR	10	not null	供应商编码	Primary key,Foreign key
BRD_ID	CHAR	10	not null	品牌编码	Primary key,Foreign key
DIS_RT	FLOAT		not null	倒扣率	
BAS_MNY	DECIMAL	(16,2)	not null	保证金	
NML_SHR_RT	FLOAT		not null	普通折扣承担	
VIP_SHR_RT	FLOAT		not null	会员折扣分担	
EMP_SHR_RT	FLOAT		not null	员工折扣分担	

⑤供应商单品对照 GYSDPDZ 表结构(表 1-6)

表 1-6　GYSDPDZ

字段名称	字段类型	字段长度	是否为空	字段释意	备注
VDR_ID	CHAR	10	not null	供应商编码	Primary key，Foreign key
GDS_ID	CHAR	12	not null	单品编码	Primary key，Foreign key
OD_UNT_ID	CHAR	5	not null	订购单位	
IN_TAX_RT	CHAR	2	not null	进项税率	
OUT_TAX_RT	CHAR	2	not null	销项税率	
NML_DIS_RT	FLOAT		not null	普通折扣率	
VIP_DIS_RT	FLOAT		not null	会员折扣率	
EMP_DIS_RT	FLOAT		not null	员工折扣率	
DGS_CST	DECIMAL	（12，4）	not null	单品成本	
TAX_FLG	CHAR	1	not null	含税标志	

⑥部门档案表 BMDA 表结构（表 1-7）

表 1-7　BMDA

字段名称	字段类型	字段长度	是否为空	字段释意	备注
DEP_ID	CHAR	3	not null	部门编码	Primary key
DEP_NM	CHAR	40	not null	部门名称	Foreign key

⑦经销次分类档案 CFLDA 表结构（表 1-8）

表 1-8　CFLDA

字段名称	字段类型	字段长度	是否为空	字段释意	备注
SUBCL_ID	CHAR	6	not null	次分类编码	Primary key
CLS_ID	CHAR	3	not null	分类编码	Foreign key
SUBCLS_NM	CHAR	40	not null	次分类名称	

⑧分类档案 FLDA 表结构（表 1-9）

表 1-9　FLDA

字段名称	字段类型	字段长度	是否为空	字段释意	备注
CLS_ID	CHAR	3	not null	分类编码	Primary key
DEP_ID	CHAR	3	not null	部门编码	Foreign key
CLS_NM	CHAR	40	not null	分类名称	

第 2 章　数据类型

本阶段目标

✧ 熟悉 Oracle 基本数据类型。
✧ 熟练使用 Oracle 的内置函数。
✧ 创建序列。
✧ 创建同义词。
✧ 创建基本的库表。

2.1　动手实验——观察 char 和 varchac2 数据库字段内容的区别

第一步：使用 SQL*PLUS 登录数据库账户（SCOTT/TIGER）。在 DOS 命令行输入如下语句：

```
C:\DOCUMENTS AND SETTINGS\ADMINISTRATOR>SQLPLUS SCOTT/TIGER
```

第二步：创建带有 char 类型字段和 varchar2 类型字段的表。在 SQL 命令提示符下输入：

```
SQL>CREATE TABLE SAMPLE (NAME1CHAR(20),NAME2 VARCHAR2(20));
```

第三步：插入一条测试记录。在 SQL 命令提示符下输入：

```
SQL>INSERT INTO SAMPLE VALUES ('LISI','ZHANGSAN');
```

第四步：选择 length() 函数书写 SQL 语句来证明 char 和 varchar2 的区别：

```
SQL>SELECT LENGTH(NAME1),LENGTH(NAME2)FROM SAMPLE;
```

第五步：查看运行结果并分析原因。运行结果如图 2-1 所示。

```
LENGTH(NAME1)LENGTH(NAME2)
---------------------- ------- ----------------
    20          8
```

图 2-1　运行结果

2.2 动手实验——用 SQL*PLUS 使用基本函数

使用 SQL*PLUS 登录数据库账户(SCOTT/TIGER),然后执行如下操作。

问题一:我们在编写程序的时候,特别是在做嵌入式编程的时候,数据库有些字段是NULL,而输出的时候我们需要对输出为"NULL"的字段值转化为某特定的数据,如:数字型列为 NULL 时,输出为 9999,请用简单的 SQL 语句表达这个转化输出?

问题二:在数据库 SCOTT/TIGER 账号下有一个员工表 EMP,学习统计如下信息:

工资统计信息项	员工总数	工资总额	平均工资	最高的工资	最低工资
汇总数据					

现在需要用一个简单的 SQL 来输出此信息,请写出该 SQL 语句?

问题三:某人正在工作,正在操作 SQL*PLUS,此时她突然想到再过几天就是她的孩子生日了,她很想知道当天日期,以准备在适合的日期给她孩子买礼物,请你给她一条 SQL 语句查出当前的日期,以便她能判断哪天给孩子买礼物?并且她希望输出的时间格式是"YYYY-MM-DD"。

问题四:肖明将去商场买以下东西:

两双鞋,100.99 元 / 双;

三台冰箱,2001.06 元 / 台;

20 个冰淇淋,9.07 元 / 块。

请用一条 SQL 语句来计算肖明该带多少钱?

问题五:有如下数据库表(仅仅一条记录)

姓名	年龄
阿黄	22

猜猜如果我们用 LENGTH 来求每个字段的长度,因字段的类型不一样可能有什么样的结果?请详细描述出现这些情况的原因(至少列举两种可能的结果)?

2.3 动手实验——用 SQL*PLUS 创建数据库表

第一步:建立员工表格。至少包含字段:员工号、员工名称、员工性别、职务,除此之外再加 3 个或 3 个以上字段。

第二步:建立工资流水表格。至少包含字段:工资流水号、员工号、本月工资,除此之外再加上 5 个字段。

第三步：确定以上表格所有字段的数据类型（至少包含 4 种数据类型：char、varchar2、number、date）。

第四步：确立表格之间和表格内部约束关系。

第五步：建立建表脚本。

第六步：使用 SQL*PLUS 登录数据库账户（TIGER）。

第七步：在 SQL*PLUS 上建立库存脚本，建立数据库表，同时建立约束（主键、外键、唯一、检查、非空）。

2.4 动手实验——使用 SQL*PLUS 工具检验数据类型转换

我们先创建如下数据库表：

Test 表

```
CREATE TABLE TEST(
        NAME   VARCHAR2(30),
        AGE    NUMBER(4)
    );
```

Test1 表

```
CREATE TABLE TEST1(
        NAME   VARCHAR2(30),
        AGE    VARCHAR2(4)
    );
```

往 TEST 表里插入如下数据：

```
INSERT INTO TEST VALUES('LIMING','20');
```

然后执行：

```
INSERT INTO TEST1 SELECT*FROM TEST;
```

请问最后一条语句是否能执行成功？为什么？

第 3 章　Oracle 数据库安全

本阶段目标

✧ 掌握 Oracle 账户的作用和概念，能够熟练创建 Oracle 数据库账户。

✧ 掌握 Oracle 数据库权限体系结构，熟练使用 Oracle 系统权限和对象权限给账户进行授权和回收权限。

✧ 掌握 Oracle 安全体系的重要元素，精通角色的使用。

✧ 熟悉 Oracle 数据字典。

3.1　动手实验——管理 Oracle 数据库账户

（1）创建 Oracle 数据库账户

创建符合如下要求的账户：数据库账户使用默认空间（USER_DATA），临时表空间（TEMP）要求给该账户在默认表空间分配 1M 空间。

（2）创建数据账户步骤

第一步：使用 SQL*PLUS 连接数据库 SCOTT 账户。（注意：我们在使用 SCOTT 账户的时候要赋予账户创建表空间的权限，同时本书给各个账户设置的口令都是：lzs123，同学们根据自己设置的口令登录，如果没有设置口令，那么 SCOTT 默认的口令是：TIGER，SYSTEM 默认口令为：MANAGER）。

第二步：如果 USER_DATA 表空间不存在，先创建，如图 3-2 所示。

第三步：写出并执行创建数据库账户的脚本。（注意：我们要保证 SCOTT 账户具有创建数据库账户的权限。）

第四步：给该户授权——创建会话和授予数据库表权限。

第五步：使用创建的账户连接数据库。

第六步：在该账户模式下创建一个简单数据库表。

第七步：修改数据库账户密码。

第八步：再次修改数据库账户默认空间使用量（增加 1M 空间量）。

第九步：使用 jack 账户连接数据库进行操作。

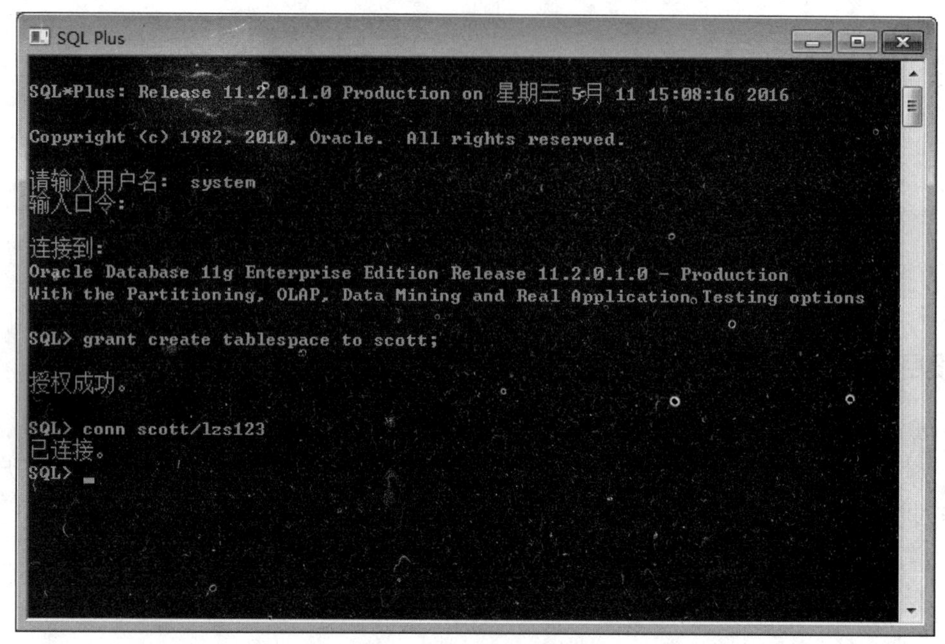

图 3-1 进入 system 账户

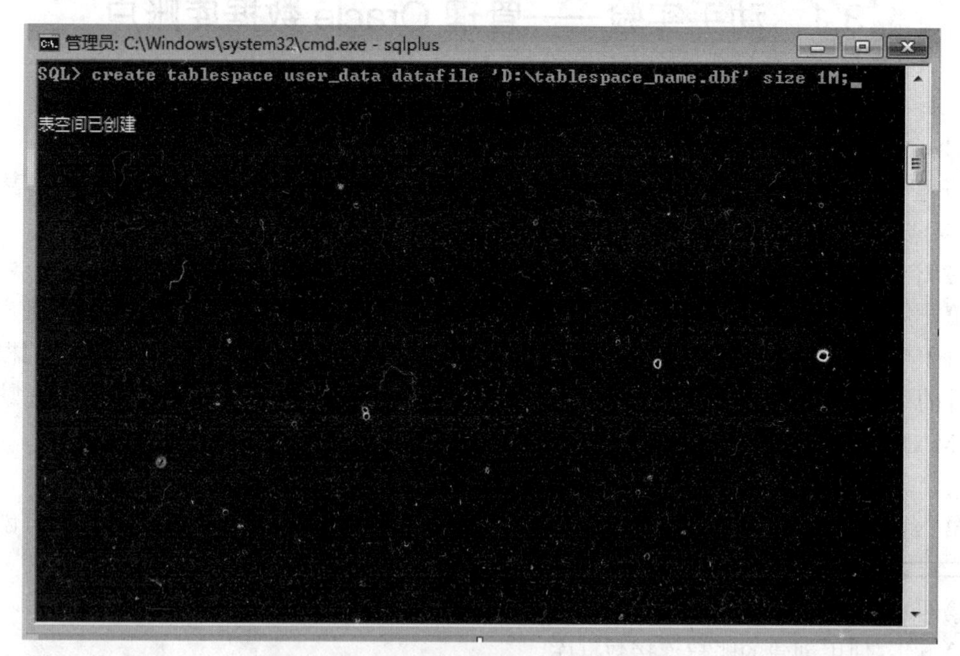

图 3-2 创建 user_data 表

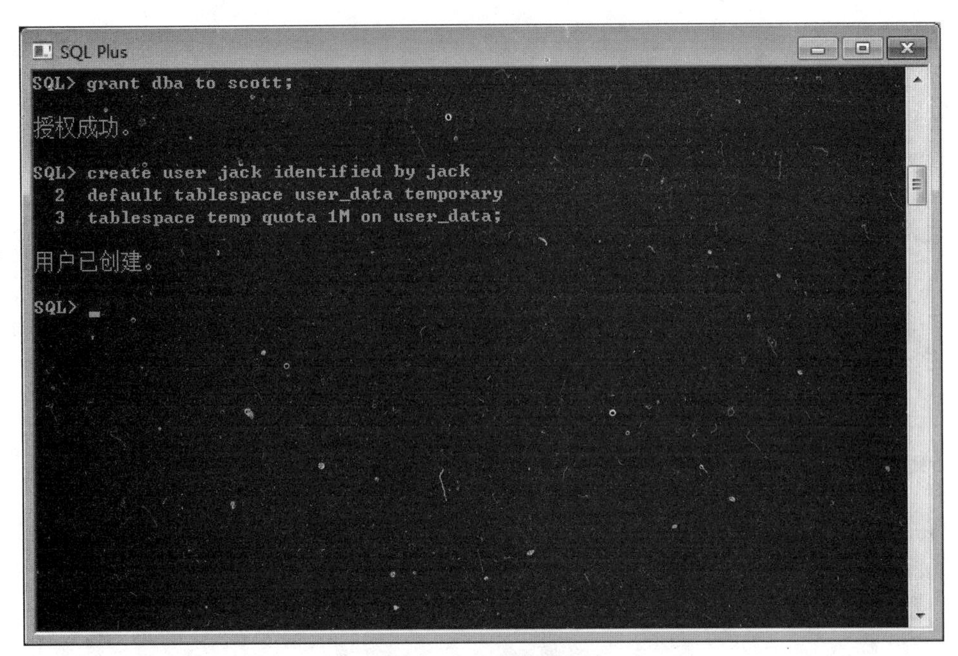

图 3-3　创建数据库账户

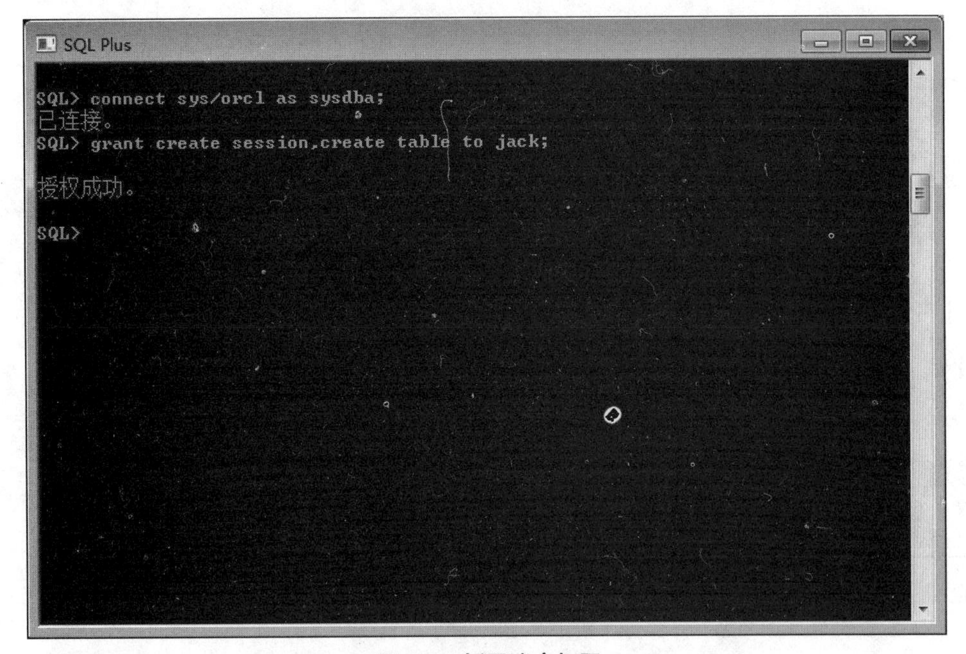

图 3-4　授予账户权限

图 3-5　jack 连接数据库

图 3-6　新建表

图 3-7　更改用户密码

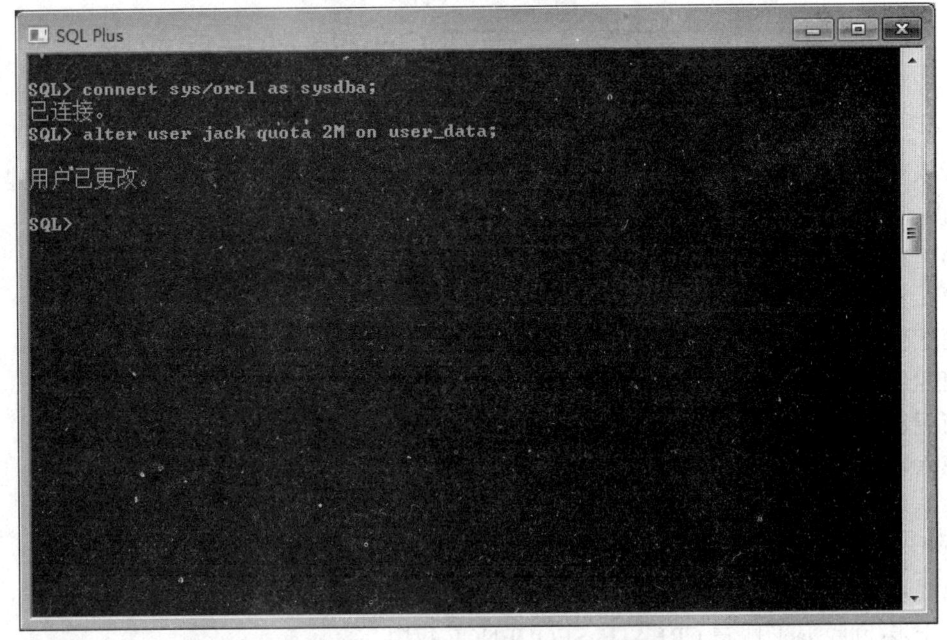

图 3-8　修改账户默认空间使用量

图 3-9 使用账户 jack 连接数据库

3.2 动手实验——管理 Oracle 数据库权限

授权实验：给上一练习所创建的账户 jack 授予相应的权限，使得 jack 账户能够创建表、视图、过程、序列、同义词并回收对应的权限。

第一步：登录 SYSTEM 账户。

第二步：授予 jack 账户 CREATE VIEW 权限。

第三步：授予 jack 账户 CREATE PROCEDURE 权限。

第四步：授予 jack 账户 CREATE SYNONYM 权限。

第五步：授予 jack 账户 CREATE SEQUENCE 权限。

第六步：回收 jack 账户 CREATE TABLE 权限。

第七步：回收 jack 账户 CREATE VIEW 权限。

第八步：回收 jack 账户 CREATE PROCEDURE 权限。

第九步：回收 jack 账户 CREATE SYNONYM 权限。

第十步：回收 jack 账户 CREATE SEQUENCE 权限。

3.3 动手实验——管理 Oracle 数据库角色

题目 1：请使用 SQL*PLUS 工具显示当前用户（SCOTT）所具有的角色。

示例代码 3-1　显示 SCOTT 所具有的角色

```
SQL>SELECT USERNAME,GRANTED_ROLE FROM USER_ROLE_PRIVS;
```

题目 2:在 system 账户下创建一角色 developer,并把该角色授予 SCOTT 账户。

示例代码 3-2　创建角色并授予 SCOTT

```
SQL>CONN SYSTEM/MANAGER
SQL>CREATE ROLE DEVELOPER;
SQL>GRANT DEVELOPER TO SCOTT;
```

3.4　动手实验——了解 Oracle 数据字典

使用 SQL*PLUS 工具登录 Oracle 账户 SCOTT,使用 SELECT 命令分别查询如下 Oracle 视图:

ALL_OBJECTS
USER_OBJECTS
DBA_OBJECTS

请问,查询的结果有何不同,理解不同的原因?

3.5　动手实验——综合题

题目:假如有一 IT 软件公司,有财务部、开发部、总办等部门。请设计至少 5 张以上数据库表,数据库表内部和表之间满足数据库完整性约束。充分体现权限限制,当应用程序使用不同部门的账号访问数据库时,不同的部门人员仅仅可以操作本部门的数据库表。

完成如下工作:

(1)登录 Oracle SCOTT 账户。
(2)查询 SCOTT 权限,如果权限不足,登录 system 授予数据库用户 SCOTT 权限。
(3)建立数据库表。
(4)为每个部门建立账号。
(5)为每个部门创建角色,并授予不同的访问权限。
(6)为不同的部门账号授予不同的角色。

第 4 章　Oracle 与简单 SQL 语句

本阶段目标

✧ 熟悉 SQL 语言的特点、分类、三级模式结构，基本组成、书写规则等。

✧ 熟悉动态 SQL 和静态 SQL 概念与区别。

✧ 深入掌握基本 SQL 的使用，如基本查询、WHERE 查询子句、ORDER BY 排序子句、简单的 DML 语句（INSERT、UPDATE、DELETE）的使用。

4.1　动手实验——操作事务

请按以下步骤操作事务，观察事务操作的结果。

首先登录 SCOTT/TIGER 账户，然后按以下步骤继续操作。

（1）创建简单的数据库表

示例代码 4-1　创建简单的数据库表

```
CREATE  TABLE  XTGJ_STU  (
            SNO  NUMBER(10) PRIMARY  KEY,
            SNAME  VARCHAR2(30) NOT NULL,
            SCORE  NUMBER(4,2),
            SADD  VARCHAR2(60));
```

（2）对创建的 XTGJ_STU 表增加数据

示例代码 4-2　对创建的 XTGJ_STU 表增加数据

```
INSERT INTO XTGJ_STU VALUES (1001, ' 黎明 ', 10.00, ' 上海市 , 浦东新区 ');
INSERT INTO XTGJ_STU VALUES (1002, 'CONGMING', 90.00, ' 上海市 , 浦东新区 ');
INSERT INTO XTGJ_STU VALUES (1003, ' 周姐 ', 80.00, ' 上海市 , 浦东新区 ');
INSERT  INTO  XTGJ_STU VALUES (1004,' 明明 ',85,' 上海市 , 黄埔区 ');
INSERT  INTO  XTGJ_STU VALUES (1005,' 官官华 ',70,' 上海市 , 洋浦新区 ');
INSERT  INTO  XTGJ_STU VALUES (1006,' 李志得 ',60,' 上海市 , 徐汇新区 ');
```

(3)事务提交

示例代码 4-3 事务提交

```
COMMIT;
```

(4)对创建 XTGJ_STU 表增加数据

示例代码 4-4 对创建 XTGI_STU 表增加数据

```
INSERT INTO XTGJ_STU VALUES (1001, ' 黎明 ', 10.00, ' 上海市 , 浦东新区 ');
INSERT INTO XTGJ_STU VALUES (1002, 'CONGMING', 90.00, ' 上海市 , 浦东新区 ');
INSERT INTO XTGJ_STU VALUES (1003, ' 周姐 ', 80.00, ' 上海市 , 浦东新区 ');
INSERT  INTO  XTGJ_STU VALUES (1004,' 明明 ',85,' 上海市 , 黄埔区 ');
INSERT  INTO  XTGJ_STU VALUES (1005,' 官官华 ',70,' 上海市 , 洋浦新区 ');
INSERT  INTO  XTGJ_STU VALUES (1006,' 李志得 ',60,' 上海市 , 徐汇新区 ');
```

(5)事务回滚

示例代码 4-5 事务回滚

```
ROLLBACK;
```

(6)对表 XTGJ_STU 进行数据删除

示例代码 4-6 对表 XTGJ_STU 进行数据删除

```
DELETE  FROM  XTGJ_STU  WHERE  SNO=1001;
DELETE  FROM  XTGJ_STU  WHERE  SNO=1003;
DELETE  FROM  XTGJ_STU  WHERE  SNO=1005;
DELETE  FROM  XTGJ_STU  WHERE  SNO=1007;
DELETE  FROM  XTGJ_STU  WHERE  SNO=1011;
```

(7)对表 XTGJ_STU 进行数据修改

示例代码 4-7 对表 XTGJ_STU 进行数据修改

```
UPDATE  XTGJ_STU  SET  SCORE=90  WHERE  SNO=1002;
UPDATE  XTGJ_STU  SET  SCORE=80  WHERE  SNO=1004;
UPDATE  XTGJ_STU  SET  SCORE=70  WHERE  SNO=3006;
UPDATE  XTGJ_STU  SET  SCORE=60  WHERE  SNO=3008;
UPDATE  XTGJ_STU  SET  SCORE=90  WHERE  SNO=3011;
UPDATE  XTGJ_STU  SET  SCORE=90  WHERE  SNO=5007;
UPDATE  XTGJ_STU  SET  SCORE=90  WHERE  SNO=2001;
```

（8）事务提交

示例代码 4-8 事务提交

```
SQL>COMMIT;
```

请确认此时该数据库表内数据状况，并解释为什么会是这样结果？

4.2 动手实验——简单 SQL 查询

题目 1：模糊和等值查询。

学生管理模式为 (sno,sname,score,sadd), 其中：sno：学号，sname：姓名，score, 成绩，sadd：家庭住址。请回答如下问题：

（1）查询家庭住址包含“浦东新区”的学生姓名。

（2）检索名字为：“明明”的学生姓名、成绩和住址。

请按如下简要步骤完成作业：

首先，创建数据库表；然后，插入数据；最后，完成查询语句脚本，并执行查询语句。

题目 2：练习 DDL 语句 CREATE 语句的使用。

建立一个供应商、零件数据库。其中：“供应商”表 S(sno,sname,status,city), 其中 4 个列分别表示：供应商代码、供应商名称、供应商状态、供应商所在城市。“零件”表 P(pno,pname,color,weight, city) 其中 5 个列分别表示：零件号、零件名称、颜色、重量及产地。数据库要满足如下要求：

（1）供应商代码不能为空，且是唯一的，供应商名称也应该唯一。

（2）零件号不能为空，且值是唯一的。零件名不能为空。

（3）供应商可以提供多少零件，且一种零件可以由多少供应商提供。

请按如下步骤完成作业：

第一步，登录 SCOTT/TIGER 账户。第二步，完成数据库关系模型分析。第三步，写出数据库建表的脚本。第四步，创建数据库表。

题目 3：登录 SCOTT/TIGNER 账户完成以下作业（排序查询问题）：

（1）EMP 表中查询出所有员工的工资，并且按工资由高到低显示。

（2）DEPT 所有部门的名称，按部门号升序查询。

（3）所有员工及全年收入 ((工资 + 补助)*12) 并指定列别名“年收入”，按年收入降序，同时按员工名字升序排序查询。

题目 4：登录 SCOTT/TIGER 账户完成以下作业（限制查询数据显示题）：

（1）工资超过 2850 的雇员姓名和工资。

（2）工资不在 1500 至 3000 之间的所有员工名称及工资不补助。

（3）代码为 7566 的雇员信息。

（4）部门 10 和 30 中工资大于 3000 的。

（5）无管理者的雇员和岗位。

第 5 章　Oracle 与高级 SQL 语句

本阶段目标

✧ 掌握高级 SQL 分组查询语法规则与应用。
✧ 掌握高级 SQL 的连接查询语法规则与应用。
✧ 掌握高级 SQL 子查询语法规则与应用。
✧ 掌握高级 SQL 合并查询的语法规则与应用。
✧ 熟悉高级 SQL 其他方面的应用。

5.1　动手实验——高级 SQL 分组查询

登录 Oracle 数据库 SCOTT/TIGER 账户。
以下题目要满足的要求:
写出 SQL 脚本;
在 SQL*PLUS 中执行脚本,显示输出结果。
题目 1:从 EMP 表中获取员工的最高工资和最低工资。

图 5-1　获取员工最高、最低工资

题目 2:从 EMP 表取得平均工资和总和工资。
提示:使用 avg() 和 sum() 函数。
题目 3:从 EMP 表求得总计行数。
提示:使用 count() 函数。
题目 4:从 EMP 表中取得无重复的 DEPTNO 字段记录行数。

```
SQL> select count (distinct deptno)from emp;

COUNT(DISTINCTDEPTNO)
---------------------
                    3

SQL>
```

图 5-2　无重复的 DEPTNO 字段记录行数

题目 5：从 EMP 表获取所每个部门的员工的平均工资和总工资。

```
SQL> select deptno,avg(sal),max(sal)from emp group by deptno;

    DEPTNO   AVG(SAL)   MAX(SAL)
---------- ---------- ----------
        30 1566.66667       2850
        20       2175       3000
        10 2916.66667       5000

SQL>
```

图 5-3　平均工资和总工资

题目 6：显示 EMP 表平均工资高于 2000 的部门号、平均工资。

```
SQL> select deptno,avg(sal)from emp
  2  group by deptno
  3  having avg(sal)>2000;

    DEPTNO   AVG(SAL)
---------- ----------
        20       2175
        10 2916.66667

SQL> _
```

图 5-4　EMP 表平均工资高于 2000 的部门号、平均工资

5.2　动手实验——高级 SQL 连接查询

登录 Oracle 数据库 SCOTT/TIGER 账户。

题目 1：请查询 EMP 和 DEPT 表，显示部门号为 10 的部门名称，该部门的雇员。

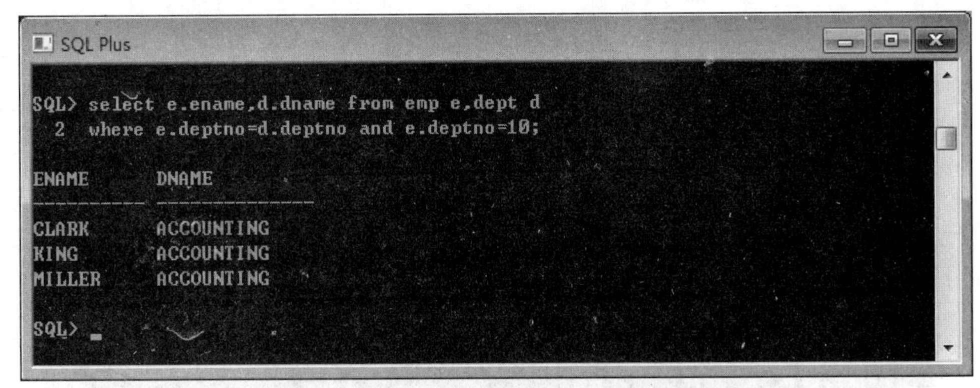

图 5-5　部门号为 10 的部门名称、该部门的雇员

题目 2：请查询 EMP 和 DEPT 表，显示部门号为 10 的部门名称，该部门的雇员以及其他部门员工的名字。

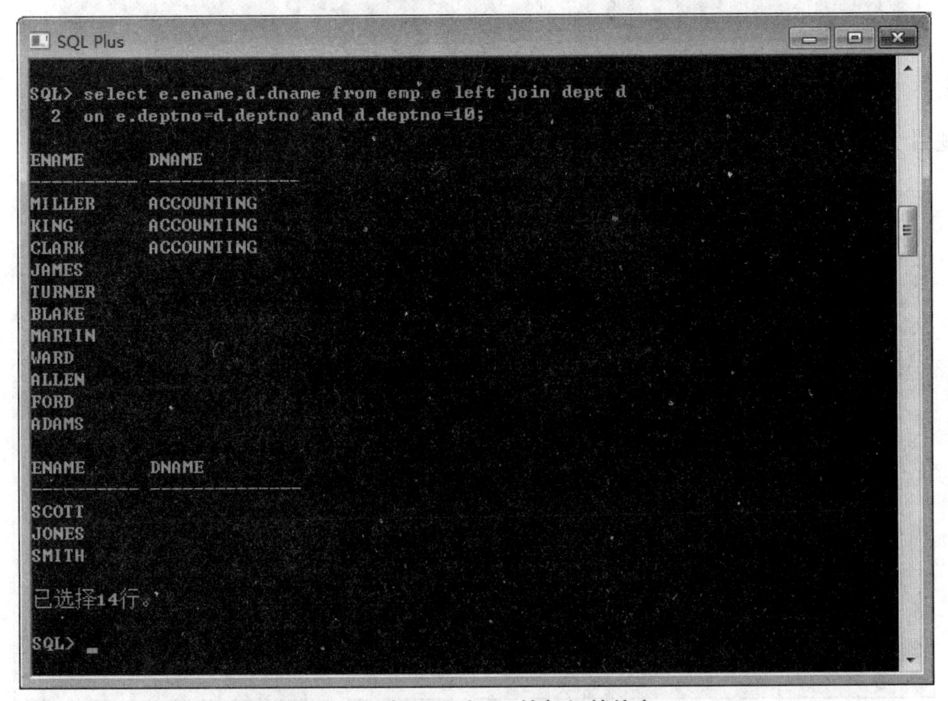

图 5-6　部门号为 10 的部门的信息

题目 3：请查询 EMP 和 DEPT 表，显示部门号为 10 的部门名称，该部门的雇员以及部门的部门名称。

提示：分析题目 1 和题目 2 的 SQL 的语句和执行结果，然后在 SQL*PLUS 中执行本题正确的 SQL 语句，显示其结果。

5.3 动手实验——高级 SQL 子查询

登录 Oracle 数据库 SCOTT/TIGER 账户。

题目 1：显示销售部（SALES）雇员的总人数。

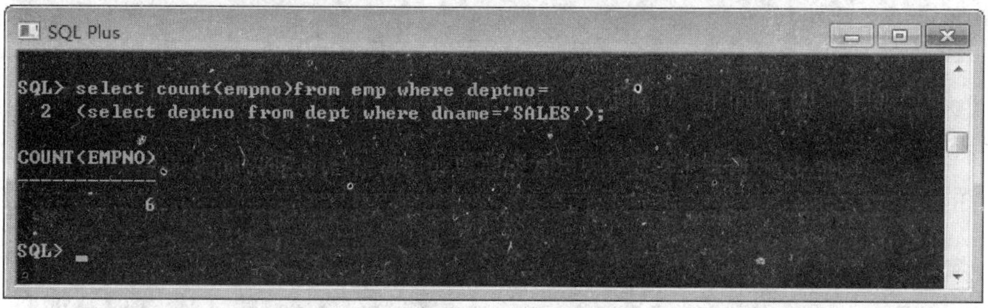

```
SQL Plus
SQL> select count(empno)from emp where deptno=
  2  (select deptno from dept where dname='SALES');

COUNT(EMPNO)
------------
           6

SQL>
```

图 5-7 销售部（SALES）雇员的总人数

题目 2：显示工作岗位低于等于 30 的雇员的名字、岗位、工资、部门号。

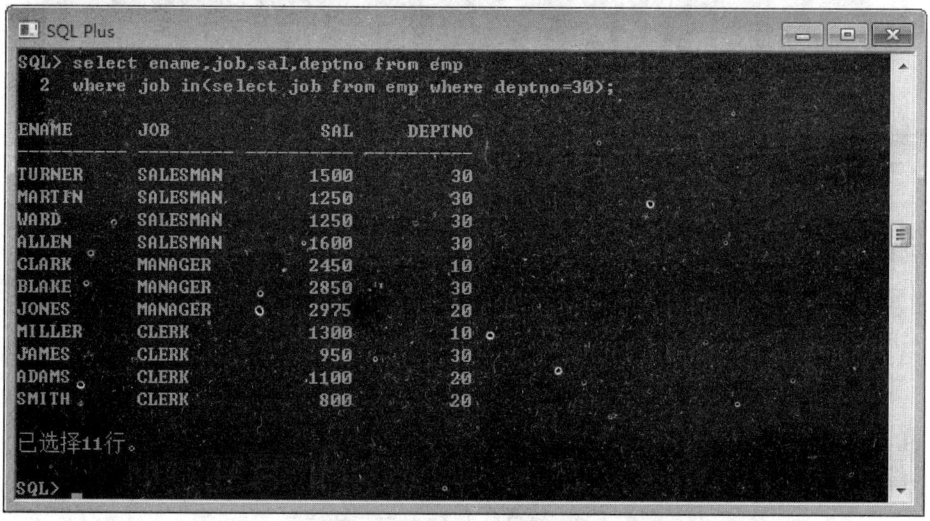

```
SQL Plus
SQL> select ename,job,sal,deptno from emp
  2  where job in(select job from emp where deptno=30);

ENAME      JOB              SAL     DEPTNO
---------- --------- ---------- ----------
TURNER     SALESMAN        1500         30
MARTIN     SALESMAN        1250         30
WARD       SALESMAN        1250         30
ALLEN      SALESMAN        1600         30
CLARK      MANAGER         2450         10
BLAKE      MANAGER         2850         30
JONES      MANAGER         2975         20
MILLER     CLERK           1300         10
JAMES      CLERK            950         30
ADAMS      CLERK           1100         20
SMITH      CLERK            800         20

已选择11行。

SQL>
```

图 5-8 部门 30 的雇员信息

题目 3：显示部门编号低于 30 的所有的雇员名字、工资、部门号。

题目 4：显示工资高于部门 30 的任意雇员的名字、工资、部门号。

提示：使用 any。

请指出这四道题目的不同点，并解释这些不同点的含义。

```
SQL> select ename,sal,deptno from emp where sal>all(select sal from emp where de
ptno=30);

ENAME             SAL     DEPTNO
---------- ---------- ----------
JONES            2975         20
SCOTT            3000         20
FORD             3000         20
KING             5000         10

SQL>
```

图 5-9　工资高于部门 30 所有的雇员信息

5.4　动手实验——高级 SQL 合并查询

登录 Oracle 数据库 SCOTT/TIGRE 账户。

题目 1：显示工资高于 1500 的雇员和岗位“SALESMAN”的雇员。

```
SQL> SELECT ENAME,JOB,SAL FROM EMP WHERE SAL>1500
  2  UNION
  3  SELECT ENAME,JOB,SAL FROM EMP WHERE JOB='SALESMAN';

ENAME      JOB              SAL
---------- --------- ----------
ALLEN      SALESMAN        1600
BLAKE      MANAGER         2850
CLARK      MANAGER         2450
FORD       ANALYST         3000
JONES      MANAGER         2975
KING       PRESIDENT       5000
MARTIN     SALESMAN        1250
SCOTT      ANALYST         3000
TURNER     SALESMAN        1500
WARD       SALESMAN        1250

已选择10行。
```

图 5-10　显示工资高于 1500 的雇员和岗位“SALESMAN”的雇员

题目 2：在题目一的基础上，分别使用 UNION ALL、INTERSECT、MINUS 进行合并查询并分析执行结果。

5.5　动手实验——复杂 SQL 查询 1

登录 Oracle 数据库 SCOTT/TIGER 账户。

题目：某公司年终总结即将展开，老板决定给员工发年终奖金，但是老板必须先知道员工的基本工资情况？老板责令财务部把员工工资进行分级，现决定把工资分成 4 个级别：

A 级：月薪水 >10000.00 RMB；

B 级：月薪水 >8000.00 RMB<10000.00 RMB；

C 级：月薪水 >4000.00 RMB<8000.00 RMB；

D 级：月薪水 <4000.00 RMB。

请按要求访问 EMP 表输出部门号、员工姓名、工资、工资级别（注意：一个员工只属于一个级别）。

提示：使用 case 表达式，参考理论部分 5.6 节“其他复杂查询”。

5.6 动手实验——复杂 SQL 查询 2

登录 Oracle 数据库 SCOTT/TIGER 账户。

题目 1：查找工资 SAL 大于 2500 的员工名字、部门名称及工资额。

提示：使用连接查询。

题目 2：查找工资大于平均工资并且部门为销售部（SALES）的雇员名字及工资额。

提示：使用子查询。

题目 3：显示部门工资总和高于雇员工资总和 1/3 的部门名称及工资总和。

提示：使用分组函数 + 连接查询 +GROUP BY 子句 +HAVING 子句 + 子查询。

要求：写出 SQL 脚本，用写出的 SQL 脚本在 SQL*PLUS 中执行，并显示结果。

5.7 动手实验——复杂 SQL 查询 3

登录 Oracle 数据库 SCOTT/TIGER 账户。

题目 1：如果有表一：bank_trade_acc1（总行某分行当日交易数据），表内容：银行代码、银行账号、交易流水号、交易日期、交易额；表二：bank_trade_acc2（分行当日交易数据），表内容：银行代码、银行账号、交易流水号、交易日期、交易额（其实这两个表的结构完全一样，只是表名不一样）。这两张表原则上每天交易数据完全一样，银行每天晚上要从这两张表读出数据进行对账，以确认总行的某个分行数据和对应的分行数据是一致的。

应用我们学过的知识，怎样确认这两张表的当日相应分行交易数据记录行数是一样多？

题目 2：自己写一本账，然后父母记一本账（假设这两本账记的数据项完全一样，如：花钱的原因、花钱的时间、花钱的数额等）。每过一段时间父母和孩子之间需要对账，请问你认为对账需要对哪些内容（至少写出三项内容）？

第 6 章　簇、视图和索引

本阶段目标

- ✧ 了解簇的作用，会建立简单的索引簇。
- ✧ 深入掌握视图的概念，灵活使用视图进行应用数据库设计和使用视图。
- ✧ 深入掌握索引概念，充分掌握限制索引，能够创建索引和管理索引。

6.1　动手实验——建立索引簇

以工具 SQL*PLUS 登录 ORACLE 数据库 SCOTT/TIGER 账户。

题目：建立索引簇 ORD_CLUSTER 及相应簇表（ORD 和 ITEM，参见表 6-1）。

表 6-1　ORD 和 ITEM 表

表名	列名	数据类型
ORD	ORD_ID	NUMBER（3）
	ORD_DATE	DATE
	CUST_CODE	VARCHAR2（3）
ITEM	ORD_ID	NUMBER（3）
	PROD_CODE	NUMBER（6）
	QTY	NUMBER（4）

要求：按如下步骤完成该练习。

第一步：建立簇。

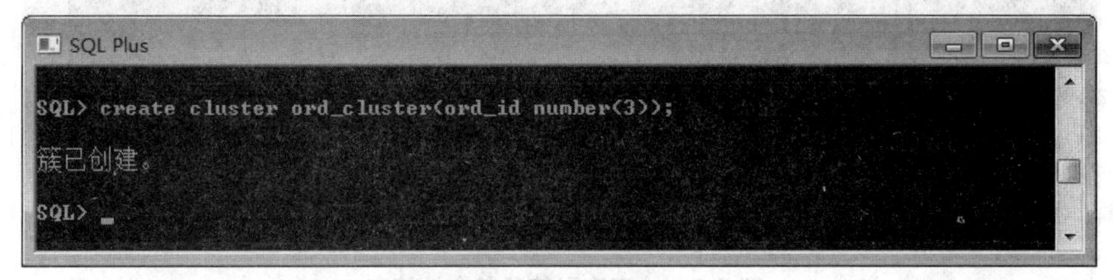

图 6-1　建立簇

第二步:建立簇表 ORD。

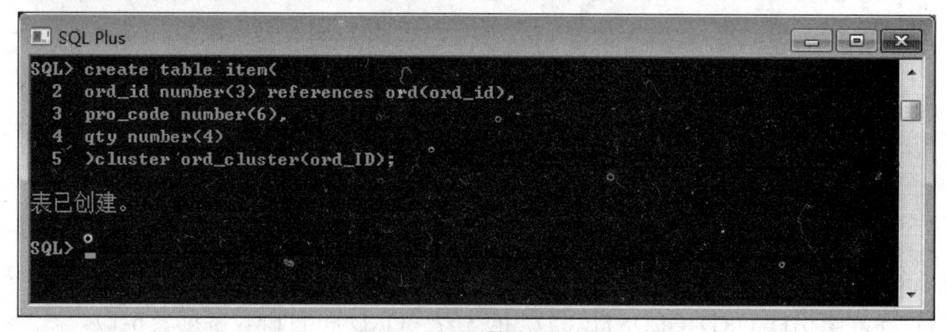

图 6-2　建立簇表 ORD

第三步:建立簇表 ITEM。

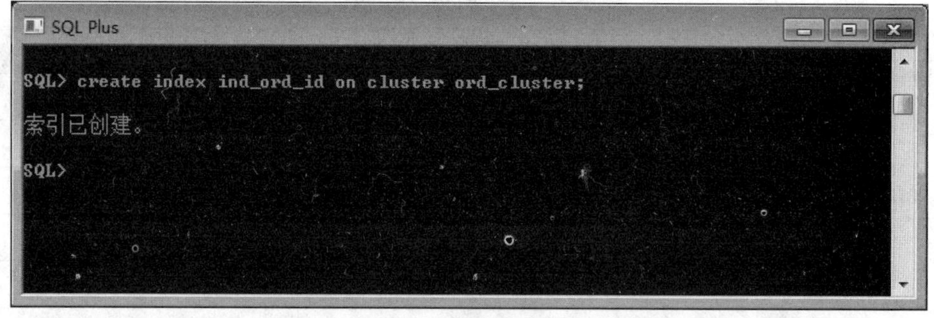

图 6-3　建立簇表 ITEM

第四步:建立索引。

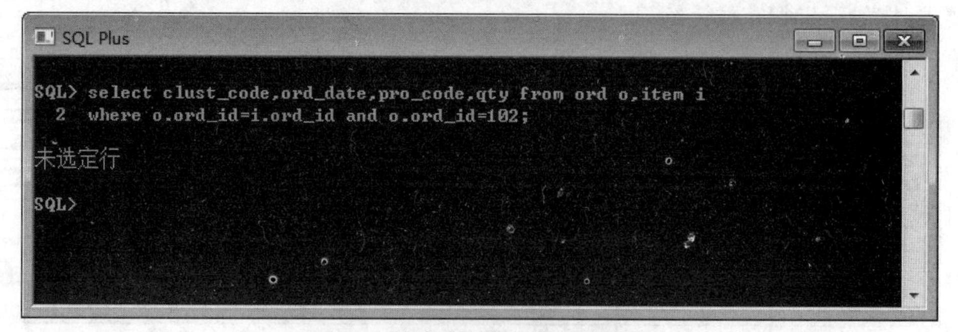

图 6-4　建立索引

第五步:检索索引簇所包含的簇表即簇键列。

SQL Plus

```
SQL> select clust_code,ord_date,pro_code,qty from ord o,item i
  2  where o.ord_id=i.ord_id and o.ord_id=102;

未选定行

SQL>
```

图 6-5　检索索引簇所包含的簇表

执行以上语句之前需要在 ORD 和 ITEM 表中插入一些测试记录。

注意：每个步骤必须先写出 SQL 脚本，然后使用 SQL*PLUS 工具执行各步骤。

6.2　动手实验——视图应用 1

用工具 SQL*PLUS 登录 Oracle 数据库 SCOTT/TIGER。

题目 1：执行如图 6-6、图 6-7 所示语句建立视图。

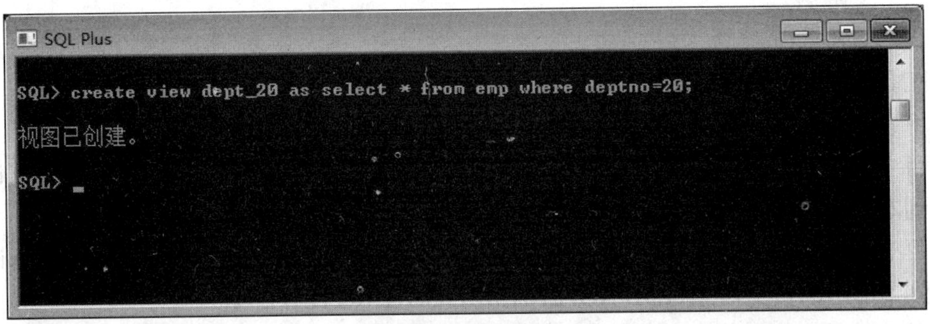
SQL Plus
SQL> create view dept_20 as select * from emp where deptno=20;
视图已创建。
SQL>

图 6-6　建立视图 1

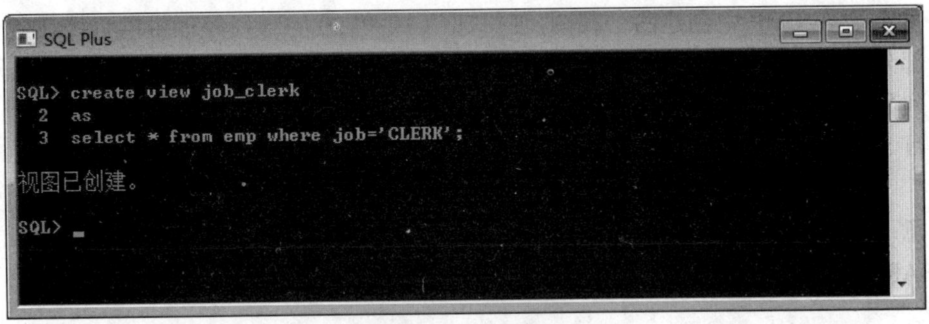
SQL Plus
SQL> create view job_clerk
2 as
3 select * from emp where job='CLERK';
视图已创建。
SQL>

图 6-7　建立视图 2

题目 2：在题目一的基础上，使用以上两个视图取得部门 20 或岗位 CLERK 的所有雇员名称、工资（不显示重复值）。

```
SQL>select ename,sal,from dept_20
        union
        select ename,sal from job_clerk;
```

图 6-8　运行结果图

题目 3：在题目一的基础上，使用以上两视图取得部门 20 或岗位为 CLERK 的所有雇员名称、工资（显示重复值）。

提示：使用 union all。

题目 4：在题目一的基础上，使用以上两视图取得部门 20 并且岗位为 CLERK 的所有雇员名称、工资。

提示：使用 intersect。

题目 5：在题目一的基础上，使用以上两视图取得部门 20，但岗位不是 CLERK 的所有雇员名称、工资。

提示：使用 minus。

6.3 动手实验——视图应用 2

用工具 SQL*PLUS 登录 Oracle 数据库 SCOTT/TIGER。

以下题目的要求：写出创建视图的脚本。在 SQL*Plus 中创建视图。

题目 1：在表 EMP 中创建两个视图，使得部门 10 和 20 部门经理可以直接通过查询整个视图得到本部门员工的所有信息。

题目 2：在 EMP 中创建两个视图，使得部门 10 和 20 的部门经理可以直接通过查询整个视图得到本部门的员工信息（EMPNO，ENAME，JOB，HIREDATE）。

题目 3：在表 EMP 中创建两个视图，使得部门 10 和 20 的部门经理可以直接通过查询视图的一部分得到本部门员工的部分信息（1981 年之前入职员工的 EMPNO，ENAME，JOB）。

题目 4：表在 EMP 中创建两个视图，使得部门 10 和 20 的部门经理可以直接通过查询视图的一部分得到本部门员工的部分信息：员工号、姓名、工资、部门号、要求显示的列名不能和数据库列名一样，并且视图列名更简单。

题目 5：请修改 EMP 表，增加数据字段“E-MAIL-ADDRESS”然后查看以上视图，看有何变化。

注意：修改 EMP 表的 SQL 语句是：ALTER TABLE EMP ADD E-MAIL-ADDRESS VARCHAR2（10）；

6.4 动手实验——索引的应用

用工具 SQL*PLUS 登录 Oracle 数据库 SCOTT/TIGER。

题目 1：创建学生信息表，包括如下的内容：学号、姓名、性别、职业、住址、联系电话等，如表 6-2 所示。

表 6-2　学生表

表名	字段名	类型和大小
Stu	XH	number(10)
	XM	varchar2(20)
	XB	number(10)
	ZY	Varchar2(30)
	ZZ	varchar2(30)
	LXDH	varchar2

示例代码 6-1　创建学生信息表

```
    CREATE TABLE STU(
    XH NUMBER(10)
    XM VARCHAR2(20)
    XB NUMBER(10)
    ZY VARCHAR2(30)
    ZZ VARCHAR2(30)
    LXDH VARCHAR2(15)
);
```

题目 2：在以上创建的学生信息表中，以 XH 为键列创建唯一索引，请写出 SQL 脚本，并在 SQL*PLUS 执行。

示例代码 6-2　创建唯一索引

```
CREATE UNIQUE INDEX DIX_XH ON STU(XH);
```

题目 3：在以上创建的学生信息表中，以 XH、LXDH 为键列创建普通索引，请写出 SQL 脚本，并在 SQL*PLUS 执行。

示例代码 6-3　创建普通索引

```
CREATE INDEX IDX_XH_ON STU(XH，LXDH);
```

第二部分
Oracle 高级编程

理论部分

第 1 章　PL/SQL 编程

学习目标

✧ 了解 PL/SQL 语言作用。
✧ 掌握 PL/SQL 语法结构。
✧ 掌握数据类型的分类及变量的使用。
✧ 掌握各种运算符的使用。
✧ 掌握各种控制语句的使用。
✧ 掌握在 PL/SQL 中进行异常处理。

课前准备

✧ SQL 语句。
✧ PL/SQL 语法。
✧ 语言的各种要素：变量、数据类型、运算符、流程控制语句（条件和循环）。
✧ 系统自定义异常、用户自定义异常。

本章简介

当今社会已进入信息时代，作为信息管理的主要工具的数据库已成为举足轻重的角色。无论是企业、组织的管理还是电子商务或电子政务等应用系统的管理，都需要数据库的支持。

Oracle 是目前最流行的关系型数据库管理系统，被越来越多的用户在信息系统管理、企业数据处理、Internet、电子商务网站等领域作为应用数据的后台处理系统。

本书的内容为 Oracle 数据库高级应用方面的知识，包括 PL/SQL 语法、游标、存储过程和函数、触发器等。在学习本书的内容之前必须熟悉或掌握 Oracle 数据库应用的基础知识，在具备了一定的基础知识的基础上来学习 Oracle 的高级应用，这样才能获得事半功倍的效果。

Oracle 数据库是一种关系型数据库。通常我们把用于访问这种关系型数据库的程序设计语言叫做结构化查询语言（Structure Query Language），即 SQL 语言。SQL 是先进的第四代程序设计语言（4GL），使用这种语言只需对要完成的任务进行描述，而不必指定实现任务的具体方法。第三代程序设计语言如 C 语言和 COBOL 语言等是面向过程的语言。用第三代语言（3GL）编制的程序是一步一步地实现程序功能的。面向对象的程序设计语言如 C++ 或 Java 也属于第三代程序设计语言。虽然这类语言采用了面向对象的程序结构，但程序中算法的实现还是要用各种语句逐步指定。

Oracle 从版本 6 开始，其 RDBMS 附带了 PL/SQL 语言。由于各种语言都有其自身的优缺点，在某些情况下，第三代语言使用的过程结构在表达某些程序过程来说是非常有用，因此 Oracle 引入了 PL/SQL 语言。PL/SQL 语言将第四代语言的强大功能和灵活性与第三代语言的过程结构的优势融为一体。PL/SQL 代表面向过程化的语言与 SQL 语言的结合。PL/SQL 是对 SQL 语言存储过程的扩展，它支持 ANSI 和 ISO92 标准，PL 的含义是过程化语言（Procedural Language）。目前的 PL/SQL 语言包括两部分：一部分是数据库引擎部分，另一部分是可嵌入到许多产品（如 C 语言、Java 语言等）工具中的独立引擎。这两部分称为数据库 PL/SQL 和工具 PL/SQL。两者的编程非常相似，都具有编程结构、语法和逻辑机制。本章主要介绍数据库 PL/SQL。

1.1 PL/SQL 语言

PL/SQL 是一种高级数据库程序设计语言，该语言专门用于在各种环境下对 Oracle 数据库进行访问。由于该语言集成于数据库服务器中，所以 PL/SQL 代码可以对数据进行快速高效的处理。

与其他编程语言类似，PL/SQL 也有自身的特点和功能。

1.1.1 PL/SQL 块结构

PL/SQL 是一种块结构的语言，组成 PL/SQL 程序的单元是逻辑块，一个 PL/SQL 程序包含了一个或多个 PL/SQL 块，PL/SQL 块语法结构如下：

```
DECLARE
声明部分
BEGIN
执行部分
EXCEPTION
异常处理部分
END;
```

每一个 PL/SQL 块由 BEGIN 或 DECLARE 开始，以 END 结束。PL/SQL 块中的每一条语句都必须以分号结束，注释由“--”标示。每个块都可以划分为三个部分：声明部分、执行部分、异常处理部分。

- 声明部分（DECLARATIONS）

声明部分包含了变量和常量的数据类型和初始值。这个部分是由关键字 DECLARE 开始，如果不需要声明变量或常量，那么可以忽略这一部分。

- 执行部分（EXECUTABLE STATEMENTS）

执行部分是 PL/SQL 块中的指令部分，由关键字 BEGIN 开始，所有的可执行语句都放在这一部分，也可以在此处嵌套其他的 PL/SQL 块。

- 异常处理部分（EXCEPTION STATEMENTS）

这一部分是可选的，在这一部分中处理异常或错误，对异常处理的详细讨论在后面进行。

PL/SQL 程序块可以是一个命名的程序块，也可是一个匿名的程序块。

SQL*PLUS 中匿名的 PL/SQL 块的执行是在 PL/SQL 块后输入“/”来执行。

示例代码 1-1 所示在数据库 EMP 表中修改一名雇员的记录，如果没有该记录的话则为该雇员创建一条新记录。

示例代码 1-1

```
DECLARE
  V_NO NUMBER(4):=8033;     -- 定义变量
  V_NAME VARCHAR2(10):=' 张三 ';
  V_JOB VARCHAR2(9):='SALESMAN';
BEGIN
  UPDATE EMP SET JOB=V_JOB WHERE EMPNO=V_NO;  -- 更新雇员表
  IF SQL%NOTFOUND THEN     -- 检查记录是否存在，如果不存在就插入记录
INSERT INTO EMP(EMPNO,ENAME,JOB)VALUES(V_NO,V_NAME,V_JOB);
  END IF;
END;
/
```

本例使用了两个不同的 SQL 语句 UPDATE 和 INSERT，这两条语句是第四代程序结构，同时该程序段中还使用了第三代语言的结构（变量声明和 IF 条件语句）。

PL/SQL 语言实现了将过程结构与 Oracle SQL 的无缝集成，通过扩展 SQL，功能更加强大，同时使用更加方便。用户能够使用 PL/SQL 语言更加灵活地操作数据。PL/SQL 支持所有 SQL 操作语句、事务控制语句、函数和操作符。

1.1.2　变量与常量

1. 变量

（1）变量的声明

数据在数据库与 PL/SQL 程序之间是通过变量进行传递的。变量通常是在 PL/SQL 块的声明部分定义的。声明变量的语法格式如下：

```
VARIABLE_NAME[CONSTANT]DATATYPEINOTNULL][:=DEFAULTEXPRESSION]
```

（2）给变量赋值有两种方式

- 用“:=”直接给变量赋值

如示例代码 1-2 和示例代码 1-3 所示。

示例代码 1-2

```
DECLARE
  V_NO NUMBER(4):=8033;     -- 定义变量
```

```
    V_NAME VARCHAR2(10):=' 张三 ';
    V_JOB VARCHAR2(9):='SALESMAN';
  BEGIN
    UPDATE EMP SET JOB=V_JOB WHERE EMPNO=V_NO; -- 更新雇员表
    IF SQL%NOTFOUND THEN     -- 检查记录是否存在，如果不存在就插入记录
INSERT INTO EMP(EMPNO,ENAME,JOB)VALUES(V_NO,V_NAME,V_JOB);
    END IF;
  END;
```

示例代码 1-3

```
DECLARE
  VAR1 NUMBER:=1;-- 声明变量并初始化 --
  VAR2 VARCHAR2(10);-- 声明变量 --
BEGIN
  VAR2:='ZHANGSAN'; -- 给变量赋值 --
END;
```

- 通过 SELECT INTO 或 FETCH INTO 给变量赋值

示例代码 1-4

```
DECLARE
VAR  VARCHAR2(10);
BEGIN
  SELECT ENAME INTO VAR1 FROM EMP WHERE EMPNO=7788;
  DBMS_OUTPUT.PUT_LINE(VAR1);
END;
```

说明：DBMS_OUTPUT 是 ORACLE 数据库中内置的程序包（包的概念在后面的章节作介绍），DBMS_OUTPUT 包中定义了一些函数，其中 PUT_LINE() 函数用于在 SQL*PLUS 控制台输出参数的值。要使 PUT_LINE() 函数的输出在控制台可见，需要先使用 SQL*PLUS 的 SET 命令将控制台的输出打开，如下所示：

```
SQL>SET SERVEROUT ON
```

注意：可以在声明变量的同时给变量强制性的加上 NOT NULL 约束条件，此时变量在初始化时必须赋值，例如：

```
varl number not null:=10;
```

（3）变量名

变量名必须是一个合法的标识符，变量命名规则如下：

①变量必须以字母（A ～ Z，a ～ z）开头；

②其后可跟一个或多个字母、数字，或特殊字符 _、$、#；

③变量最大长度 30 个字符，不区分大小写；

④变量名中不能有空格。

2. 常量

常量与变量相似，但常量的值在程序内部不能改变，常量的值在定义时赋予，声明方式与变量相似，但必须包括关键字 CONSTANT。常量和变量都可以被定义为 SQL 和用户定义的数据类型。常量定义如下：

```
varl constant number:=3;
```

1.1.3　数据类型

1. 标量类型

Oracle 中提供了 15 种标量数据类型，如表 1-1 所示。

表 1-1　Oracle 中的标量数据类型

类型名称	描述
CHAR	定长的字符型数据，长度≤ 2000 字节
VARCHAR2	定长的字符型数据，长度≤ 4000 字节
NCHAR	定长 Unicode 字符数据，长度≤ 1000 字节
NVARCHAR2	变长 Unicode 字符数据，长度≤ 1000 字节
NUMBER(PRECISION,SCALE)	数字类型，其子类型有 Decimal,double,precison,integer,int,numeric,real,Smallint,float 等
DATE	日期类型
LONG	最大长度为 2GB 的变长字符数据
RAW(N)	变长为二进制数据，长度≤ 2000 字节
LONG RAW	变长为二进制数据，长度≤ 2GB 字节
ROWED	存储表中列的物理地址的二进制数据，占用固定 10 字节
BLOB	最大长度为 4GB 的二进制数据
CLOB	最大长度为 4GB 的字符数据
NCLOB	最大长度为 4GB 的 Unicode 字符数据
BFILE	将二进制数据存储在数据库以外的操作系统文件中
BOOLEAN	逻辑类型，取值为：true,false,null. 不能用作表列类型

2. 属性类型

属性类型用于引用数据库表中行和列的类型。PL/SQL 中支持的属性类型有：% type、

% rowtype 两种。

（1）% type 示例

```
DECLARE
VAR1 EMP.ENAME%TYPE;
```

以上变量 var1 的类型与 EMP 表中 ename 列的类型一致。

使用% type 声明变量有以下两个优点：

- 不必知道 ename 列确切的数据类型。
- 当 ename 列的定义改变时，var1 的数据类型在运行时会自动进行修改。

（2）% rowtype 示例

```
DECLARE
VAR2 EMP%ROWTYPE;
```

以上变量 var2 的类型与 EMP 表的行的类型一致。var2 的类型类似于 C 语言中的结构体类型，在 Oracle 中称为记录类型。通过记录类型的变量可以访问该记录的每一列的列值：

示例代码 1-5

```
DECLARE
VAR2 EMP%ROWTYPE;
BEGIN
SELECT * INTO VAR2 FROM EMP WHERE EMPNO=7788;
DBMS_OUTPUT.PUT_LINE(VAR2.ENAME||''||VAR2.DEPTNO) ;
END;
```

说明："||"运算符用于字符串连接，类似 Java 语言中的"+"运算符。

3. 用户自定义类型

在 Oracle 中我们可以自己定义新的类型。例如，记录类型、表类型等。使用用户自定义类型可以让用户定制程序中使用的数据类型结构。示例代码 1-6 是一个用户自定义类型的例子：

示例代码 1-6

```
DECLARE
TYPE EMPRECORD IS RECORD(-- 定义类型 --
ENAME VARCHAR2(10),
JOB VARCHAR2(9),
DEPTNO NUMBER(2)
);
EMP1 EMPRECORD;-- 声明变量 --
BEGIN
```

```
SELECT  ENAME,JOB,DEPTNO INTO EMP1 FROM EMP WHERE EMPNO=7788;
DBMS_OUTPUT.PUT_LINE(EMP1.ENAME||''||EMP1.JOB||''||EMP1.DEPTNO) ;
END;
```

1.1.4　运算符

Oracle 提供了 3 类运算符：算术运算符、关系运算符、逻辑运算符。

1. **算术运算符**（表 1-2）

表 1-2　算术运算符

运算符	描述
+	加
-	减
*	乘
/	除
**	幂
mod	取余

2. **关系运算符**（表 1-3）

表 1-3　关系运算符

运算符	描述
<>	不等于
!=	不等于
^=	不等于
<	小于
>	大于
=	等于

3. **逻辑运算符**（表 1-4）

表 1-4　逻辑运算符

运算符	描述
AND	与
OR	或
NOT	非

4. 其他符号

PL/SQL 语言为支持编程，还使用其他一些符号。表 1-5 中是一些最常用的，也是 PL/SQL 所有用户都必须了解的符号。

表 1-5 其他常用符号

<table>
<tr><th>运算符</th><th>描述</th><th>样例</th></tr>
<tr><td>()</td><td>列表分隔</td><td>('Jones','Roy','Abramson')</td></tr>
<tr><td>;</td><td>语句结束</td><td>Procedure_name(arg1,arg2);</td></tr>
<tr><td>.</td><td>项分隔符</td><td>Select * from scott.emp;</td></tr>
<tr><td>'</td><td>字符串界定符</td><td>if var='sandra'then</td></tr>
<tr><td>:=</td><td>赋值</td><td>A:=a+1;</td></tr>
<tr><td>||</td><td>连接</td><td>full_name:='Nathan'||''||'Yebba'</td></tr>
<tr><td>--</td><td>注释符</td><td>--this is acomment</td></tr>
<tr><td>/* 与 */</td><td>注释界定符</td><td>/*this too is acomment*/</td></tr>
</table>

1.1.5 流程控制

1. 条件结构

（1）if 条件判断逻辑结构

if 条件判断逻辑结构有三种表达方式。

表达式一：

```
IF CONDITION THEN
   STATEMENT
END IF
```

表达式二：

```
IF CONDITION THEN
  STATEMENT_1
ELSE
 STATEMENT_2
END IF
```

表达式三：

```
IF CONDITION1 THEN
   STATEMENT_1
ELSE IF CONDITION2 THEN
```

```
    STATEMENT_2
  ELSE
    STATEMENT_3
  END IF
```

示例代码 1-7 中，将员工资（sal）分为 3 级，≥ 3000 元为 A 级，≥ 1500 元且 <3000 为 B 级，<1500 元为 C 级。编写 PL/SQL 块，要求输入员工编号，查找并输出该员工的工资和等级。

示例代码 1-7

```
DECLARE
  SALARY EMP.SAL%TYPE;
  GRADE CHAR(1);
BEGIN
  SELECT SAL INTO SALARY FROM EMP EMPNO=& 雇员编号 ;
  IF SALARY >=3000 THEN
    GRADE:='A';
 ELSE IF SALARY >=1500 THEN
  GRADE:='B';
 ELSE
    GRADE:='C';
    END IF;
    DBMS_OUTPUT.PUT_LINE(' 工资 :'||SALARY||' 等级 :'||GRADE);
 END;
```

（2）case 表达式

case 语句的基本格式如下：

```
  WHEN 表达式 1 THEN 值 1
  WHEN 表达式 2 THEN 值 2
  WHEN 表达式 3 THEN 值 3
  WHEN 表达式 4 THEN 值 4
  ELSE                值 5
  END;
```

示例代码 1-8 中写一 PL/SQL 块，要求输入一个部门编号，查找该部门名称，并以中文显示。

示例代码 1-8

```
DECLARE
DEPTNAME DEPT.DNAME%TYPE;
RESULT VARCHAR2(20);
```

```
BEGIN
SELECT DNAME INTO DEPTNAME FROM DEPT WHERE DEPTNO=& 部门编号 ;
RESULT:=CASE DEPTNAME
            WHEN 'ACCOUNTING ' THEN ' 财务部 '
            WHEN 'RESEARCH'    THEN ' 研发部 '
            WHEN 'SALES'       THEN ' 销售部 '
            WHEN 'OPERATIONS'  THEN ' 生产部 '
            ELSE                        DEPTNAME
         END;
   DBMS_OUTPUT.PUT_LINE(' 您所查询的部门是 :'||RESULT);
END;
```

2. **循环控制**

（1）LOOP 循环控制语句

LOOP 循环语句是其中最基本的一种。LOOP 语句的格式如下：

```
LOOP
STATEMENTS;/* 执行循环体 */
IF CONDITION THEN/* 测试 CONDITION 是否符合退出条件 */
EXIT;  /* 如果满足退出条件，退出循环 */
END IF;
END LOOP;
```

这种循环语句是不会自动终止的，如果不人为控制的话，其中的 statements 将会无限地执行。一般可以通过加入 EXIT 语句来终结该循环。

（2）WHILE 循环控制语句

WHILE 语句的格式如下：

```
WHILE CONDITION
LOOP
     STATEMENTS
END LOOP;
```

WHILE 循环有一个条件与循环相联系，如果条件为 TRUE，则执行循环体内的语句，如果结果为 FALSE，则结束循环。

示例代码 1-9 是求 1 ～ 100 的和。

示例代码 1-9

```
DECLARE
    S NUMBER:=0;
```

```
N NUMBER:=1;
BEGIN
WHILE N<=100;
LOOP
  S:=S+N;
  N:=N+1;
END LOOP;
DBMS_OUTPUT.PUT_LINE(TO_CHAR(S));
END;
```

（3）FOR 循环控制语句

FOR 循环控制语句的格式如下：

```
FOR COUNTER IN [REVERSE] START_RANGE..END_RANGE
LOOP
STATEMENTS;
END LOOP;
```

LOOP 和 WHILE 循环的循环次数都是不确定的，FOR 循环的循环次数是固定的，counter 是一个隐式声明的变量，初始值是 start_range，第二个值是 start_range+l，直到 end_range，如果 start_range 等于 end_range，那么循环将执行一次。如果使用了 REVERSE 关键字，那么范围将是一个降序。

示例代码 1-10 求 1 ～ 100 的和。

示例代码 1-10

```
DECLARE SNUMBER:=0;
BEGIN
  FOR N IN 1..100 LOOP
S:=S+N;
END LOOP;
DBMS_OUTPUT.PUT_LINE(S);
END;
```

3.GOTO 语句

PL/SQL 提供了 GOTO 语句，实现将执行流程转移到标号指定的位置。

语法格式如下：

```
GOTO MY_LABLE;/* 跳转到指定标号的位置 */
...;
...;
```

```
<< MY_LABLE >>/* 定义标号，标号必须符合标识符规则 *
```

注意：使用 GOTO 语句时要十分谨慎，GOTO 跳转对于代码的理解和维护会造成很大的困难，尽量不要使用 GOTO 语句。

4. 嵌套

程序块的内部可以有另一个程序块，这种情况称为嵌套。嵌套要注意的是变量，定义在最外部程序块中的变量可以在所有子块中使用，子块中定义的变量不能被父块引用。如果在子块中定义的变量与外部程序块变量同名，在执行子块时将使用子块中定义的变量。

1.1.6 空操作和空值

有时特别是在使用 IF 逻辑时，用户结束测试一个条件，当测试条件为 TRUE 时，什么工作也不做；而当测试值为 FALSE 时，则执行某些操作。这在 PL/SQL 语言中以下述方法来处理：

```
IF N>0 THEN
    NULL;
ELSE
    DBMS_OUTPUT.PUT_LINE('正常');
END IF;
```

1.2 PL/SQL 异常处理

在编写 PL/SQL 程序时难免会有一些错误，有些是可知的（即编译时就能检查到的语法错误），有些是未知的。未知的错误只能在运行过程中才可能出现，这些错误称为异常，这就需要在程序中对这些异常进行处理，以保证程序正确运行。

PL/SQL 块中有异常处理部分，异常处理部分包含了异常的捕获和处理的代码。异常部分的语法一般如下：

```
EXCPTION
WHEN EXCEP_NAME1 THEN
...
WHEN EXCEP_NAME2 THEN
...
WHEN OTHERS THEN
...
END;
```

当遇到预先定义的错误时，错误被当前块的异常部分相应的 WHEN...THEN 语句捕捉。

跟在 WHEN 后的 THEN 语句的代码被执行。THEN 语句执行后，控制运行到紧跟着当前块的 END 语句的行。

Oracle 给我们提供了“抓住一切”的错误处理柄来捕捉非预定义的错误。WHEN OTHERS THEN 错误处理柄将捕捉所有 Oracle 预定义错误范围之外的错误。

通常只需用一个 WHEN OTHERS 错误处理柄。如果你在异常部分有其他的错误处理柄，需要确定 WHEN OTHERS 是最后一个。如果你错误地先写 WHEN OTHERS 语句，它将捕捉所有的错误，即使是那些预定义的错误。

异常有两种：预定义的异常和用户定义的异常。

1.2.1　系统预定义异常

示例代码 1-11 是一个系统预定义异常——除零异常示例。

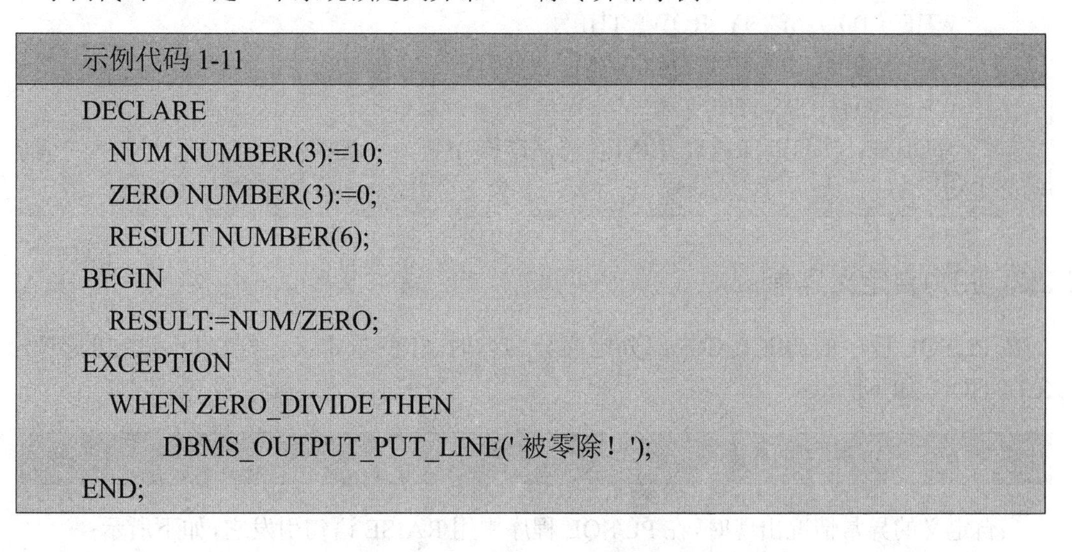

示例代码 1-11

```
DECLARE
  NUM NUMBER(3):=10;
  ZERO NUMBER(3):=0;
  RESULT NUMBER(6);
BEGIN
  RESULT:=NUM/ZERO;
EXCEPTION
  WHEN ZERO_DIVIDE THEN
      DBMS_OUTPUT_PUT_LINE(' 被零除！ ');
END;
```

表 1-6　系统预定义异常

预定义的异常	说明
NO_DATA_FOUND	没有数据满足查询要求
ZERO_DIVIDE	试图用零去除一个数
INVALID_NUMBER	在要求数据的地方使用了非数据
NOT_LOGGED_ON	没有连上 Oracle
TOO_MANY_ROWS	SELECT INTO 返回多行记录
VALUE_ERROR	遇到了算术的、转换的、截取的或约束错误
CURSOR_ALREADY_OPEN	试图打开一个已经打开的游标
DUP_VAL_ON_INDEX	试图打开一个已经存在的唯一约束的值
LOGIN_DENIED	要求进入系统的请求被拒绝
TIMEOUT_ON_RESOURCE	等待的系统资源已超时

示例代码 1-12 是在一个 PL/SQL 块中可能引发多个异常，需要对其进行联合错误处理。

示例代码 1-12

```
DECLARE
  EMP1 EMP%ROWTYPE;
BEGIN
  SELECT * INTO EMP1 FROM EMP WHERE ENAME=' 张三 ';
  DBMS_OUTPUT.PUT_LINE(' 张三的职务是 :'||EMP1.JOB);
EXCEPTION
  WHEN NO_DATA_FOUND THEN
    DBMS_OUTPUT.PUT_LINE(' 没有名为张三的员工 ');
  WHEN TOO_MANY_ROWS THEN
    DBMS_OUTPUT.PUT_LINE(' 有多名为张三的员工 ');
  WHEN OTHERS THEN
    DBMS_OUTPUT.PUT_LINE(' 未知错误 ');
END;
```

1.2.2　用户自定义异常

在 PL/SQL 程序的 DECLARE 部分定义异常名时，和变量定义一样，只不过它的类型为 EXCEPTION，如下所示：

```
< 异常名 > EXCEPTION;
```

当自定义的异常情况出现时，在 PL/SQL 程序中用 RAISE 语句引发它，如下所示：

```
RAISE< 异常名 >;
```

在 EXCEPTION 部分做相应异常处理，如示例代码 1-13 所示。

示例代码 1-13

```
DECLARE
   OVERNUMBER EXCEPTION;
   MAXNUM CONSTANT NUMBER:=5;
  NUM NUMBER;
BEGIN
  SELECT COUNT(*) INTO NUM FROM EMP WHERE DEPTNO=& 部门编号 ;
  IF NUM >MAXNUM THEN
    RAISE OVERNUMBER;
  END IF;
```

```
    DBMS_OUTPUT.PUT_LINE(' 该部门雇员人数为 :'||NUM);
EXCEPTION
    WHEN OVERNUMBER THEN
        DBMS_OUTPUT.PUT_LINE(' 该部门雇员人数超过了规定人数 !');
END;
```

1.3　小结

✓ PL/SQL 语言是面向过程语言与 SQL 语言的结合。PL/SQL 语言在 SQL 语言中扩充了面向过程语言中使用的程序结构，例如：变量和类型、控制语句、过程和函数等。

✓ 数据在数据库与 PL/SQL 程序之间是通过变量进行传递的。变量通常是在 PL/SQL 块的声明部分定义的，除了 15 种标量数据类型外， Oracle 还提供了属性类型。并允许用户自定义类型。

✓ Oracle 中使用的运算符，流程控制语法和其他语言的类似。

✓ Oracle 中提供了异常（Exception）这一处理错误情况的方法。在 PL/SQL 代码部分执行过程中无论何时发生错误，控制自动地转向执行异常处理部分。

✓ 在 PL/SQL 中可以处理系统预定义的异常，也可以使用自定义的异常。

1.4　英语角

procedural language	过程化语言
declare	声明
variable	变量
fetch	提取
exception	异常，例外
loop	循环
raise	举起，抛出

1.5　作业

1. 编写一 PL/SQL 块，往 SCOTT 账户下的 EMP 表添加 10 个新雇员编号。

提示：

（1）如果当前最大的雇员编号为 7900，则新雇员编号从 7901 到 7910。

（2）使用 for...in...loop 循环来添加。

2. 接受两个数，相除并且显示结果。如果第二个数为 0，则显示消息“错误：除数不能为零！”。

提示：

（1）从键盘接收变量的值，如：numl:= & 被除数；num2:=& 除数。

（2）在 PL/SQL 块中处理标准异常，被零除异常为：ZERO_DIVIDE。

1.6 思考题

在 PL/SQL 中是否可以执行 DDL（如 CREATE...）和 DCL（如 GRANT...）语言。

1.7 学员回顾内容

PL/SQL 的概念和语法。

PL/SQL 语言要素：数据类型、变量、运算符、流程控制。

PL/SQL 中的异常处理。

第 2 章　游标、集合和 OOP 的概念

学习目标

✧ 理解游标、集合的概念和作用。
✧ 掌握在 PL/SQL 中游标的基本用法。
✧ 了解 Oracle 数据库中 OOP 的基本概念。

课前准备

✧ 游标：显式游标、隐式游标、游标变量。
✧ 集合：联合数组、嵌套表、可变数组。
✧ Oracle 中面向对象的基本知识。

本章简介

本章主要讲解在 PL/SQL 语言中常用的游标和集合。之后将简单介绍 Oracle 数据库中面向对象的概念。

2.1　游标

PL/SQL 用游标（CURSOR）来管理 SQL 的 SELECT 语句。游标是为处理这些语句而分配的一大块内存。一个对表进行操作的 PL/SQL 语句通常都可以产生或处理一组记录。但是许多应用程序，尤其是 PL/SQL 嵌入到的主语言（如 C、Delphi、PowerBuilder 或其他开发工具）通常不能把整个结果集作为一个单元来处理，这些应用程序需要有一种机制来保证每次处理结果集中的一行或多行，游标就提供了这种机制。

PL/SQL 语言通过游标提供了对一个结果集进行逐行处理的能力。游标可视做一种特殊的指针，它与某个查询结果相联系，可以指向结果集中任意位置，以便对指定位置的数据进行处理。使用游标可以在查询数据的同时对数据进行处理。

有时需要用户手工定义游标。游标定义类似于其他 PL/SQL 变量，并且必须遵守同样的命名规则。

在本节中，我们将介绍两类游标：静态游标和变量游标。其中静态游标又可分为显式游标（explicitcursor）和隐式游标（implicitcursor）两类。

2.1.1 显式游标

显式游标首先需要声明(declare),在使用前需要打开(open),使用完毕需要关闭(close)。

显式游标用于处理返回多于一行结果集的 SELECT 语句。与循环结合的游标将允许每次处理一行。

1. 声明游标

显式游标是作为声明段的一部分来进行定义的,定义的方法如下:

```
CURSOR CURSOR_NAME
IS
SELECT_STATEMEN
```

游标的声明完成了以下两个目标:

(1)给游标命名。

(2)将一个查询语句与该游标关联起来。

示例代码 2-1 是一个例子。

示例代码 2-1

```
CURSOR EMP_CUR
IS
SELECT ENAME,JOB,SAL FROM EMP;
BEGIN
NULL;
END;
```

2. 打开游标

声明游标后,要使用游标从中提取数据,必须先打开游标。在 PL/SQL 语言中,使用 OPEN 语句打开游标,格式如下:

```
OPEN CURSOR_NAME;
```

示例代码 2-2 为打开游标后,显示从结果集中提取数据的行数。此时尚未提取任何一行数据,显示的结果为 0。

示例代码 2-2

```
DECLARE
    CURSOR EMP_CUR
    IS
    SELECT ENAME,JOB,SAL FROM EMP;
BENGIN
    OPEN EMP_CUR;
```

```
    DBMS_OUTPUT.PUT_LINE(EMP_CUR%ROWCOUNT);
END;
```

打开游标将激活查询并识别活动集。OPEN 命令还初始化了游标指针，使其指向活动集的第一条记录。游标被打开后，直到关闭之前，取回到活动集的所有数据都是静态的。换句话说，游标忽略所有在游标打开之后，对数据执行的 SQL DML 命令（INSERT、UPDATE、DELETE 和 SELECT），因此只有在需要时才打开它。要刷新活动集，只需关闭并重新打开游标即可。

3. 读取数据

游标打开后，就可以使用 FETCH 语句从中读取数据。

FETCH 命令的语句格式如下：

```
FETCH CURSOR_NAME INTO 变量名；
```

FETCH 命令以每次一条记录的方式取回活动集中的记录。通常将 FETCH 命令和某种迭代处理结合起来使用，在迭代处理中，FETCH 命令每执行一次，游标前进到活动集的下一条记录。

示例代码 2-3

```
DECLARE
    CURSOR EMP_CUR
    IS
    SELECT ENAME,JOB,SAL FROM EMP;
V_ENAME VARCHAR(50);V_JOB VARCHAR(50);V_SAL VARCHAR(50);
BENGIN
    OPEN EMP_CUR;
    FETCH EMP_CUR INTO V_ENAME,V_JOB,V_SAL;
    DBMS_OUTPUT.PUT_LINE(EMP_CUR%ROWCOUNT);
END;
```

4. 关闭游标

游标使用完以后，要及时关闭。关闭游标的格式如下：

```
CLOSE CURSOR_NAME;
```

如上例中的 CLOSE EMP_CUR; 就是关闭游标。

显式游标的属性：

（1）% FOUND：该属性表示当前游标是否指向有效的一行。如果有一行数据则返回 true，否则返回 false。根据其返回值检查是否应结束游标的使用。

（2）% NOTFOUND：与 % FOUND 相反。

（3）% ROWCOUNT：在循环执行游标取数据操作时，检索出的总行数存放在该属性变量中。

（4）% ISOPEN：如果游标已打开，则返回 TRUE，否则返回 FALSE。

根据% ROWCOUNT 属性可以知道当前从结果集中所提取的行数。示例代码 2-4 从结果集中提取前 5 行记录，并显示结果。

示例代码 2-4

```
BEGIN
   OPEN EMP_CUR;
   FETCH EMP_CUR INTO NAME,JOB,SAL;
   WHILE EMP_CUR%FOUND
   LOOP
      DBMS_OUTPUT.PUT_LINE(NAME||''||JOB||''||SAL);
      EXIT WHEN EMP_CUR%ROWCOUNT>=5;/* 如果已提取 5 行则退出循环 */
      FETCH EMP_CUR INTO NAME,JOB,SAL;
   END LOOP;
   CLOSE EMP_CUR;
END;
```

如果试图打开一个已打开的游标或关闭一个已关闭的游标，将会出现错误。因此用户在打开或关闭游标前，若不清楚其状态，应该用“% ISOPEN”进行检查。根据其返回值为 TRUE 或 FALSE，采取相应的动作。如代码 2-5 所示。

示例代码 2-5

```
DECLARE
 CURSOR EMP_CUR
IS
SELECT EANME,JOB,SAL FROM EMP;
BEGIN
IF EMP_CUR%ISOPEN THEN
   NULL;
ELSE
   OPEN EMP_CUR;
END IF;
END;
```

2.1.2 隐式游标

如果在 PL/SQL 程序段中使用 SELECT 语句进行操作，PL/SQL 语言会隐含地处理游标定义，即称作隐式游标，也叫 SQL 游标。这种游标不需要像显式游标那样进行声明，也不需要打开和关闭。

Oracle 提供隐式游标的主要目的就是利用隐式游标的属性来确定 SQL 语句的运行情况。示例代码 2-6 使用了隐式游标。在 DECLARE 声明段中无隐式游标说明。

示例代码 2-6

```
DECLARE
    NAME VARCHAR2(10);
BEGIN
    SELECT ENAME INTO NAME FROM EMP WHERE EMPNO=7934;
END;
```

如果在 PL/SQL 的执行段直接写 SELECT 语句，PL/SQL 会隐含地进行游标定义，隐式地打开 SQL 游标，处理 SQL 游标，然后关闭该游标。

使用隐式游标时，只要简单地编写 SELECT 语句并让 PL/SQL 根据需要处理游标即可。当选择语句预计只返回一行时，隐式游标将做的更好。

使用隐式游标要注意以下几点：

（1）每个隐式游标必须有一个 INTO。

（2）和显式游标一样，带有关键字 INTO 接受数据的变量时数据类型要与列表的一致。

（3）隐式游标一次仅能返回一行数据，使用时必须检查异常。最常见的异常有。“NO DATA FOUND”和“TOO_MANY_ROWS”

如示例代码 2-7。

示例代码 2-7

```
DECLARE
    EMP1 EMP%ROWTYPE;
BEGIN
    SELECT * INTO EMP1 FROM EMP WHERE ENAME=' 张三 ';
    DBMS_OUTPUT.PUT_LINE(' 张三的职务是：'||EMP1.JOB);
EXCEPTION
    WHEN NO_DATA_FOUND THEN
          DBMS_OUTPUT.PUT_LINE(' 没有名为张三的员工 ');
WHEN TOO_MANY_ROWS THEN
          DBMS_OUTPUT.PUT_LINE(' 有多位名为张三的员工 ');
END;
```

由于显式游标更有效，因此在 PL/SQL 程序中应尽可能使用它。具体体现如下：

（1）通过检查 PL/SQL 语言的系统变量“% FOUND”或“% NOTFOUND”可以确定使用显式游标的 SELECT 语句的成功或失败。

（2）显式游标是在 DECLARE 段中由用户自己定义，这样 PL/SQL 块的结构化程度更高

（定义和使用分离）。

（3）游标的 FOR 循环减少代码量，过程清晰明了，更容易按过程化处理。FOR 循环和游标的结合使得游标的使用更简明。游标的 FOR 循环的优点是用户不需要打开游标、取数据、测试数据是否存在 (% FOUND)、关闭游标或定义存放数据的变量。

相同之处在声明段中的游标定义。

示例代码 2-8 是 FOR 循环的使用。

示例代码 2-8

```
DECLARE
    CURSOR EMP_CUR
    IS
    SELECT ENAME,JOB,SAL FROM EMP;
BEGIN
    FOR ES IN EMP_CUR LOOP
        DBMS_OUTPUT.PUT_LINE(ES.ENAME||''||ES.JOB||''||ES.SAL);
    END LOOP;
END;
```

当使用游标 FOR 循环时，在每个循环交互的时候，PL/SQL 语言将数据提取到隐式声明的记录中，这个记录只能在循环内部定义和使用，不能在循环外面引用它的域。

2.1.3 游标变量

与游标类似，游标变量指向多行查询的结果集的当前行。但是，游标与游标变量是不同的，就像常量和变量之间的关系一样。游标是静态的，而游标变量是动态的，因为它不与特定的查询绑定在一起，可以为任何兼容的查询打开游标变量，从而有更高的灵活性。而且，可以将新的值赋予游标变量，将它作为参数传递给本地和存储过程。

创建游标变量有两个步骤：

（1）定义 REF CURSOR 类型，即引用游标类型。

（2）声明 REF CURSOR 类型的游标变量。

声明一个引用游标类型，语法格式如下：

```
TYPE TYPE_NAME IS REF CURSOR[RETURN RETURN_TYPE];
```

其中 type_name 是在游标变量中使用的类型；return_type 必须表示一个记录类型或数据库表中的一行。示例代码 2-9 定义了一个 REF CURSOR 游标类型。

示例代码 2-9

```
DECLARE
    TYPE DEPT_CUR IS REF CURSOR RETURN DEPT%ROWTYPE;
```

REF CURSOR 类型既可以是强类型，也可以弱类型。强 REF CURSOR 类型具有返回类型，如示例代码 2-9 所示。弱 REF CURSOR 类型没有返回类型，参见示例代码 2-10。

示例代码 2-10

```
DECLARE
   TYPE MYCUR IS REF CURSOR;/* 弱类型 */
```

一旦定义了 REF CURSOR 类型，就可以在 PL/SQL 块或存储过程中声明游标变量，参见示例代码 2-11。

示例代码 2-11

```
DELCARE
   TYPE DEPT_CUR IS REF CURSOR RETURN DEPT%ROWTYPE;
   CUR1 DEPT_CUR;/* 声明游标变量 */
```

在 RETURN 子句中可以定义用户自定义的记录类型。参见示例代码 2-12。

示例代码 2-12

```
DECLARE
     TYPE EMP_REC IS RECORD
(
ENAME EMP.ENAME%TYPE;
JOB  EMP.JOB%TYPE;
DEPTNO EMP.DEPTNO%TYPE;
);
TYPE EMP_CUR IS REF CURSOR RETURN EMP_REC;
CUR1 EMP_CUR;
BEGIN
 NULL;
END;
```

此外，还可以声明游标变量作为过程和函数的参数（过程和函数在下一章讲解）。

在使用游标变量时，要遵循如下步骤：OPEN → FETCH → CLOSE。首先，使用 OPEN 打开游标变量，然后使用 FETCH 从结果集中提取行；当所有的行都处理完毕时，使用 CLOSE 关闭游标变量。

OPEN 语句与多行查询的游标相关联，它可以执行查询，并标志结果集。在使用过程中，OPEN 语句可以为不同的查询打开相同的游标变量。在重新打开之前，不必关闭该游标变量。打开游标变量的语法格式如下：

```
OPEN CURSOR_VARIABLE FOR
SELECT_STATEMENT
```

示例代码 2-13 是使用 OPEN 语句为多个不同查询打开相同游标变量的示例。

示例代码 2-13

```
DECLARE
    TYPE DEPT_CUR IS REF CURSOR RETURN DEPT%ROWTYPE;
    CUR1 DEPT_CUR;
    DEPT1 DEPT%ROWTYPE;
BEGIN
    OPEN CUR1 FOR SELECT * FROM DEPT WHERE DEPTNO=10;
    FETCH CUR1 INTO DEPT1;
    DBMS_OUTPUT.PUT_LINE(DEPT1.DEPTNO||''||DEPT1.DNAME||''||DEPT1.LOC);
    OPEN CUR1 FOR SELECT * FROM DEPT WHERE DNAME='SALES';
    FETCH CUR1 INTO DEPT1;
    DBMS_OUTPUT_LINE(DEPT1.DEPTNO||''||DEPT1.DNAME||''||DEPT1.LOC);
    CLOSE CUR1;
END;
```

此外，游标变量同样也可以使用游标属性％FOUND、％ISOPEN、％ROWTYPE 等。

2.2 集合

PL/SQL 语言的集合类似于其他第三代语言中使用的数组，是管理多行数据必须的结构体。集合就是列表，可能有序，也可能无序。有序列表的索引是唯一性数字下标；而无序列表的索引是唯一性的标识符，这些标识符可以是数字、哈希值，也可以是字符串。

PL/SQL 语言提供了 3 种不同的集合类型：联合数组（以前也称为索引表）、嵌套表、可变数组。

2.2.1 联合数组

1. 声明联合数组

联合数组是具有 Oracle 的数据类型或用户自定义类型的一维体。联合数组类似于 C 语言中的数组。

声明联合数组的语法格式：

```
TYPE TABLE_TYPE
IS
TABLE OF TYPE INDEX BY BINARY_INTEGER;
```

其中，TABLE_TYPE 是所定义的新类型的类型名；TYPE 是要定义的联合数组的类型；

BINARY_INTEGER 是指定联合数组所使用的下标的类型，BINARY_INTEGER 是一种 PL/SQL 数据类型，不能用于数据库表的字段。

示例代码 2-14 定义一个联合数组。

示例代码 2-14

```
DECLARE
    TYPE EMP_NAME IS TABLE OF VARCHAR2(10); /* 声明类型 */
        INDEX BY BINARY_INTEGER;
    NAMES EMP_NAME; /* 声明变量 */
```

2. **使用联合数组**

在声明了类型和变量之后，就可以使用以下语句来引用联合数组中的元素

```
NAMES(INDEX)
```

其中，INDEX 是联合数组中元素的下标。INDEX 的数据类型为 BINARY_INTEGER。

示例代码 2-15 给数组中的元素赋值。

示例代码 2-15

```
DECLARE
    TYPE EMP_NAME
    IS
    TABLE OF VARCHAR2(10);/* 声明类型 */
        INDEX BY BINARY_INTEGER;
    NAMES EMP_NAME; /* 声明变量 */
BEGIN
    NAMES(1):= ' 张飞 ';
    NAMES(2):=' 关羽 ';
END;
/
```

注意：联合数组中的元素不是按特定顺序排列的，这和 C 语言数组不同，在 C 语言中，数组在内存中是按顺序存储的，元素的下标也是有序的。也就是说，示例代码 2-16 所示元素的赋值是合法的。

示例代码 2-16

```
DECLRE
    TYPE EMP_NAME
    IS
    TABLE OF VARCHAR2（10）;/* 声明类型 */
```

```
        INDEX BY BINARY_INTEGER;
    NAMES EMP_NAME; /* 声明变量 */
BEGIN
    NAMES(1):= ' 张飞 ';
    NAMES(2):=' 关羽 ';
END;
/
```

联合数组元素的个数只受到 BINARY_INTEGER 类型的限制，即 INDEX 的范围为 -214,483, 647~214,483,647，只要在此范围内给元素赋值都是合法的。

需要注意的是，在调用联合数组的元素之前，必须先给元素赋值。参见示例代码 2-17。

示例代码 2-17

```
DECLARE
    TYPE SCORETAB IS TABLE OF NUMBER INDEX BY BINARY_INTEGER;
    SCORES SCORETAB;
BEGIN
    FOR I IN 1..5 LOOP
      SCORES(I):=I*20;
    END LOOP;
    FOR I IN 1..5 LOOP
       DBMS_OUTPUT.PUT_LINE(SCORES(I));
    END LOOP;
END;
```

以上代码中，首先给每个元素赋值，然后将其输出，结果如图 2-1 所示。

图 2-1 输出结果

如果将第 2 个 for 循环的范围设置为 1~6 时，由于 SCORES(6) 元素没有赋值，因此系统会出现错误信息。

2.2.2 嵌套表

嵌套表的声明和联合数组的声明类似。其语法格式如下：

```
TYPE TABLE_NAME
IS
TABLE OF TABLE_TYPE[NOTNULL]
```

嵌套表和联合数组的唯一不同是没有 INDEX BY BINARY_INTEGER 子句。区别这两种类型的唯一方法是看是否含有 INDEX BY BINARY_INTEGER 子句。

1. 嵌套表的初始化

嵌套表的初始化与联合数组的初始化完全不同。联合数组在声明了类型之后，再声明一个变量类型，如果没有给该表赋值，那么该表就是一个空的联合数组，但是，在以后的语句中可以继续向联合数组中添加元素。而声明嵌套表类型和变量时，如果嵌套表中没有任何元素，那么它会自动初始化为 NULL，并且是只读的，如果还想向这个嵌套表中添加元素，系统就会提示出错。

示例代码 2-18 为嵌套表的初始化。

示例代码 2-18

```
DECLARE
    TYPE STUTAB IS TABLE OF VARCHAR2(20);
STU STUTAB:=NEW STUTAB(' 张三 ', 李四 ',' 王五 ');
 BEGIN
   FOR I IN 1..3 LOOP
     DBMS_OUTPUT.PUT_LINE(STU(I));
   END LOOP;
END;
```

以上是嵌套表的正确初始化过程，系统输出如图 2-2 所示。

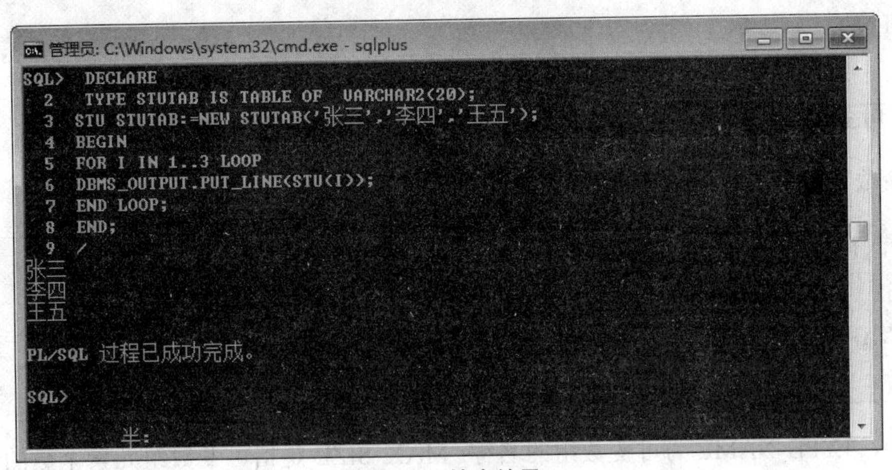

图 2-2　输出结果

当初始化嵌套表时没有元素，而后向其中添加元素时，系统会提示出错，参见示例代码 2-19。

示例代码 2-19

```
DECLARE
    TYPE STUTAB IS TABLE OF VARCHAR2(20);
    STU STUTAB;
BEGIN
    STU(1):=' 张三 ';
END;
```

2. 元素序列

嵌套表与联合数组十分相似，只是嵌套表在结构上是有序的，而联合数组是无序的。如果给一个嵌套表赋值，嵌套表元素的 INDEX 将会从 1 开始依次递增。

示例代码 2-20 为嵌套表结构的有序性。

示例代码 2-20

```
DECLARE
    TYPE NUMTAB IS TABLE OF NUMBER(5);
  NUM  NUMTAB:=NUMTAB(4,3,25,12,7);
BEGIN
 FOR I IN 1..5 LOOP
    DBMS_OUTPUT.PUT_LINE('NUM('||I||')='||NUM(I));
 END LOOP;
END;
```

2.2.3 可变数组

可变数组的语法格式如下：

```
TYPE TYPE_NAME
IS
VARRAY|VARYING ARRAY
        (MAX_SIZE)OF ELEMENT_TYPE[INOTNULL]
```

其中，TYPE_NAME 为可变数组的名称：MAX_SIZE 是指可变数组元素个数的最大值；ELEMENT_TYPE 是指数组元素的类型。

可变数组的可变是指当定义了数组的最大上限后，数组元素的个数可以在这个最大上限内变化，但是不能超过最大上限。当数组元素的个数超过了最大上限后，系统会提示出错。可变数组的存储和 C 语言的数组的存储是相同的。各个元素在内存中是连续存储的。

示例代码 2-21 是一个合法的可变数组的声明。

示例代码 2-21

```
DECLARE
    TYPE MONTHARR IS VARRAY(12) OF VARCHAR2(10);
```

与嵌套表一样，可变数组也需要初始化。初始化时需要注意的是，赋值的数量必须保证不大于可变数组的最大上限。示例代码 2-22 是可变数组初始化的实例。

示例代码 2-22

```
DECLARE
    TYPE montharr IS VARRAY(12) OF VARCHAR2(10);
    months montharr:=montharr('January','February','March');
BEGIN
    months.extend(2);
    month(4):='Apirl';
    month(5):='June';
    FOR i IN 1..5 LOOP
        dbms_output.put_line(months(i));
    END LOOP;
END;
```

2.2.4　集合的属性和方法

联合数组、嵌套表、和可变数组都是对象类型，它本身有属性或者方法。集合的属性或方法的调用与其他对象类型的调用一样：Object.Attrubite 或 Object.Method。

下面介绍几种集合类型常用的属性或方法。

1.COUNT 属性

COUNT 返回集合中元素的个数。参见示例代码 2-23。

示例代码 2-23

```
DECLARE
    TYPE NAMETAB IS TABLE OF VARCHAR2(20) INDEX BY BINARY_INTEGER;
    TYPE PWDTAB IS TABLE OF VARCHAR2(20);
    TYPE DAYARR IS VARRAY(7) OF VARCHAR2(10);
    NAME NAMETAB;
    PWD PWDTAB :=PWDTAB('1234','20002','ROUTE01','ZHANGSAN');
    DAY DAYARR:=DAYARR('MONDAY','TUESDAY','WEDNESDAY');
BEGIN
    NAME(1):=' 张三 ';
    NAME(-3):=' 李四 ';
```

```
    dbms_output.put_line(' 联合数组的元素个数是:'||name.count);
    dbms_output.put_line(' 嵌套表的元素个数是:'||pwd.count);
    dbms_output.put_line(' 可变数组的元素个数是:'||day.count);
END;
```

COUNT 属性在 PL/SQL 编程中是十分有用的属性，对于那些集合元素的个数未知，而又要对其进行操作的情况十分方便。

2.DELETE 方法

DELETE 方法用于删除集合中的一个或多个元素。需要注意的是，由于 DELETE 方法执行的删除操作的大小固定，所以对于可变数组来说没有 DELETE 方法。DELETE 方法有 3 种方式：

（1）DELETE：不带参数的 DELETE 方法，将整个集合删除。

（2）DELETE(x)：将集合中第 x 个位置的元素删除。

（3）DELETE(x，y)：将集合中从第 x 个元素到第 y 个元素之间的所有元素删除。

注意：执行 DELETE 方法后，集合的 COUNT 值将会立刻发生变化，但集合元素的下标值保持不变；而且当要删除的元素不存在时也不会报错，而是跳过该元素，继续执行下一步操作。

示例代码 2-24 是 DELETE 方法的使用。

示例代码 2-24

```
DECLARE
    TYPE PWDTAB IS TABLE OF VARCHAR2(20);
    PWD PWDTAB:=PWDTAB('1234','20002','ROUTE01','ZHANGSAN');
BEGIN
    DBMS_OUTPUT.PUT_LINE(' 原始个数为:'||PWD.COUNT);
    PWD.DELETE(3);
    DBMS_OUTPUT.PUT_LINE(' 删除一个元素后个数为:'||PWD.COUNT);
    PWD.DELETE(3,5);
    DBMS_OUTPUT.PUT_LINE(' 删除一些元素后个数为:'||PWD.COUNT);
END;
```

3.EXISTS 方法

EXISTS 方法用于判断集合中的元素是否存在。其语法格式如下：

```
EXISTS(x)
```

即判断位于 x 处的元素是否存在，如果存在返回 TRUE；如果 x 大于集合的最大范围，则返回 FALSE。

注意：使用 EXISTS 判断时，只要在指定位置处有元素存在即可，即使该处的元素为 NULL，EXISTS 方法也会返回 TRUE。

4.EXTEND 方法

EXTEND 方法用于将元素添加到集合的末端，具体形式有 3 种：

（1）EXTEND：不带任何参数的 EXTEND 将一个 NULL 元素添加到集合的末端。

（2）EXTEND(x)：将 x 个 NULL 元素添加到集合的末端。

（3）EXTEND(x,y)：将 x 个位于 y 的元素添加到集合的末端。

示例代码 2-25 是使用 EXTEND 方法。

示例代码 2-25

```
DECLARE
   TYPE PWDTAB IS TABLE OF VARCHAR2(20);
   PWD PWDTAB:=PWDTAB('234','2002','A01','ZHANG','ALL','YES');
   I INTEGER;
BEGIN
   I :=PWD.LAST;/**/
   DBMS_OUTPUT.PUT_LINE(PWD(I));
   PWD.EXTEND(2,4);
   I:=PWD.LAST;
   DBMS_OUTPUT.PUT_LINE(PWD(I));
   PWD.EXTEND(2);
   I:=PWD.LAST;
   PWD.EXTEND(2);
   I:=PWD.LAST;
   PWD.(I):='FOOT';
   DBMS_OUTPUT.PUT_LINE(PWD(I));
END;
```

5.FIRST 属性和 LAST 属性

FIRST 属性返回第 1 个元素的下标，LAST 属性返回最后一个元素的下标。

6.LIMIT 属性

LIMIT 属性返回集合中最大元素个数。由于嵌套表没有上限，所以当嵌套表使用 LIMIT 属性时，总是返回 NULL。LIMIT 属性主要用于可变数组，即可变数组类型声明时指定的最大上限。

示例代码 2-26 是使用 LIMIT 属性。

示例代码 2-26

```
DECLARE
   TYPE PWDTAB IS TABLE OF VARCHAR2(20);
   TYPE DAYARR IS VARRAY(7) OF VARCHAR2(10);
   PWD PWDTAB:=PWDTAB('1234','20002','ROUTE01','ZHANGSAN');
```

```
    DAY DAYARR:=DAYARR('MONDAY','TUESDAY','WEDNESDAY');
BEGIN
    DBMS_OUTPUT.PUT_LINE(' 嵌套表的最大上限为：'||PWD.LIMIT);
    DBMS_OUTPUT.PUT_LINE(' 可变数组的最大上限为：'||DAY.LIMIT);
END;
```

7.NEXT 和 PRIOR 属性

使用 NEXT 和 PRIOR 属性时，它的后面都会跟一个参数。其语法格式如下：

```
NEXT(x)
PRIOR(x)
```

其中 NEXT(x) 返回位置为 x 处的元素后面的那个元素的下标；PRIOR(x) 返回位置为 x 处的元素前面的那个元素的下标。

示例代码 2-27 所示是 NEXT 属性、PRIOR 属性与 FIRST 属性、LAST 属性一起使用，用作循环处理。

```
示例代码 2-27
DECLARE
    TYPE PWDTAB IS TABLE OF VARCHAR2(20);
    PWD PWDTAB:=PWDTAB('1234','20002','ROUTE01','ZHANGSAN');
    I INTEGER;
BEGIN
    I:=PWD.FIRST;
    WHILE I<=PWD.LAST LOOP
        DBMS_OUTPUT.PUT_LINE(PWD(I));
        I:=PWD.NEXT(I);
    END LOOP;
END;
```

8.TRIM 方法

TRIM 方法用于删除集合末端的元素，其具体形式如下：

（1）TRIM：不带参数的 TRIM 从集合中末端删除一个元素。

（2）TRIM(x)：从集合的末端删除 x 个元素，其中 x 必须小于集合的元素个数。

注意：与 EXTEND 一样，由于联合数组表示元素的随意性，因此 TRIM 方法只对嵌套表和可变数组有效。

2.3　OOP 的概念

对于一个应用来说，我们可以把它按技术简单的分为两层：数据库层和应用层，数据库层一般来说是面向关系模型，应用层是面向对象模型，很多时候我们需要写代码把关系数据转化为实体对象，这是一个繁重又需要开发者细心的一个工作。为了把开发者从中解脱出来，诞生了很多 ORM（对象关系映射）技术，如：Hibernate，一些 JDO 产品，EJBCMP 等。

到目前为止，这些技术并不能帮我们解决开发中的主要矛盾。ORM 工具只能映射简单的关系模型，处理普通的 DML(Insert,Update,Delete)，在大数据量处理的时候存在效率低下、内存消耗巨大等诸多问题。

对象数据库是 20 世纪 90 年代兴起的技术，许多数据库开始引入面向对象的思想，这其中以 Oracle 为代表。自 Oracle 9i 以来，Oracle 不再是单纯的关系数据库管理系统了，它在关系数据库模型的基础上，添加了一系列面向对象的特性，其主要目的是把用户类型直接映射到数据库的类型，从而方便编程。Oracle 的对象体系遵从面向对象思想的基本特征，许多概念同 C++，Java 中的类似，具有继承，重载，多态等特征，但又有自己的特点。本节主要介绍 Oracle 中面向对象的基本概念。

Oracle 面向对象的最基本元素是它的对象类型，也就是 TYPE。Oracle 中与面向对象技术相关的数据类型主要有：对象类型，可变数组，嵌套表，对象表，对象视图等。

使用对象数据类型的优点：

（1）更容易与 Java、C++ 编写的对象应用程序交互。

（2）获取便捷。一次对象类型请求就可以从多个关系表中获取信息，通过一次网络往复即可返回。

我们可以把对象数据类型理解为在 OOP 语言中的类。创建一个对象数据类型相当于创建一个类，以后我们可以实例化、继承等。

例如我们要创建一个名为 Address（地址）的类，如示例代码 2-28 所示。

示例代码 2-28

```
CREATE OR REPLACE TYPE ADDRESS AS OBJECT(
CITY VARCHAR2(30),/* 城市 */
STREET VARCHAR2(50),/* 街道 */
ZIPCODE VARCHAR2(10)/* 邮编 */
);
```

在 ADDRESS 类型中，我们定义了 3 个属性：CITY、STREET、ZIPCODE。对象数据类型中也可以定义成员函数（方法），如果要定义函数，我们需要在创建对象类型时先声明函数，然后通过 CREATE TYPE BODY 语句来给所声明的函数编写具体的实现。成员函数的部分我们在此不作详述。

创建了对象类型之后，我们可以通过构造函数（方法）来实例化该类型的对象。参见示例代码 2-29。

示例代码 2-29

```
DECLARE
   ADDR ADDRESS;/* 声明 ADDRESS 类型对象 */
BEGIN
   ADDR:=ADDRESS('上海','东方路','200122'); /* 通过构造函数实例化对象 */
   DBMS_OUTPUT.PUT_LINE(ADDR.STREET); /* 访问对象属性 */
END;
```

对象类型可以应用于表中，作为数据库表中的列，所以称为列对象。参见示例代码 2-30。

示例代码 2-30

```
CREATE TABLE PERSON(
NAME VARCHAR2(20),
AGE NUMBER,
ADDR ADDRESS/* 该列的类型为对象类型 */
)
```

向表中插入数据，参见示例代码 2-31。

示例代码 2-31

```
INSERT INTO PERSON VALUES('张三',25,ADDRESS('上海','东方路','200122'));
```

示例代码 2-32

```
SELECT NAME,ADDR FROM PERSON;
```

以上查询的结果，ADDR 字段获得了整个列对象。如果和应用程序交互，该对象可以直接和应用程序中的对象进行关联。

如果希望在查询语句中直接访问列对象的属性，我们可以使用如示例代码 2-33 的查询语句。

示例代码 2-33

```
SELECT P.NAME,P.ADDR.STREET ,P.ADDR.ZIPCODE FROM PERSON P;
```

本节我们对 Oracle 数据库中面向对象的概念作了简单的介绍。如果要深入学习数据库面向对象技术，我们可以在学习时与我们以前学习的 OOP 语言（例如：Java）联系起来，这样有利于我们更快地理解和掌握它。

2.4 小结

✓ 显式游标用于处理返回一到多行结果集的 SELECT 语句，显式游标首先要声明，在使用前要打开，使用完要关闭。

✓ 隐式游标即简单地编码 SELECT 语句，并让 PL/SQL 根据需要隐式地处理游标。当 select 语句预计只返回一行时使用隐式游标。

✓ 使用游标变量需要先声明引用游标类型，再定义该种类型的游标变量。与显式游标不同的是它不与特定的查询绑定在一起，而是可以动态地打开不同的查询。处理结果集的方式与显式游标基本相同。

✓ 集合包括：联合数组、嵌套表、可变数组，它们都是以数组的方式操纵数据，集合包含了一些属性和方法以方便数据的操作。可以使用集合在 PL/SQL 中完成一些复杂的操作。

✓ Oracle 数据库是一种对象关系型数据库，它在关系型数据库的基础上加入了面向对象的概念，其主要目的是把用户类型直接映射到数据库的类型，从而方便编程。

2.5 英语角

explicit 显式
implicit 隐式
cursor 游标
collection 集合
array 数组
nested 嵌套

2.6 作业

1. 编写一个 PL/SQL 程序块，接受用户输入的部门编号，查找该部门的所有雇员信息并输出。

2. 编写一个 PL/SQL 程序块，接受用户输入的雇员编号，查询该雇员的工资等级。

提示：

（1）查询 EMP 表：根据雇员编号查询工资。

（2）查询 SALGRADE 表：使用游标获取所有工资等级，将每个工资等级的 IOSAL 和 HISAL 与该雇员的工资进行比较，以确定该雇员的工资等级。

2.7 思考题

显式游标和游标变量的区别是什么？

2.8 学员回顾内容

游标的概念、分类和应用。

集合的概念、分类和应用。

第 3 章　存储过程和函数

学习目标

✧ 理解子程序的概念和作用。
✧ 掌握使用 PL/SQL 语言创建和调用存储过程和函数。
✧ 掌握在 Java 语言中调用存储过程和函数。
✧ 掌握事务在子程序中的应用。

课前准备

✧ 子程序：存储过程和函数。
✧ 过程和函数的创建。
✧ 参数模式。
✧ 在 PL/SQL 中调用过程和函数。
✧ 在应用程序中调用过程和函数。
✧ 事务处理语句：commit rollback。

本章简介

PL/SQL 块主要有两种类型，即命名块和匿名块。匿名块（以 DECLARE 或 BEGIN 开始）每次使用时都要进行编译，此外，该类块不在数据库中存储并且不能直接从其他的 PL/SQL 块中调用。命名块也叫做子程序或过程，存储过程和函数都属于这种块结构。

Oracle 中我们可以定义子程序，它存放在数据字典中，可以在不同用户和应用程序之间共享，并可实现程序的优化和重用。

使用子程序有如下一些优点：

（1）在服务器端运行，执行速度快。

（2）执行一次后代码就驻留在高速缓冲存储器，在以后的操作中，只需从高速缓冲存储器中调用已编译的代码执行，提高了系统性能。

（3）确保数据库的安全。用户直接访问一些表不需要授权，但用户执行访问这些表的过程或函数，需要授权来保证数据不被非法破坏。

（4）自动完成需要预先执行的任务。过程可以在系统启动时自动执行，而不必在系统启动后再手动操作，大大方便了用户的使用。

命名块主要有三类：

（1）存储过程：用来执行操作。

（2）函数：用来计算值。

（3）程序包：用来打包逻辑上相关的过程和函数。

在本章我们主要介绍这种命名的块结构，包括过程，函数以及过程（函数）与数据库事务的关系。

3.1 存储过程

用户存储过程只能定义在当前数据库中，可以使用 SQL 命令语句或 OEM（企业管理器）创建存储过程。默认情况下，用户创建的存储过程归登录数据库的用户所拥有，DBA（数据库管理员）可以把许可授权给其他用户。

3.1.1 创建过程

现假设有一个用户表 USERS，字段为 UID、UNAME 和 PWD。这是一个基本的用户表，我们首先创建该表，如示例代码 3-1 所示。

示例代码 3-1

```
CREATE TABLE USERS (
UID VARCHAR2(10),
UNAME VARCHAR2(10),
PWD VARCHAR2(10)
);
```

然后我们向该表中插入记录，如示例代码 3-2 所示。

示例代码 3-2

```
INSERT INTO USERS VALUES('0001','ZHANGSAN','ZHANG01');
```

如果我们要经常性对该表实施插入操作，必须每次传递 SQL 语句给 Oracle。由于每次执行 SQL 语句，Oracle 都要进行编译，判断语句的正确性，因此执行的速度可想而知。于是我们可以用存储过程来实现这样的操作。参见示例代码 3-3。

示例代码 3-3

```
CREATE OR REPLACE PROCEDURE ADDUSER (
P_ID USERS.UID%TYPE,
P_NAME USERS.UNAME%TYPE,
P_PWD USERS.PWD%TYPE
)AS
```

```
BEGIN
    INSERT INTO USERS(UID, UNAME, PWD) VALUES(P_ID, P_NAME, P_PWD);
    COMMIT;
END ADDUSER;
```

以上示例中，我们定义了一个名为 addUser 的存储过程，CREATE PROCEDURE 是定义存储过程的关键字。OR REPLACE 是可选的，表示如果已存在名为 addUser 的存储过程则替换它。一对圆括号内定义了三个参数，分别表示所要插入数据的三个字段。BEGIN 和 END 之间即存储过程所执行的操作，本例是将传递过来的参数值插入数据库表中，并使用 commit 事务处理语句提交所做的更改。END 后可以指定当前存储过程名，也可以不指定。

3.1.2　调用过程

在创建了存储过程之后，输入存储过程的名字就可以执行该存储过程。如果该存储过程指定了参数，还需要传递这些参数。执行存储过程的语法格式如下：

```
EXECUTE PROCEDURE_NAME[(PARAMETER,…N)]
```

其中，EXECUTE 是执行存储过程的关键字，也可以使用缩写 EXEC。例如，我们要在 SQL*PLUS 中调用 addUser 存储过程往 Users 表中插入一条记录，执行示例代码 3-4。

示例代码 3- 4

```
SQL> EXEC ADDUSER('0001','ZHANGSAN','ZHANG01');
```

可以在 PL/SQL 块中调用存储过程，如示例代码 3-5 所示。

示例代码 3-5

```
DECLARE
    V_ID USERS.UID%TYPE :='0002';
    V_NAME USERS.UNAME%TYPE :='LISI';
    V_PWD USERS.PWD%TYPE :='LI02';
BEGIN
    ADDUSER(V_ID, V_NAME, V_PWD);
END;
```

在传递参数时，如果实参的顺序和形参顺序不一致，可以显式地指定实参赋予哪个形参，使用如下方法（示例代码 3-6）。

示例代码 3- 6

```
ADDUSER(P_NAME=>V_NAME, P_PWD=>V_PWD, P_ID=>V_ID);
```

PL/SQL 的过程和函数的运行方式非常类似于其他 3GL（第三代程序设计语言，如 VB，C，

Java）使用的函数（或过程），它们之间具有许多共同的特征属性。我们在学习的过程中可以像理解 Java 语言中的函数一样来理解 Oracle 中的过程和函数。

3.1.3 过程的语法

与我们创建其他数据库对象一样，存储过程也是用 CREATE 语句来创建的。我们来看一下具体的语法：

示例代码 3-7

```
CREATE [OR REPLACE] PROCEDURE [SCHEMA.]PROCEDURE_NAME
[(PARAMETER PARAMETER_MODE DATATYPE,...N)]
IS | AS
  [LOCAL_DECLARATION]
BEGIN
  SPL_STATEMENT
EXCEPTION
  EXCEPTION_HANDLER
END PROCEDURE_NAME;
```

其中：

CREATE PROCEDURE 创建过程，如果已存在此名称的过程，则报错。加上 OR REPLACE 可以自动替换已存在的过程。我们推荐使用不带 REPLACE 的 CREATE 语句，以免错误地修改了以前的重要的过程。

procedure name：要创建的过程名。

schema：指定过程所属的模式名（如 scott 模式）。

parameter：过程的参数名称（可以声明多个参数）。

parameter_mode：参数模式。有三种参数模式：IN OUT，IN，OUT。

datatype：参数的数据类型。

Local_declaration：声明过程内部使用的局部变量。

sql_statement：执行段。

exception handler：异常处理部分。

注意：

（1）在过程中没有使用 declare 关键字，取而代之的是 IS 或 AS。

（2）过程可以没有参数，例如示例代码 3-8 所示。

示例代码 3-8

```
CREATE PROCEDURE MYPROC  /* 该过程没有参数 */
IS
BEGIN
       /*PL/SQL 语句 */
```

```
END;
```

（3）在声明参数时，参数的数据类型不能指定长度，例如示例代码 3-9。

示例代码 3-9

```
CREATE PROCEDURE MYPROC(
    PARAM1 NUMBER(6),         /* 错误 */
    PARAM2 VARCHAR2(20),      /* 错误 */
    PARAM3 NUMBER,            /* 正确 */
    PARAM4 VARCHAR2           /* 正确 */
)
IS
BEGIN
    /*PL/SQL 语句 */
END;
```

3.1.4　过程的参数模式

存储过程的形参有三种模式：IN、OUT、IN OUT。

1. IN 参数

IN 参数为输入型参数。这是我们最常用的一种，当过程被调用时，实参的值将传入该过程。在过程内部，形参就类似一个常量，即该参数的值只能读取，不能修改。当执行过程结束时，控制将返回到调用环境，此时实参的值没有改变。

如果没有为形参指定参数模式，其默认模式为 IN。在存储过程 addUser 中的 3 个参数都使用了 IN 模式。

IN 模式的参数在传递时，实参可以是变量，也可以是常量，如示例代码 3-10。

示例代码 3-10

```
EXEC addUser('0001','zhangsan','zhang01');    /* 实参为常量 */

addUser(v_id, v_name, v_pwd);            /* 实参为变量 */
```

2.OUT 参数

OUT 参数为输出型参数。当过程被调用时，实参具有的任何值将被忽略不计。在过程内部，形参类似一个没有初始化的变量，其值为空（NULL）。该形参具有读写属性，在过程的执行期间，可以赋予该参数一个有意义的值。当过程结束时，控制返回到调用环境，实参将获得形参的一个 COPY。通过 OUT 参数，我们可以在过程调用后获得一个返回值。

OUT 模式的参数在传递时，实参只能是变量，不能是常量。

示例代码 3-11 是指定一个部门编号，计算该部门中，工资在 1500 元以上的员工人数。

示例代码 3-11

```
CREATE PROCEDURE COUNTSAL(
    P_DEPTNO IN EMP.DEPTNO%TYPE, /*IN 参数 */
    P_COUNT OUT NUMBER       /*OUT 参数 */
)
AS
BEGIN
    SELECT COUNT(*) INTO P_COUNT FROM EMP
    WHERE SAL >= 1500 AND DEPTNO = P_DEPTNO;
END COUNTSAL;
```

调用 COUNTSAL 存储过程，如示例代码 3-12。

示例代码 3-12

```
DECLARE
    V_DEPTNO EMP.DEPTNO%TYPE;
    V_COUNT NUMBER;
BEGIN
    V_DEPTNO :=& 部门编号 ;      /* 输入一个部门编号 */
    COUNTSAL(V_DEPTNO, V_COUNT);  /* 调用存储过程 */
    DBMS_OUTPUT.PUT_LINE(' 人数为 :' || V_COUNT);   /* 得到返回值并
输出 */
END;
```

3.IN OUT 参数

IN OUT 参数为输入输出型参数。这是一种最灵活的方式，该类型是 IN 和 OUT 的组合。当调用过程时，实参的值被传递到该过程中。在过程内部，形参相当于已初始化的变量（即获得实参的值），并具有读写属性。当过程结束时，控制返回到调用环境，形参的值将赋予实参。换句话说，就是 IN OUT 参数的实参既可以传值给过程，又可以从过程获得返回值。

IN OUT 模式的参数在传递时，实参只能是变量，不能是常量。

示例代码 3-13 给指定的雇员调整工资。如给编号为 7788 的雇员工资加到 2000 元，如果该雇员原来的工资已大于 2000 元则保持原水平不作调整，并把雇员的实际工资作为返回值返回给调用者。

示例代码 3-13

```
CREATE PROCEDURE ADJUSTSAL(
        P_EMPNO IN EMP.EMPNO%TYPE,
        P_SAL IN OUT EMP.SAL%TYPE   /*IN OUT 参数 */
)AS
```

```
        T_SAL EMP.SAL%TYPE;  /* 局部变量 */
BEGIN
    SELECT SAL INTO T_SAL FROM EMP WHERE EMPNO = P_EMPNO;
    IF T_SAL > P_SAL THEN
     P_SAL := T_SAL;   /* 赋予 IN OUT 参数一个新值 */
    ELSE
        UPDATE EMP SET SAL = P_SAL WHERE EMPNO = P_EMPNO;
    END IF;
END;
```

调用 ADJUSTSAL 存储过程如示例代码 3-14。

示例代码 3-14

```
DECLARE
    v_sal emp.sal%type := 2000;
BEGIN
    adjustSal(7788,v_sal);
    dbms_output.put_line(' 雇员当前的工资为:'|| v_sal);
END;
```

其中，如果 7788 号雇员原来的工资小于 2000，则调整至 2000 元，v_sal 变量的值不变，如果该雇员原来的工资大于 2000 元，则工资不作调整，并且 v_sal 的值改变，得到该雇员的实际工资。

3.1.5　过程中的异常处理

在过程中，可以像在普通语句块中一样处理异常。例如下面的存储过程根据一个雇员编号查找雇员名字，查找到的雇员名字用 OUT 参数返回。如果所要查找的雇员编号不存在将引发一个 NO_DATA_FOUND 异常，为了不让存储过程异常终止，在过程中进行异常处理。示例代码 3-15 所示。

示例代码 3-15

```
CREATE OR REPLACE PROCEDURE FINDEMP(
    P_EMPNO IN EMP.EMPNO%TYPE,
    P_ENAME OUT EMP.ENAME%TYPE
)AS
BEGIN
    SELECT ENAME INTO P_ENAME FROM EMP WHERE EMPNO = P_EMPNO;
EXCEPTION
    WHEN NO_DATE_FOUND THEN
```

```
        P_ENAME := NULL;
    END;
```

当所要查找的雇员不存在时，我们将 OUT 参数的值置为 NULL。这样，在调用该过程时，我们可以根据 OUT 参数的返回值来判断是否存在该雇员。调用过程如示例代码 3-16 所示。

示例代码 3-16

```
DECLARE
        V_ENAME EMP.ENAME%TYPE;
BEGIN
        FINDEMP(8888,V_ENAME);
        IF V_ENAME IS NULL THEN

            DBMS_OUTPUT.PUT_LINE(' 没有该雇员！ ');
        ELSE
            DBMS_OUTPUT.PUT_LINE(' 你要查找的雇员名为：'||V_ENAME);
        END IF;
END;
```

如果引发异常的过程中没有该错误的异常处理程序，根据异常的传播规则，控制将立刻转出该过程返回其调用环境。然而，在一些情况下，形参 OUT 和 IN OUT 值并没有返回到实参。这些实参仍将被设置为调用前的值。这点需要大家注意。作为一个编程习惯，我们要对所编的程序负责，即出现异常就要处理，或在其他相应的代码中处理。

3.1.6　过程的修改和删除

修改存储过程和修改视图一样，虽然也有 ALTER PROCEDURE 语句，但是它是用于重新编译或验证现有过程的。如果要修改过程定义，仍然使用 CREATE OR REPLACE PROCEDURE 命令，语法格式一样。

示例代码 3-17 将过程 countSal 过程进行修改，改为统计所有员工中工资大于 1500 元的人数。

示例代码 3- 17

```
CREATE OR REPLACE PROCEDURE COUNTSAL (
    P_COUNT OUT NUMBER,
)AS
BEGIN
    SELECT COUNT(*) INTO P_COUNT FROM EMP WHERE SAL > 1500;
END COUNTSAL;
```

与其他对象类似，当某个存储过程不再需要时，我们可以用 DROP 命令来删除它。删除过程的语法如下：

```
DROP PROCEDURE[SCHEMA. ]PROCEDURE_NAME
```

其中 PROCEDURE_NAME 是所要删除的过程名。SCHEMA 是该过程所属的模式名。

删除过程 COUNTSAL 如示例代码 3-18。

示例代码 3-18

```
DROP PROCEDURE COUNTSAL;
```

3.1.7　在应用程序中调用过程

存储过程具有几个优点，包括更好的性能、更高的生产能力、易于使用和增强的可伸缩性。它们经过一次编译，并以可执行文件形式存储，因此调用过程快速而且高效。这里，我们将介绍如何在我们的应用程序中调用存储过程。

例如：我们的程序经常要查询 EMP 表中，工资在某个指定金额以上的雇员人数。

首先我们创建存储过程，如示例代码 3-19。

示例代码 3-19

```
CREATE OR REPLACE PROCEDURE countBySal(
    p_sal emp.sal%type,
    p_count OUT number
)AS
BEGIN
    select count(*) into p_count from emp where sal >= p_sal;
END countBySal;
```

然后，我们以 Java 语言为例来调用该存储过程。

在下面的 EmpUtil 类中定义了一个业务方法 countBySal()，该方法查找工资在指定金额以上的雇员人数，在该方法中将调用以上我们所创建的存储过程，在 main() 方法中将测试所编写的业务方法，如示例代码 3-20。

示例代码 3-20

```
package emps;
import java.sql.CallableStatement; /* 调用存储过程所必需的语句接口 */
import java.sql.Connection;
import java.sql.DriverManager;
import java.sql.Types;
```

```
public class EmpUtil {
    public static int countBySal(double sal)throws Exception{
        Class.forName("oracle.jdbc.driver.OracleDriver");
        String url ="jdbc:oracle:thin:@192.168.1.13:1521:xunteng";
        Connection cn = DriverManager.getConnection(url,"scott","tiger");
        String sql = "{call countBySal(?,?)}"; /* 调用存储过程的语句 */
        CallableStatement cst = cn.prepareCall(sql);
        cst.setDouble(1, sal); /* 设置 IN 参数的值 */
        cst.registeraOutParameter(2,Type.INTEGER); /* 注册 OUT 参数类型 */
        cst.execute(); /* 执行存储过程 */
        int result = cst.getInt(2); /* 获取 OUT 参数的返回值 */
        cst.close();
        cn.close();
        return result;
    }
    public static void main(String[] args)throws Exception{
        int count = EmpUtil.countBySal(3000);
        System.out.println(" 工资在 3000 元以上的雇员人数为:"+count);
    }
}
```

运行结果如图 3-1 所示。

示例代码 3-21

```
工资在 3000 元以上的雇员人数为:3
```

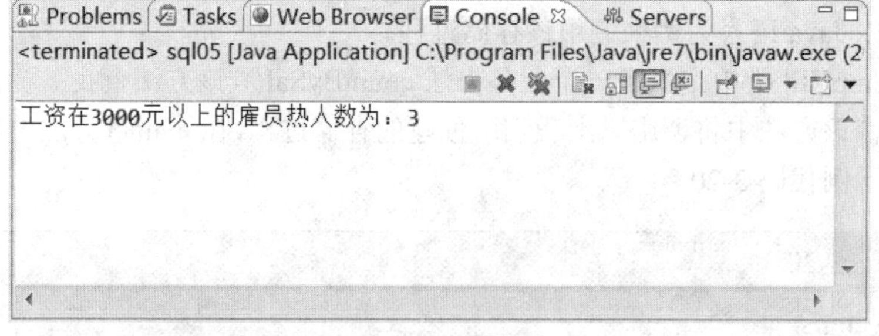

图 3-1 运行结果

3.2　事务处理

事务是用于确保数据库的一致性。如果用户正在对数据库进行写操作，那么借助事务的正确使用，用户可以保证要么该过程彻底成功，要么数据库被恢复到它在写操作开始之前所处于的那个状态。

这就是事务在数据库中的主要用途——它们把数据库从一个一致状态带到下一个一致态。当我们在数据库中提交工作，事务保证我们的修改要么全部得到保存，要么全部得不到保存。为了能做到这一点，事务必须满足四个原则（ACID）。

（1）原子性（atomicity）：一个事务中的所有语句被作为单个执行单元来对待。整个单元须完整地结束，或者该事务被认为已经失败且必须被回退。

（2）一致性（consistency）：一致性意味着数据库的状态在一个事务之前和之后都是有效的。例如客户购买一件商品，数据库应显示商店收到来自客户的付款，并且库存减少一件商品。如果该事务被提交，但那两个修改的某一个没有发生，那么数据库将不是处于一个有效状态，要么库存将是错误的，要么商店的收支状况将是错误的。

（3）隔离性（isolation）：即不同的事务之间不能相互干扰。这种要求有时也被称为事务的串行性。例如我们有一张商品表（表 3-1）：

表 3-1　商品表

商品编号	库存数量
1001	10
1002	20
1003	15
1004	5

现在假设一个事务正对该表进行操作，它正在统计库存商品数量的总计，并把统计结果插入另一张表中。但它在读到第 2 行 1002 商品时，第二个事务开始登记进货，将商品 1004 的数量加 5。当我们的第一个事务到达商品 1004 时，应该读取 5 还是 10 呢？我们的第一感觉可能是第一个事务应该识别出该修改，并累加 10，但是如果第二个事务的 UPDATE 语句已经执行但没有提交，情况会怎样呢？在这种情况下，如果第一个事务读取了 10，但第二个事务后来被回退，造成的结果是第一个事务所读取的值实际上是数据库中从未存在过的值。这种情况显然是不受欢迎的。在理想情况下，一个事务不应该对其他任何事务产生影响。

（4）持久性（durability）：一旦事务得到提交，对数据库的修改就立即变成永久性的。即使在该事务提交后的那一时刻有一个彻底的系统故障，但在系统重新启动后，数据库仍显示该事务的执行结果。

3.2.1 事务控制语句

事务控制语句主要有两条：

（1）COMMIT（提交）：让当前事务中的所有修改在数据库中成为永久性的。

（2）ROLLBACK（回退）：把数据库恢复到上一个成功提交后所存在的那一状态，通常是在当前事务开始前面所存在的那个状态。

实际上还有第三条事务控制语句，这就是 SAVEPOINT（保存点）。一个保存点标记事务中的一个地方，一旦我们创建了一个保存点，就可以回退到那个标记的地方，而不是回退整个事务。SavePoint 的用法如下所示：

```
……
语句 1;
语句 2;
SAVEPOINT P;
语句 3;
……
ROLLBACK TO P;
```

当执行语句：ROLLBACK TO P; 时，事务被回退到保存点 p 的位置。即语句 1 和语句 2 仍有效，语句 3 之后所作的更改都被回退。

3.2.2 事务与存储过程

存储过程或许是保证事务正确的最容易、最可理解的方法。如果遵守"一个存储过程调用就是一个事务"的编程规范，可以更轻松地控制事务和建立新事务。可以把存储过程编写成接收所有必要的输入来执行它们的任务，它们将会把数据库从一个一致状态带到另一个一致状态。

在存储过程中，我们也可以使用事务控制语句。请看一个把资金从储蓄账户转移到支票账户的 ATM 事务。

首先我们创建一张账户表 ACCOUNTS，如示例代码 3-22 所示。

示例代码 3-22

```
CREATE TABLE ACCOUNTS(
        ACCID NUMBER,  /* 账户编号 */
        TYPE VARCHAR2(10), /* 账户类型 */
        BALANCE NUMBER  /* 账户余额 */
);
```

往 ACCOUNTS 表中插入两条示例数据，如示例代码 3-23 所示。

示例代码 3-23

```
INSERT INTO ACCOUNTS VALUES(33,'SAVINGS',3000);
```

```
INSERT INTO ACCOUNTS VALUES(33,'CHECKING',1500);
```

创建存储过程，该存储过程将指定的金额从指定编号的储蓄账户转入支票账户，如示例代码 3-24 所示。

示例代码 3-24

```
CREATE OR REPLACE PROCEDURE SAVINGSTOCHECKING (
        P_ACCID NUMBER,   /* 指定账户编号 */
        P_NUM NUMBER    /* 制定需要转账的金额 */
)AS
BEGIN
        UPDATE ACCOUNTS SET BALANCE = BALANCE – P_NUM
        WHERE ACID = P_ACCID AND TYPE ='SAVING'; /* 资金从储蓄账户转出 */
        UPDATE ACCOUNTS SET BALANCE = BALANCE + P_NUM
        WHERE ACID = P_ACCID AND TYPE = 'CHECKING'; /* 资金转入支票账户 */
        COMMIT;   /* 事务完成提交 */
EXCEPTION
        WHEN OTHERS THEN
        ROLLBACK; /* 出现任何异常则回退该事务 */
END;
```

示例代码 3-25

```
SQL>EXEC SAVINGSTOCHECKING(33,100);
```

3.2.3　JDBC 中的事务控制

在 JDBC 中不要求应用程序编程人员明确开始一个事务，程序员正在使用的 JDBC 驱动程序将自动为他们开始一个事务。如果启动了自动提交，驱动程序还将替程序员结束事务。当禁用了自动提交时，JDBC 驱动程序仍将开始该事务，程序员只需提供提交和回退的语句，即可结束该事务。

JDBC 中的事务控制由 Connection 对象来管理。表 3-2 概括了 Connection 接口与事务控制相关的方法如表 3-2 所示。

表 3-2　Connection 接口与事务控制相关方法

方法	描述
Void setAutoCommit(boolean)	设置事物提交模式。设置为 TRUE 为自动提交模式，也是默认提交模式。设置为 FALSE 则要求明确提交事物
Boolean getAutoCommit()	返回当前自动提交模式

续表

方法	描述
Void commit()	提交当前事务
Void rollback()	回退当前事务

假设我们有一段代码，它把多个行插入到一个事务内的两个表中。例如，在网上购物的下订单业务中，当客户填写完订单表格，按下提交按钮时，我们的程序应该把订单信息插入到订单表中，把所购买的每件商品的信息插入到订单明细表中。此时我们可以启动一个事务来完成所有这些操作。当执行完所有语句之后，使用 commit() 方法提交，如果在执行过程中出现异常情况，则使用 rollback() 回退所有操作。

下面我们来看一个比较简单的例子。某公司开设一个新的部门，同时指定该部门的经理。我们以 SCOTT 用户下的 EMP 表和 DEPT 表作为基表，在该示例中需要往 DEPT 表中插入一条记录，同时往 EMP 表中插入一条记录，这两条记录要么全部得到保存，要么全部得不到保存。

首先我们创建两个类，分别映射雇员表和部门表。为了简单起见，其中省略了无关紧要的字段。参见示例代码 3-26。

示例代码 3-26

```
package emps;
public class Dept{
    private int deptno;
    private String dname;
    public Dept(int de, String dn){
        deptno = de;
        dname = dn;
    }
    public int getDeptno(){
        return deptno;
    }
    public String getDname(){
        return dname;
    }
}
package emps;
public class Emp{
    private int empno;
    private String ename;
    private String job;
```

```
    private int deptno;
    public EMP(in tem, String en, String j, int d){
        empno = em;
        ename = en;
        job = j;
        deptno = d;

    }
    public int getEmpno(){
        return empno;
    }
    public String getEname(){
        return ename;
    }
    public String getJob(){
        return job;
    }
    public int getDeptno(){
        return deptno;
    }
}
```

接下来我们仍然使用前面示例中的 EmpUtil 类，在该类中加入一个业务方法，我们将其命名为 newD 即 tAndManaqer，在 main() 方法中测试该业务方法，如示例代码 3-27 所示。

示例代码 3-27

```
package emps;
import java.sql.CallableStatement;
import java.sql.PreparedStatement;
import java.sql.Connection;
import java.sql.DriverManager;
import java.sql.Types;

public class EmpUtil {
    public static void newDeptAndManager(Dept dept,Emp emp)throws Exception{
        Class.forName("oracle.jdbc.driver.OracleDriver");
        String url="jdbc:oracle:thin:@192.168.1.13:1521:xunteng";
        Connection cn=DriverManager.getConnection(url,"scott","tiger");
```

```
        try{
            cn.setAutoCommit(false);   /* 设置事务为手动提交模式 *、
            String sql="insert into dept(deptno,dname) values(?,?)";
            PreparedStatement pst=cn.prepareStatement(sql);
            pst.setInt(1,dept,getDeptno());
            pst.setString(2,dept,getDname());
             pst.executeUpdate();        /* 执行第一条插入语句 *、
            sql="insert into emp(empno,ename,job,deptno)values(?,?,?,?)";
            pst=cn.prepareStatement(sql);
            pst.setInt(1,EMP.getEmpno());
            pst.setString(2,EMP.getEname());
            pst.setString(3,EMP.getJob());
            pst.setInt(4,EMP.getDeptno()):
            pst.executeUpdate();   /* 执行第二条插入语句 */
            cn.commit(); /* 提交事务 */
            }
            catch(Exception e) {
              cn.rollback(); /* 出现任何异常则回退事务 */
              throw e;
            }
    }
    public static void main(String[] args)throws Exception{
            Dept dept=new Dept(50," 市场部 ");
            Emp emp =new Emp(8002," 王五 ","MANAGER",dept.getDeptno());
            EmpUtil.newDeptAndManager(dept,emp);
    }
}
```

3.3 函数

函数是用来计算值的一种子程序，函数与过程在结构上很相似，不同的是函数有一条 RETURN 语句，用来返回值。

Oracle 中提供了许多功能强大的内置函数，包括数学运算函数、字符串函数、统计函数、日期函数等（Oracle 内置函数在 Oracle 基础部分讲解）。这些函数为我们编程提供了方便。

例如，我们要在 EMP 表中查询 7788 号雇员的入职年份，我们可以使用 extract 函数，如示例代码 3-28 所示。

示例代码 3-28

```
SELECT EXTRACT(YEAR FROM HIREDATE) FROM EMP WHERE EMPNO=7788;
```

本节将讲解用户自定义函数。我们在学习函数时主要是与过程进行相应的比较学习。

3.3.1　创建函数

假设我们要查询一个用户"zhangsan"是否在 Users 表中存在，我们可以写如示例代码 3-29 的函数。

示例代码 3-29

```
CREATE OR REPLACE FUNCTION EXISTUSER(
            P_NAME USERS.UNAME%TYPE
}RETURN BOOLEAN
IS
  T_COUNT NUMBER;
BEGIN
      SELECT COUNT(UNAME) INTO T_COUNT FROM USERS
      WHERE UNAME=P_NAME;
      IF T_COUNT>0 THEN
        RETURN TRUE;   /* 如果存在返回 TRUE*/
      ELSE
        RETURN FALSE;  /* 如果不存在的返回 FALSE*/
      END IF;
END EXISTUSER;
```

以上示例中，我们定义了一个名为 existUser 的函数，CREATE FUNCTION 是定义函数的关键字。OR REPLACE 是可选的，圆括号内定义了一个参数，代表所要查询的用户名。RETURN Boolean 表示函数的返回值类型为 boolean 类型。BEGIN 和 END 之间即为函数体，在函数体中使用 return 语句来返回一个值。

3.3.2　函数的调用

在创建了函数之后，我们可以在程序语句中调用，如示例代码 3-30 所示。

示例代码 3-30

```
DECLARE
        EXISTED BOOLEAN;
BEGIN
        EXISTED:=EXISTUSER('ZHANGSAN'); /* 调用函数 */
        IF EXISTED THEN
```

```
        DBMS_OUTPUT.PUT_LINE(' 该用户存在 ');
    ELSE
        DBMS_OUTPUT.PUT_LINE(' 该用户不存在 ');
    END IF;
END;
```

通过上面的例子，我们可以得出如表 3-3 所示的函数和过程的区别。

表 3-3 函数和过程的区别

过程	函数
作为一个 PL/SQL 语句来执行	作为表达式的一部分来调用
可以没有 RETURN 语句	必须包含 RETURN 语句
可以通过参数返回一个值	必须通过 TETURN 语句返回一个值

3.3.3 函数的语法

与我们创建其他数据库对象一样，函数也是用 CREATE 语句来创建的。我们来看一下具体的语法：

```
CREATE [OR REPLACE] FUNCTION [SCHEMA.] FUNCTION_NAME /* 函数名称 */
[ (PARAMETER PARAMETER_MODE DATATYPE,…N)]          /* 参数定义部分 */
RETURN RETURN_TYPE                         /* 定义返回值类型 */
IS|AS
  [LOCAL_DECLARATION]                       /* 局部变量声明 */
BEGIN
  FUNCTION_BODY                          /* 函数体部分 */
  RETURN EXPRESSION                       /* 返回语句 */
EXCEPTION
  EXCEPTION_HANDLER                        /* 异常处理部分 */
END FUNCTION_NAME;
```

其中：

FUNCTION_NAME，用户定义的函数名。函数名必须符合标识符定义规则。

PARAMETER，用户定义的参数（可以定义多个参数）。

PARAMETER_MODE，参数模式，包括 IN、OUT、IN OUT。

DATATYPE，参数的数据类型。

RETURN TYPE，函数返回值的数据类型。

EXPRESSION，表达式的值。

FUNCTION_BODY，函数体由 PL/SQL 语句构成。

3.3.4　函数与过程的比较

1. 函数的参数

与过程类似，函数的参数也有三种模式（IN、OUT、IN OUT）。

因为使用函数的目的是传入 0 个或多个参数，返回一个单一的值。想让一个函数返回多个值是一种不良的编程习惯。通常情况下，函数的参数都使用 IN 模式。

对于子程序的参数总结如表 3-4。

表 3-4　子程序的参数

IN	OUT	IN OUT
默认的模式	必须指定	必须指定
给予程序传递值	返回值给调用者	传初始值给与程序，并返回修改后的值给调用者
形参扮演一个常量的作用	形参扮演变量的作用	形参扮演初始化了的变量的作用
形参不能被分配新值	形参必须被指定一个新值	形参可以被分配一个新值
实参可以是常量，初始化了的变量，文字量，表达式	实参必须为变量	实参必须为变量
实参通过引用传递（一个指向值的指针被传入）	实参通过值传递（返回值的一个COPY），除非我们加了 NOCOPY	实参通过值传递（返回值、传入值的一个 COPY），除非我们加了 NOCOPY

NOCOPY 选项用于过程（或函数）的参数声明中，例如：

```
CREATE PROCEDURE MYPROC (
    PARAM1 IN NUMBER,
    PARAM2 OUT NOCOPY VARCHAR2,
    PARAM3 IN OUT NOCOPY CHAR
)AS
……
```

如果参数指定了 NOCOPY 选项，则 PL/SQL 编译器将按引用传递参数，而不按值传递。使用 NOCOPY 的优点主要体现在效率上，当我们传递大型对象时其优越性特别显著。

对 IN 模式参数使用 NOCOPY 将会产生编译错误，因为 IN 参数本身就是按引用传递的，NOCOPY 不能更改其引用方式。

由于 NOCOPY 是一个编译选项而非指令，所以该选项不会经常使用。

2. return 语句

return 语句立即结束子程序的执行，并把控制权返回给调用者，执行将返回到紧跟在子程序调用之后。

在过程中使用 return 语句，该 return 语句不能返回一个值，当然也不能是一个表达式，这时 return 语句的作用就只是简单地结束过程，把控制权返回调用者。

在函数中，return 语句必须包含一个表达式，当一个 return 语句执行时，用这个表达式来求得返回值。

一个子程序中可以有很多 return 语句，执行任何的 return 语句都将立即结束子程序，但是如果在一个子程序中加上很多的 return 返回语句就是一种糟糕的程序设计。

3. 函数中的异常处理

函数中的异常处理与过程中的异常处理类似，我们不做过多描述。

4. 函数的修改与删除

与存储过程类似，函数的修改使用 CREATE OR REPLACE FUNCTION 语句。

函数的删除使用 DROP 命令，例如删除 EXISTUSER 函数，使用如下语句：

```
DROP FUNCTION EXISTUSER;
```

3.3.5 在应用程序中调用函数

在创建了函数之后，我们可以在应用程序中调用所创建的函数。

例如：我们的应用程序中经常要统计某部门的平均工资。

首先我们创建函数如示例代码 3-31 所示。

示例代码 3-31

```
CREATE FUNCTION AVERAGESAL (
    P_DEPTNO EMP.DEPTNO%TYPE
)RETURN NUMBER
AS
    T_AVG NUMBER(7,2);
BEGIN
    SELECT AVG(SAL) INTO T_AVG FROM EMP WHERE DEPTNO=P_DEPTNO;
    RETURN T_AVG;
END AVERAGESAL;
```

然后，我们以 Java 语言为例来调用该函数。

在 EmpUtil 类（在示例代码 3-20 中定义）中添加一个业务方法 averageSal()，该方法根据部门编号查询该部门雇员的平均工资，在该方法中将调用以上我们所创建的函数，在 main 方法中将测试所编写的业务方法如示例代码 3-32 所示。

示例代码 3-32

```
package emps;
import java.sql.CallableStatement;    /* 调用函数所必须的语句接口 */
import java.sql.Connection;
```

```
import java.sql.DriverManager;
import java.sql.Types;

public class EmpUtil {
...
public static double averageSal(int deptno) throws Exception{
    Class.forName("oracle.jdbc.driver.OracleDriver");
    String url="jdbc:oracle:thin:@192.168.1.13:1521:xunteng";
    Connection cn=DriverManager.getConnectio(url,"scott","tiger");
    String sql="{?=call averageSal(?)}";  /* 调用函数的语句 */
    CallableStatement cst=cn.prepareCall(sql);
    cst.setDouble(2,deptno);    /* 设置 IN 参数的值 */
    cst.registerOutParameter(1,Types.DOUBLE); /* 注册函数返回值的类型 */
    cst.execute();                    /* 执行函数 */
    double result =cst.getDouble(1);          /* 获取函数返回值 */
    cst.close();
    cn.close();
    return result;
}
public static void main(String[] args)throws Exception{
    double avg=EmpUtil.averageSal(10);
    System.out.println("10 号部门的平均工资为 :"+avg);
    }
}
```

程序运行结果如图 3-2。

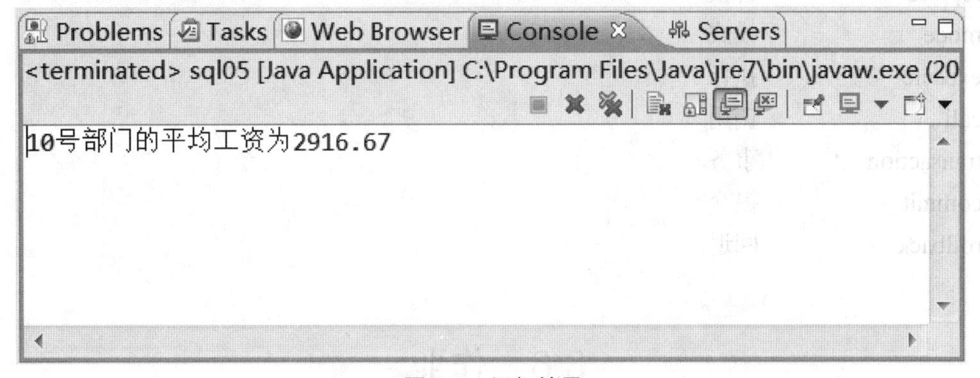

图 3-2　运行结果

3.4 小结

✓ Oracle 中可以定义子程序。子程序是命名的 PL/SQL 块,它存放在数据字典中,可以在不同用户和应用程序之间共享。子程序包括存储过程和函数。

✓ 子程序只编译一次,并以可执行文件形式存储,因此调用过程快速而且高效。如果不考虑数据库的移植性,可以使用子程序来实现应用程序的业务逻辑。

✓ 存储过程使用 CREATE PROCEDURE 语句创建,存储过程没有返回值,但可以通过 OUT 和 IN OUT 参数返回多个值。存储过程作为一条 PL/SQL 语句来调用。

✓ 函数使用 CREATE FUNCTION 语句创建,函数必须指定一个返回值,并在函数体中用 RETURN 语句来返回。在函数中使用 OUT 或 IN OUT 参数返回多个值是一种不良的编程习惯。函数是作为 PL/SQL 表达式的一部分来调用的。

✓ 在 Java 应用程序中使用 CALLABLESTATEMENT 语句接口来调用存储过程和函数。

✓ 事务是用于确保数据库的一致性。事务把数据库从一个一致状态带到下一个一致状态。

✓ 事务 ACID 原则:原子性、一致性、隔离性、持久性。

✓ 事务处理的主要语句:commit、rollback。

3.5 英语角

procedure	过程
function	函数
replace	替换
mode	模式
execute	执行
call	调用
transaction	事务
commit	提交
rollback	回退

3.6 作业

1. 编写一个过程以接受用户输入的三个部门编号并显示其中两个部门编号的部门名称。

2. 编写一个函数以检查所指定雇员的薪水是否有效范围内。不同职位的薪水范围为：

Clerk 1000~1500

Salesman 1500~2000

Analyst 2000~3500

Others 2500 以上

如果薪水在此范围内，则显示消息“Salary is OK”，否则，更新薪水为该范围内的最小值。

3.7　思考题

存储过程和函数的区别是什么？

3.8　学员回顾内容

存储过程和函数。

第 4 章　触发器

学习目标

✧ 了解触发器的概念和作用。
✧ 理解触发器的语法。
✧ 掌握 DML 触发器和 INSTEAD OF 触发器的创建和应用。
✧ 了解程序包的概念的作用。

课前准备

✧ 触发器的概念和分类。
✧ DML 触发器:行级、语句级。
✧ INSTEAD OF 触发器。
✧ 程序包的概念。

本章简介

触发器(trigger)是命名 PL/SQL 块的第四种类型。触发器在某些方面类似于子程序,但它们之间也有明显地区别。

本章将介绍如何创建不同类型的触发器以及讨论触发器的一些应用。另外还将介绍 Oracle 中程序包的概念。

4.1　触发器概述

触发器是一种过程,与表关系密切,用于保护表中的数据。当一个基表被修改(INSERT、UPDATE 或 DELETE)时,触发器自动执行。触发器可实现多个表之间数据的一致性和完整性。触发器和应用程序无关。

4.1.1　触发器语法

首先我们来看一个 HelloWorld 级的例子:当删除 EMP 表中的一条记录时,显示一条提示信息,如示例代码 4-1 所示。

示例代码 4- 1

```
CREATE TRIGGER EMPDELETE
AFTER DELETE ON EMP
FOR EACH ROW
BEGIN
    DBMS_OUTPUT.PUT_LINE(' 雇员 '||:OLD.ENAME || ' 被删除 ');
END;
```

在创建了上面的触发器之后，我们执行如下的 SQL 语句：

示例代码 4-2

```
SET SERVEROUTPUT ON;
DELETE FROM EMP WHERE EMPTNO=7788;
```

执行结果如下所示：

```
雇员 SCOTT 被删除
1 ROW DELETD
```

在 EMP 表上删除一条记录时，触发器 EMPDELETE 将被触发，触发器中的语句将被执行。

触发器在数据库中也是以独立对象的身份存储。创建触发器的语法与我们以前创建对象的语法类似，也是由 CREATE 语句实现，具体的语法如下：

```
CREATE [OR REPLACE] TRIGGER [SCHEMA.]TRIGGER_NAME /* 制定触发器名称 */
{BEFORE | AFTER | INSTEAD OF}                  /* 定义触发器种类 */
{DELETE [OR INSERT] [OR UPDATE[OF COLUMN,…N]]}
ON [SCHEMA.]TABLE_NAME | VIEW_NAME          /* 制定操作对象 */
[FOR EACH ROW[WHEN(CONDITION)]]
TRIGGER_BODY
```

其中：

CREATE TRIGGER，创建触发器的命令。

TRIGGER_NAME，将要创建的触发器名称，前缀 SCHEMA 指定该触发器所属用户。

BEFORE，触发器在指定操作之前触发执行。

AFTER，触发器在指定操作之后触发执行。

INSTEAD OF，指定创建替代触发器。

DLELTE、INSERT、UPDATE，指定触发事件，多个触发事件之间用 OR 连接。

OF COLUMN，指定在哪些列，上进行 UPDATE 触发。

ON[SCHEMA.]TABLE_NAME，在指定用户的名为 TABLE_NAME 的表上创建触发器。

FOREACHROW，指定操作每影响一行触发一次，即行级触发。

WHEN(CONDITION)，指定额外的触发条件。

TRIGGER_BODY，触发器体，包含所要执行的 PL/SQL 语句。

4.1.2 触发器的类型

一般情况下，对表数据的操作有插入、修改、删除，相应地，维护数据的触发器也可分为 INSERT、UPDATE 和 DELETE. 每张表最多可建立 12 个触发器，它们是：

（1）BEFORE INSERT

（2）BEFORE INSERTFOR EACH ROW

（3）AFTER INSERT

（4）AFTER INSERTFOR EACH ROW

（5）BEFORE UPDATE

（6）BEFORE UPDATEFOR EACH ROW

（7）AFTER UPDATE

（8）AFTERUPDATE FOR EACH ROW

（9）BEFORE DELETE

（10）BEFORE DELETE FOR EACH ROW

（11）AFTER DELETE

（12）AFTER DELETE FOR EACH ROW

触发器的类型有 3 种：

（1）DML 触发器：Oracle 可以在 DML（数据操纵语句）语句操作前或操作后进行触发。并且可以在每个行或该语句操作上进行触发。

（2）替代触发器：由于在 Oracle 中不能直接对由两个以上的表建立的视图进行操作，所以给出了替代触发器。它是 Oracle 专门为进行视图操作的一种处理方法。

（3）系统触发器：在 Oracle 中提供了第 3 种类型的触发器，称为系统触发器，它可以在 Oracle 数据库系统的时间中进行触发，如数据库的关闭或打开。

这 3 种触发器与之前我们学习的子程序类似，也由 3 个部分组成：声明部分、执行部分和异常处理部分。与子程序不同的是，触发器是在事件发生时隐式（自动）触发并执行，而子程序是由使用者显式地调用执行。

4.2 创建触发器

4.2.1 DML 触发器

DML 触发器可以由 DML 语句激发，并且由该语句的类型决定 DML 触发器的类型。可以定义 DML 触发器进行 INSERT、UPDATE、DELETE 操作。这类触发器可以在上述操作之前或之后激发，除此之外，它们也可以在行或语句操作上激发。

在创建触发器之前，我们首先创建三张表。

STUDENT 表用于存储学生信息，如示例代码 4-3 所示。

示例代码 4-3

```
CREATE TABLE STUDENT
(
ID NUMBER(4) PRIMARY KEY, /* 学号 */
NAME VACHAR2(20),        /* 姓名 */
MAJOR VARCHAR2(30),      /* 所属专业名称 *
CREDIT NUMBER            /* 获得的学分 */
);
```

MAJOR_STAT 表用与统计不同专业的信息，包括各专业的学生数量，各专业获得的总学分，如示例代码 4-4 所示。

示例代码 4-4

```
CREATE TABLE MAJOR_STAT
(
MAJOR VARCHAR2(30), /* 专业名称 */
TOT_STU NUMBER,     /* 专业学生人数 */
TOT_CREDIT NUMBER   /* 专业总分数 */
)
```

QUIT_STU 表用于记录退学学生的信息，即当从 STUDENT 表删除一条记录时，将该记录插入到 QUIT_STU 表中。该表和 STUDENT 表具有相同的结构，所以我们使用示例代码 4-5 建表。

示例代码 4-5

```
CREATE TABLE QUIT_STU AS SELECT * FROM STUDENT WHERE 1=2;
```

以上的建表语句将创建与原表 STUDENT 结构完全相同的目标表 QUIT_STU。其中的 WHERE 子句表示，将原表中满足条件的记录复制到目标表中。由于条件 1=2 不可能满足，所以该语句只复制表结构，而不会复制任何记录。

接下来，我们来看一个在语句操作上激发触发器的例子。

假设，我们要实现自动更新专业统计信息的功能。即：如果学生表 STUDENT 的数据发生变动，则自动更新 MAJOR_STU 表中的统计信息。

我们可以创建 DML 触发器来实现该功能。由于 INSERT、UPDATE、DELETE 语句都会使 student 表的数据发生变动，所以我们的触发器可以同时基于这三事件来创建，而不用创建三个触发器。创建触发器如示例代码 4-6 所示。

示例代码 4-6

```
CREATE OR REPLACE TRIGGER UPDATEMAJORSTAT
AFTER INSERT OR DELETE OR UPDATE ON STUDENT
DECLARE
   CURSOR CUR IS  /* 按专业分组总计学生和总积分 */
       SELECT MAJOR, COUNT(*) TS ,SUM(CREDIT) TC FROM STUDENT
       GROUP BY MAJOR;
BEGIN
   DELETE FROM MAJOR_STAT:   /* 先删除 MAJOR_STAT 表中的所有记录 */
   FOR REC IN CUR LOOP      /* 将分组总计的新结果通过循环插入表中 */
     INSERT INTO MAJOR_STAT VALUES(REC.MAJOR,REC.TS,REC.TC);
   END LOOP;
END;
```

在创建了以上触发器之后，我们可以执行示例代码 4-7 的 DML 语句测试触发器。

示例代码 4-7

```
INSERT INTO STUDENT VALUES(1001,' 张三 ',' 文学 ',8);
INSERT INTO STUDENT VALUES(1002,' 李四 ',' 法律 ',5);
INSERT INTO STUDENT VALUES(1001,' 王五 ',' 法律 ',7);
UPDATE STUDENT SET CREDIT =CREDIT +5 WHERE MAJOR=' 法律 ';
DELETE FROM STUDENT WHERE ID = 1002;
```

每执行一条 DML 语句都会触发 UPDATEMAJORSTAT 触发器，我们可以通过察看 MAJOR_STAT 表发现其中统计信息发生的变化。

在执行 INSERT、UPDATE 或 DELETE 语句时，不论该条语句影响了多少行，UPDATEMAIORSTAT 触发器都只被触发一次，所以这样的触发器可以称为语句级触发器。

有时我们希望在操作表中的每一行时都激发触发器进行处理，此时我们可以指定“FOR EACHROW”子句。例如，一条 UPDATE 语句更新了表中 5 条记录，使用“FOREACHROW”的触发器将被触发 5 次，而没有使用“FOREACHROW”的触发器只执行一次。

“FOREACH ROW”子句决定触发器是一个行级触发器还是一个语句级触发器。下面我们来看一个行级触发器的例子：当删除学生表 STUDENT 中的一条记录时，将该条记录插入到退学学生表 QUIT_STU 中。创建触发器的语句如下：

```
    CREATE OR REPLACE TRIGGER STUDELETE
    BEFORE DELETE ON STUDENT
    FOR EACH ROW
    BEGIN
INSERT INTO QUIT_STU VALUES(: OLD.ID,:OLD.NAME, :OLD.MAJOR,:OLD.CREDIT);
END;
```

在行级触发器中可以使用两个伪记录，分别是“:OLD”和“:NEW”，通过这两条伪记录可以访问正在被处理的行。其中“:OLD”代表操作完成前的旧记录，“:NEW”代表操作完成后的新记录。

在上面所创建的触发器中使用了“:OLD”，当删除一条记录时，被删除的记录临时存放在“;OLD”伪记录中，我们可以通过它访问被删除记录的列，如“:OLD.ID”。

在创建了以上触发器之后，再执行 DELETE 语句，被删除的记录将被自动添加到 QUIT_STU 表中。

对于“:OLD”和“:NEW”，在执行不同的 DML 语句时，它们的状态是不同的 . 例如在执行 DELETE 语句时，可以访问“:OLD”但不能访问“:NEW”，因为 DELETE 语句没有产生新记录。下面通过表 4-1 来比较在执行三种 DML 语句时“:OLD”和“:NEW”的存在情况。

表 4-1　执行 DML 语时的情况

触发语句	:old	:new
INSERT	NULL	要插入的记录
UPDATE	更新前的记录	要更新的记录
DELETE	要删除的记录	NULL

我们再来看一个例子。以 SCOTT 用户下的 EMP 表为例，假设公司要调整雇员的工资，并且要求雇员的工资只能增加不能降低，如果调整后的工资低于原来的工资，则不作调整。该功能我们也可以使用触发器来解决。我们创建触发器如下：

```
CREATE OR REPLACE TRIGGER UPDATE_SAL
BEFORE UPDATE OF SAL   -- 指定当 UPDATE 语句修改 SAL 列时触发 --
ON EMP
FOR EACH ROW
WHEN (NEW.SAL<OLD.SAL)   -- 当新的工资小于原有工资时才触发 --
BEGIN
   :NEW.SAL: = :OLD.SAL;   -- 新的工资赋予原来的值，即工资不变 --
END;
```

在上面的触发器中使用了 WHEN 子句，该子句用于指定触发器触发的条件，当 WHEN 子句中的条件为 TRUE 时，该触发器才被触发。

4.2.2　触发器中使用谓词

触发器中的谓词可以用来判断用户所执行的是什么类型的 DML 语句。触发器的谓词包括：

INSERTING
UPDATING
DELETING

当用户执行的是 INSERT 语句时，INSERTING 的值为 TRUE；

当用户执行的是 UPDATE 语句时，UPDATING 的值为 TRUE；

当用户执行的是 DELETE 语句时，DELETING 的值为 TRUE。

根据这些谓词的值，我们可以进行相应的操作。例如，我们要记录所有用户对 EMP 表进行操作的动作，包括操作的用户，操作的语句类型，操作的日期等。

我们创建记录用户操作的表如示例代码 4-8 所示。

示例代码 4-8

```
CREATE TABLE EMP_LOG(
  MANAGE_USER VARCHAR2(20),  /* 操作用户 */
  STAEMENT_TYPE CHAR (1),    /* 语句类型 */
  MANAGE_DATE DATE       /* 操作日期 */
);
```

创建触发器如示例代码 4-9 所示。

示例代码 4-9

```
CREATE OR REPLACE TRIGGER MANAGE_EMP
BEFORE UPDATE OR DELETE OR INSERT ON EMP
DECLARE
    STMTTYPE CHAR(1); /* 用于设置语句类型的变量 */
BEGIN
    IF INSERTING THEN
        STMTTYPE :='I'; /* 如果操作语句为 INSERT，设置语句类型为 "I"*/
    ELSIF UPDATING THEN
        STMTTYPE :='U';
    ELSIF DELETING THEN
        STMTTYPE :='D';
END IF ;
 INSERT INTO EMP_LOG VALUES(USER,STMTTYPE,SYSDATE);
 END;
```

4.2.3　INSTEAD OF 触发器

INSTEAD OF 触发器用于对视图的 DML 触发。由于视图有可能由多个表进行关联（join）而产生，这样的视图不能通过 INSERT、UPDATE、DELETE 语句进行更新，但是我们可以创建 INSTEAD OF 触发器，来替代这些 DML 语句。我们来看一个例子。

首先在 SCOTT 账户下的 EMP 表和 DEPT 表上建立一个视图，如示例代码 4-10 所示。

当在此视图上执行插入操作时，能够把相应的记录插入到 DEPT 表和 EMP 表中。我们创

示例代码 4-10

```
 CREATE OR REPLACE VIEW EMP_DEPT
 AS
SELECT E.EMPNO,  E.ENAME, D.DEPTNO, D.DNAME
FROM EMP E , DEPT D  WHERE E.DEPTNO = D.DEPTNO;
```

建触发器如示例代码 4-11 所示。

示例代码 4-11

```
CREAT OR REPLACE TRIGGER INSERT_EMP_DEPT
INSTEADT OF INSERT ON EMP_DEPT
BEGIN
   INSERT INTO DEPT（DEPTNO ,DNAME）VALUES(:NEW.DEPTNON, :NEW.DNAME);
   INSERT INTO EMP(EMPNO,ENAME ,DEPTNO)
   VALUES(:NEW.EMPTNO,  :NEW.ENAME,  ; NEW.DEPTNO);
END;
```

在创建了以上触发器之后，我们就可以在 EMP_DEPT 视图上执行插入表操作了。如示例代码 4-12 所示。

示例代码 4-12

```
insert into emp_dept values(8010,'LINDA',60,'PERSONAL');
```

4.2.4　系统级触发器

系统触发器在发生如数据库启动或关闭等系统事件时触发，而不是在执行 DML 语句时激发。系统触发器也可以在 DDL 操作时，如表的创建中激发。例如，假设我们要记录对象创建的信息，我们可以通过创建一张日志表来实现上述记录功能。

首先，我们在 SCOTT 账户下创建一张表 DDL_LOG，用于记录所有在这个用户下创建的对象的信息如示例代码 4-13 所示。

示例代码 4-13

```
CREATE TABLE DDL_LOG(
USER_NAME   VARCHAR2(20),/* 用户名 */
OBJECT_TYPE  VARCHAR2(20), /* 对象类别 */
OBJECT_TYPE  VARCHAR2(20)，/* 对象名 */
OBJECT_TYPE  VARCHAR2(20)，/* 对象所有者 */
CREATE_DATE  DATE   /* 创建日期 */
);
```

一旦该表可以使用，我们就可以创建一个系统触发器来记录相关信息。如示例代码 4-14 所示。

示例代码 4-14

```
CREATE OR REPLACE TRIGGER LOG_CREATIONS
AFTER CREATE ON SCHEMA
BEGIN
   INSERT INTO DDL_LOG VALUES(USER,SYS.DICTIONARY_OBJ_TYPE,
   SYS.DICTIONARY_OBJ_NAME,SYS.DIRTIONARY_OBJ_OWNER,SYSDATE);
   END;
```

创建了以上触发器之后，在每次 CREATE 语句对当前模式进行操作之后，触发器 LOG_CREATIONS 就在 DDL_LOG 表中记录所创建的对象的有关信息。

4.2.5 触发器的设计原则

触发器的名称在一个 SCHEMA 中是唯一的，触发器的名称与 SCHEMA 中的别的对象（表、视图、子程序）名可以重名，也就是说触发器名可以与表名相同，但这我们不推荐．我们推荐以下命名：Trig_ 表名——触发器名。

设计触发器的几个原则：

（1）用触发器来保证，一个指定的操作执行，相关的操作也被执行。

（2）不要把触发器设计成在 Oracle 中早提供了的功能，比如：用触发器来阻止非法数据（破坏数据完整性的数据），因为我们可以通过引用完整性，实体完整性等完整性约束来实现。

（3）控制触发器的大小。如果触发器要 60 行以上的 PL/SQL 代码，我们最好把代码放在一个存储过程中，然后在触发器中调用。

（4）用触发器实现全局的，集中的操作，这些操作将由触发器语句实现，不管哪个用户，哪个应用程序发出了使触发器触发的语句。

（5）不要创建递归的触发器，比如，在表 EMP_TAB 上创建一个 AFTERUPDATE 语句的触发器，在触发器的内部发出一个 UPDATE 语句来修改 EMP_TAB，这样就会造成死循环，直到内存耗尽。

（6）小心使用在 DATABASE 上的触发器（系统级触发器），它们将每时每刻，对每个用户的操作和在 DATABSE 中发生的事件都要监视。

（7）触发器的大小必须小于 32KB。

（8）不要过多的使用触发器。

4.2.6 触发器的触发顺序

Oracle 对事件的触发有 16 种，它们按照以下一定次序执行：

（1）执行语句级 BEFORE 触发器；

（2）执行行级 BEFORE 触发器；

（3）执行 DML 语句；

（4）执行行级 AFTER 触发器；
（5）执行语句级 AFTER 触发器。

4.3　触发器的修改和删除

4.3.1　相关数据字典

当创建了一个触发器时，其源程序代码存储在数据库视图 USER_TRIGGERS 中。该视图包括了触发器体，WHEN 子句，触发表，和触发器类型。

我们将可以查看当前用户的 TRIGGER：

```
SELECT * FROM USER_TRIGGERS;
```

4.3.2　修改触发器

与过程和视图一样，Oracle 也提供了 ALTER TRIGGER 语句。同样，该语句只是用于重新编译或验证现有触发器或是设置触发器是否可用。例如，有的触发器只是在特定的时候用，用完后我们可以禁止它，下次再用时可以再启用。

如果我们要禁用名为 LOG_CREATIONS 的触发器，可以执行下面的语句：

```
ALTER TRIGGER LOG_CREATIONS DISABLE;
```

如果要重新启用 LOG_CREATIONS 触发器，执行语句如下：

```
ALTER TRIGGER LOG_CREATIONS ENABLE;
```

如果要修改触发器的内容，可以使用 CREATE OR REPLACE 语句来实现，在此不再赘述。

4.3.3　删除触发器

与其他对象类似，当某个触发器不再需要时，我们可以用 DROP 命令来删除它：

```
DROPTRIGGER[SCHEMA.]TRIGGER_NAME
```

例如：删除触发器 LOG_CREATIONS：

```
DROP TRIGGER LOG_CREATIONS;
```

4.4 程序包简介

PL/SQL 语言的另一个特性是包的概念。

包是由存储在一起的相关对象组成的 PL/SQL 结构。包有两个独立的部分，即说明部分和包体，这两部分独立地存储在数据字典中。除了允许相关的对象结为组之外，包与依赖性较强的存储子程序相比，其所受的限制较少。另外，包的使用效率比较高。从本质上讲，包就是一个命名的声明部分。任何可以出现在块声明中的语句都可以在包中使用，这些语句包括过程、函数、游标、类型以及变量。把上述内容放入包中的好处是我们可以从其他 PL/SQL 块中对其进行引用，因此包为 PL/SQL 提供了全程变量。

4.4.1 程序包定义和使用

包的创建由两个部分组成：说明和主体。可以把包的说明部分看作是操作的接口，而主体部分看作“黑盒”，我们可以在不改变说明（接口）的前提下调试、升级、重写包体部分。

示例代码 4-15 是声明了一个名为 EMPACTIONS 的包，其中打包了一个记录类型，一个游标，一个过程和一个函数。

示例代码 4-15

```
CREATE OR REPLACE PACKAGE EMPACTIONS IS/* 定义包名 */
/* 声明外部可用的类型，游标等 */
   TYPE EMPREC IS RECORD(
EMP_ID NUMBER(4),
E_NAME VARCHAR2(10),
SALARY NUMBER(7,2)
);
/* 声明外部可用的子程序 */
PROCEDURE ADDEMP(/* 存储过程，录取新雇员 */
P_EMPNO NUMBER,
P_ENAME VARCHAR2,
P_JOB VARCHAR2,
P_MGR NUMBER,
P_COMM NUMBER,
P_DEPTNO NUMBER,
);
FUNCTION HIGHESTSAL(N INT) RETURN EMPREC;/* 函数，按工资排名查找记录 */
END;
```

包体部分包括详细的实现和私有的声明，这些对应用程序来说是隐藏的。紧跟包体说明的是可选的初始部分，在这儿我们常初始化一些包内变量。然后是所声明的过程或函数的具体实现。

示例代码 4-16

```
CREATE OR REPLACE PACKGE BODY EMPACTIONS IS/* 定义包体 */
    /* 定义游标 */
    CURSOR SALARYCUR RETURN EMPREC IS
    SELECT EMPNO,ENAME,NVL(SAL,0) AS SAL FROM EMP ORDER BY SAL DESC;
/* 定义录取新雇员的存储过程 */
PROCEDURE ADDEMP(
P_EMPNO NUMBER,
P_ENAME VARCHAR2,
P_JOB VARCHAR2,
P_MGR NUMBER,
P_COMM NUMBER,
P_DEPTNO NUMBER,
)AS
BEGIN
     INSERT INTO EMP VALUES(P_EMNO,P_ENAME,P_JOB,
P_MGR,SYSDATE,P_SAL,P_COMM,P_DEPTNO);
END ADDEMP;
/* 定义按工资排名查找记录的函数 */
FUNCTION HIGHESTSAL(N INT) RETURN IS
      EMP_REC EMPREC;
BEGIN
      OPEN SALARYCUR;
      FOR I IN 1..N LOOP
            FETCH SALARYCUR INTO EMP_REC;
      END LOOP;
      CLOSE SALARYCUR;
      RETURN EMP_REC;
    END HIGHESTSAL;
END EMPACTIONS;
```

为了引用包说明中的内容（类型，过程，函数等），我们可以用点“.”操作符，例如我们要调用 EMPACTIONS 包中的 ADDEMP 存储过程：

```
EMPACTIONS.ADDEMP( 实参列表 );
```

下面的例子中，我们将调用 EMPACTIONS 包的 HIGHESTSAL() 函数查找工资排名第 3 位的雇员信息，如示例代码 4-17 所示。

示例代码 4-17

```
DECLARE
   EMP1 EMPACTIONS.EMPREC;
BEGIN
   EMP1:=EMPACTIONS.HIGHESTSAL(3);
   DBMS_OUT.PUT_LINE(' 工资的排名第三位的雇员信息：');
   DBMS_OUT.PUT_LINE(' 姓名：'||EMP1.E_NAME);
   DBMS_OUT.PUT_LINE(' 工资：'||EMP1.SALARY);
END;
```

4.4.2 系统常用程序包

Oracle 提供了若干具有特殊功能的内置包。这些具有特殊功能的包如下：

DBMS_ALERT：用于数据库报警，允许会话间通信。

DBMS_JOB：用于任务调度服务。

DBMS_LOB：用于大型对象的操作。

DBMS_PIPE：用于数据库管道，允许会话间通信。

DBMS_SQL：用于执行动态 SQL。

UTL_FILE：用于文本文件的输入与输出。

除了 UTL_FILE 既存储在服务器端，又存储在客户端，所有的 DBMS 包都存储在服务器中，此外，在某些客户环境，Oracle 还提供了一些额外的包。

4.5 小结

✓ 触发器是一种过程，与表关系密切，用于保护表中的数据。触发器可实现多个表之间数据的一致性和完整性。

✓ 触发器与子程序不同，它是在事件发生时隐式（自动）触发并执行，而子程序是由使用者显式地调用执行。

✓ 触发器的类型有 3 种：DML 触发器、INSTEAD OF 触发器、系统触发器。

✓ DML 触发器针对 INSERT、UPDATE、DELETE 操作，可以在这些操作之前或之后触发。DML 触发器又包括行级触发器和语句级触发器。DML 触发器是我们学习触发器的重点，请务必掌握。

✓ INSTEAD OF 触发器主要用于建立在多张基表上的视图。

✓ 程序包是用来包装一组相关的对象，包括过程、函数、类型、游标等。包有两个分离的部件:包的说明和包体。包说明和包体都存储在数据字典中。包的效率比较高,在调用包中的对象时需要加上包名前缀。

4.6　英语角

trigger	触发器
each row	每一行
instead of	替代
enable	允许
disable	禁止
package	包

4.7　作业

做 4 个触发器,触发器的类型分别为:语句级 BEFORE、语句级 AFTER、行级 BEFORE、行级 AFTER,观察它们的执行顺序。

4.8　思考题

1. 语句级触发器和行级触发器的区别是什么?
2. 在什么情况下可以使用伪记录 :NEW 或 :OLD?

4.9　学员回顾内容

触发器语法和分类。

DML 触发器。

第5章　数据库开发案例

学习目标

✧ 了解数据库开发的流程。
✧ 理解需求分析方法。
✧ 理解数据库逻辑结构的设计方法。
✧ 掌握在Oracle中创建表、序列、存储过程等数据库对象。

课前准备

✧ 需求分析。
✧ 数据库逻辑结构设计。
✧ 创建数据库。
✧ 创建存储过程。

5.1　案例说明

本章以一个销售管理系统为例，讲述基于Oracle应用的需求分析和设计方法，以及如何实现，包括：收集和分析需求，设计数据库。

销售管理系统是用于管理企业销售的系统，将客户的订单操作、出货操作、产品信息、客户资料的维护全部放在本系统中运行。动态地掌握销售订单的执行情况，随时汇总各类销售数据，便于企业了解销售相关信息。

销售管理系统提供了销售订单管理，一方面企业的客户可以通过该系统来下订单，进行销售订单的录入和维护；另一方面，系统管理员可以对系统的一些基础数据进行维护，在将客户所订购的货物发货的时候，对发货产品进行管理，可以由销售单直接生成销售出货单，简化库存人员的作业。

在本系统中有管理员和客户两种角色。管理员可以进行产品的客户的增、删、改操作，还可以对订单进行出库操作；用户则可以进行新增、修改、删除订货单，并对订货单增加产品。

系统将自行控制订货单和出货单的状态，当客户录入订货单的时候设置订货单为订货中状态，每个录入订货单中的产品为订货的状态；当出货的时候，系统将自动生成出货单，设置出货单状态为出货中，当订货单中所有产品全部出货以后，则设置订货单为出货完，这时不能再对订货单进行增、删、改的操作，订货单中原有订货产品列表状态都设置为已出货，出货单设置为出货完。

由系统自动完成对出货单的维护，客户和管理员不能操作，只能查看。

同时系统提供了多人角度和销售分析报表和数据查询，使管理人员可以随时掌握销售的最新情况。

5.2　需求分析

5.2.1　用例描述

详细分析功能需求，将系统中的各个功能用用例来描述。展开每个用例的细节和逻辑流程，每个用例描述应包含前置条件、主事件流、其他事件流、后置条件。根据角色来分别描述系统需求。

1. 客户角色的用例描述

（1）客户注册

前置条件：无。

事件流：用户输入用户名、密码、姓名、地址、电话，单击“保存”按钮。注册后，显示到登录界面。

其他事件流：如果没有输入用户名，则显示提示错误信息。

（2）新增订货单

前置条件：用户注册且已登录。

事件流：用户选择定单客户，输入经手人，单击“保存”按钮，保存到数据库中，然后跳转到订货单列表界面。

（3）查看订货单列表

前置条件：用户注册且已登录。

事件流：显示客户所下订货单的信息，包括经手人、客户名称、订货日期、状态。如果产品列表有未发货的产品，则状态显示为订货中；如果已全部发货，状态显示为已发货。单击“查看”链接，显示订货单产品列表和订货单信息。单击“删除”链接，则删除该订货单。

如果已经全部发货，则“删除”链接不显示。

（4）其他事件流：查看订货单

前置条件：用户注册且已登录。

事件流：显示客户所订的订货单的信息，包括经手人、客户、订货日期、订货金额。订货金额是由该订货单下所有的产品列表单价 x 数量的总计。在订货单上显示订货单货物列表，有“新增订货单”链接，可以删除订货单产品或修改订货单产品，如果订货单全部发货完毕，显示“所订货物已经全部发出！”，该订货单不能再增加订货产品。

（5）其他事件流：新增订货单产品

前置条件：用户注册且已登录。

事件流：选择订货产品，输入发货日期和订货量，单击“保存”按钮后，保存到数据库。

（6）其他事件流：修改订货单中的产品

前置条件：用户注册且已登录。

件流：修改所选订货产品的发货日期和订货量，单击“保存”按钮后，保存到数据库。

（7）其他事件流：删除订货单

前置条件：用户注册且已登录。

事件流：用户单击产品列表的“删除”按钮，通过订货单产品的ID，删除订货单产品。

2. 管理员角色的用例描述

（1）产品管理

前置条件：管理员已登录。

事件流：管理员新增某个产品。

（2）其他事件流：订货单发货

前置条件：管理员已登录。

事件流：从客户订的所有订货单的产品列表中，对已发货的产品单击“发货”链接，系统自动将订货单信息录入到发货单中，并且将该产品状态改为已发货。

5.2.2 数据分析

从上一节的分析中，我们可以得到用户、订货单、出货单、产品、订货单产品列表等实体，还有代表状态信息的简单的名词。

1. 用户

系统的使用者，有普通用户和系统管理员两种，需要用户名和密码等。普通用户是指访问系统并下订单的客户。用户包括如下一些数据：

（1）系统分配的唯一用户ID。

（2）登录名：用户登录系统时填写的用户名。

（3）密码：用户登录系统时填写的密码。

（4）用户姓名：用户的真实姓名。

（5）地址：用户的联系地址。

（6）电话：用户的联系电话。

（7）创建日期：新用户注册时记录的日期。

（8）修改日期：用户修改自己的信息时记录的日期。

（9）状态：表明该用户是否已启用。

（10）类型：表明该用户是普通用户还是系统管理员。

2. 产品

销售系统所销售的产品信息，主要包括如下一些数据：

（1）系统分配的唯一的产品ID。

（2）产品编码。

（3）产品名称。

（4）单价。

（5）规格：产品的规格描述。

（6）单位：产品的计量单位。

（7）状态：表明该产品是否已启用。

（8）厂商：产品的生产商。

（9）创建日期：产品添加到系统中时记录的日期。

（10）修改日期：修改产品信息时记录的日期。

3. 订货单

销售订货单是由客户填写的产品订单，包括多个产品，订货单抽象化模型包括以下数据：

（1）系统分配的唯一的订货单 ID。

（2）经手人：执行这次订单订货的业务员。也可以不存在，而是由客户直接下订单。

（3）客户 ID：订货的客户的 ID。

（4）状态：用于记录产品订单的状态，是否还在订货中，还是已经完全出库等。

（5）创建日期：客户下订单时的日期。

（6）修改日期：客户修改订单内容时的日期。

4. 订货单产品列表

订货单产品列表是由客户填写的订单的具体的产品列表，每个订单可以有多个产品。订货单产品列表包括以下一些数据：

（1）系统分配的唯一的产品项 ID。

（2）订货单 ID：该产品项所属的订货单的 ID。

（3）产品 ID：该产品项所属的产品的 ID。

（4）订货量：该产品项的客户订货数量。

（5）金额总计：该产品项的客户购买总金额。

（6）创建日期：客户订货时的日期。

（7）修改日期：客户修改该项订货信息的日期。

（8）发货日期：该项产品的发货日期。

（9）状态：表明该产品项是否已发货。

将订单和所订产品分开，是为了有些产品的单独控制，也可以对某订单整体进行发货，即该订单下所有货物都发货。

5. 出货单

每个订货单对应了一个出货单，当一个订货单开始出货时，自动生成一个出货单，订货单对应的产品条目，改变状态为出货状态，当某订货单所有货物都出货的时候，则该订货单完全出货，不能对该订货单再进行更新操作。出货单的数据主要来自订货单，主要包括：

（1）系统分配的唯一的出货单 ID。

（2）订货单 ID：所对应的订货单的 ID。

（3）经手人：该订货单的经手人。

（4）客户 ID：订货的客户的 ID。

（5）创建日期：出货单的创建日期。

（6）状态：表明该货单是否已全部出货。

6. 状态数据

用于描述系统中实体的状态，包括“已订货”“已发货”“启用”“停用”“发货中”“发货完”等状态信息。状态数据包括以下一些数据：

（1）系统分配的唯一的状态。

（2）状态值：表明状态的文字描述，如“已发货”。

（3）类型：状态所属的类型。

通过上面的分析，我们可以得到 6 个对象，并得知它们之间的关系。系统的各对象的关系如图 5-1 所示，其中各对象中的“状态”都引用“状态数据”中的“状态 ID”。

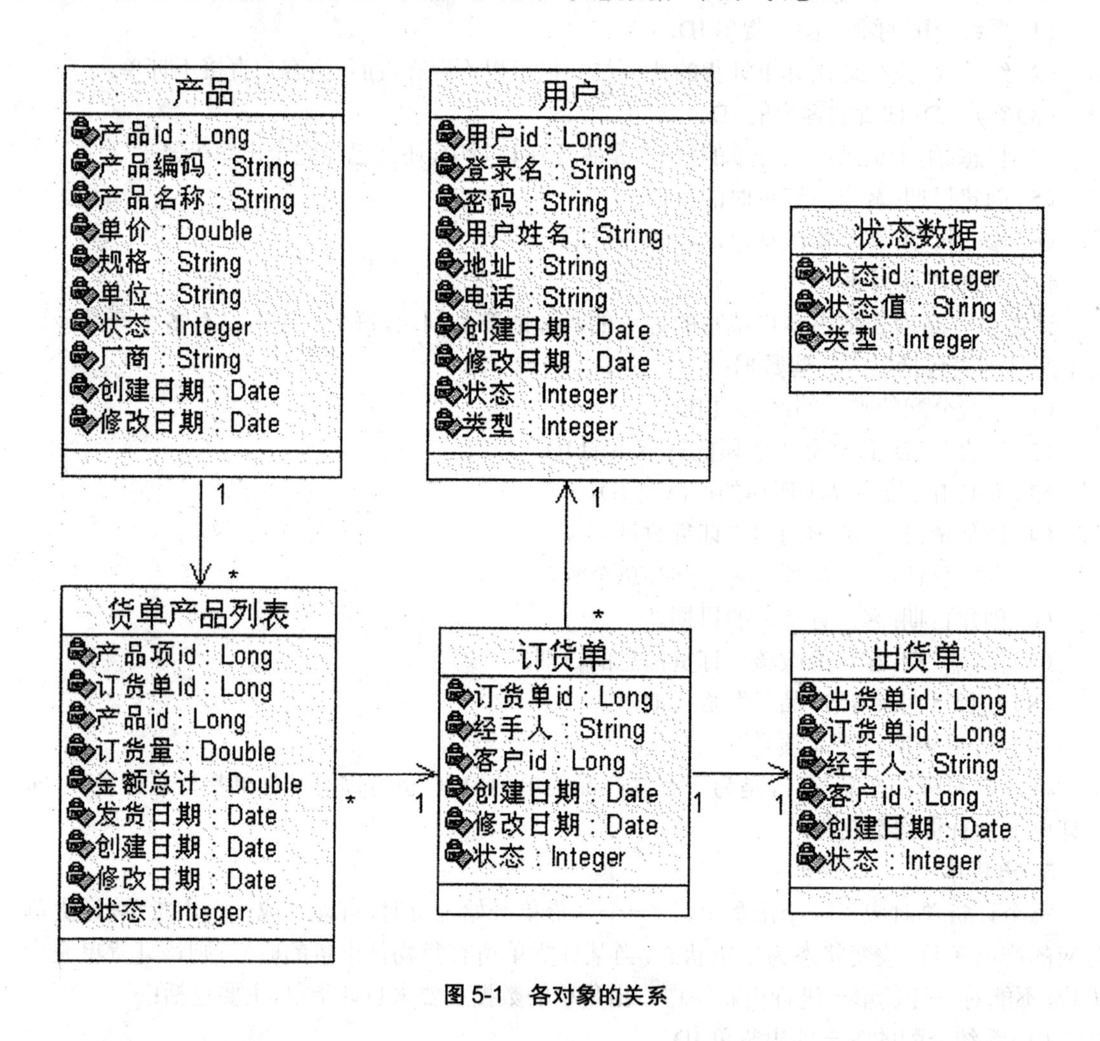

图 5-1　各对象的关系

5.3　设计数据库

根据以上的 E-R 图及分析，我们来进行数据库的设计。

5.3.1　创建数据库用户

以管理员身份登录 Oracle，执行如示例代码 5-1 的脚本来为系统创建数据库用户。

示例代码 5-1

```
CREATE USER SM IDENTIFIED BY SM
DEFAULT TABLESPACE USERS
TEMPORARY TABLESPACE TEMP
QUOTA 50M ON USERS;
```

在程序中，通过用户 SM 登录，就可以访问 SM 模式中所有的表以及其他数据库对象。然后授予 SM 相应的权限如示例代码 5-2 所示。

示例代码 5-2

```
GRANT CREATE SESSION,RESOURCE TO SM;
```

5.3.2　数据库逻辑结构设计和各表描述

因为该项目相对简单，我们只是简单地将对象和表一一对应。在复杂的系统中，需要更多的考虑哪种方式更适合自己的开发。

1. Users **表结构（用户）**

表 5-1　用户表

字段名称	数据类型	长度	约束	描述
ID	NUMBER	10	主键，自增	用户 ID
LOGINNAME	VARCHAR2	30	NOT NULL	登录名
PASSWORD	VARCHAR2	50		密码
NAME	VARCHAR2	100		用户真实姓名
ADDRESS	VARCHAR2	100		联系地址
PHONE	VARCHAR2	50		联系电话
CREATEDATE	DATE		NOT NULL	创建日期
MODIFYDATE	DATE			修改日期
STATUS	NUMBER	2	外键	状态编号
TYPE	NUMBER	2		用户类型

2.Product 表结构(产品)

表 5-2 产品表

字段名称	数据类型	长度	约束	描述
ID	NUMBER	10	主键,自增	产品 ID
CODE	VARCHAR2	30	NOT NULL	产品编码
NAME	VARCHAR2	30		产品名称
UNITPRICE	NUMBER	10		产品单价
SPEC	VARCHAR2	300		规格
UNITS	VARCHAR2	10		单位
STATE	NUMBER	2	外键,NOT NULL	状态编号
MANUFACTURER	VARCHAR2	20		生产商
CREATEDATE	DATE		NOT NULL	创建日期
MODIFYDATE	DATE			修改日期

3.DHD 表结构(订货单)

表 5-3 订货单表

字段名称	数据类型	长度	约束	描述
ID	NUMBER	10	主键,自增	订货单 ID
HANDLE	VARCHAR2	50	NOT NULL	经手人
CUSTOMERID	NUMBER	10	外键,NOT NULL	客户 ID
STATE	NUMBER	2	外键,NOT NULL	状态编号
CREATEDATE	DATE		NOT NULL	创建日期
MODIFYDATE	DATE			修改日期

4.CHD 表结构(出货单)

表 5-4 出货单表

字段名称	数据类型	长度	约束	描述
ID	NUMBER	10	主键,自增	出货单 ID
DHDLD	NUMBER	2	外键,NOT NULL	订货单 ID
HANDLE	VARCHAR2	50	NOT NULL	经手人
CUSTOMERID	NUMBER	10	NOT NULL	客户 ID
STATE	NUMBER	2	NOT NULL	状态编号
CREATEDATE	DATE		NOT NULL	创建日期

5.Item 表结构（订货单产品列表）

表 5-5　订货单产品列表

字段名称	数据类型	长度	约束	描述
ID	NUMBER	10	主键，自增	订货单产品项
DHDLD	NUMBER	10	外键，NOT NULL	订货单 ID
PRODUCTID	NUMBER	10	外键，NOT NULL	产品 ID
DHL	NUMBER	10，2		订货量
SENDDATE	DATE		NOT NULL	发货日期
CREATEDATE	DATE		NOT NULL	创建日期
MODIFYDATE	DATE			修改日期
STATE	NUMBER	2	NOT NULL	状态编号

6.StateInfo 表结构（状态数据）

表 5-6　状态数据表

字段名称	数据类型	长度	约束	描述
ID	NUMBER	4	主键	状态 ID
VALUE	VARCHAR2	30		状态值
TYPE	NUMBER	2		状态类型

5.3.3　创建表的脚本

基于以上的表结构，我们来创建数据库表的脚本，如示例代码 5-3 所示。

示例代码 5-3

```
-- 状态数据表
CREATE TABLE STATEINFO(
ID NUMBER(4) NOT NULL,
VALUE VARCHAR2(30),
TYPE NUMBER(2),
PRIMARY KEY(ID)
);
-- 插入一些状态数据
INSERT INTO STATEINFO VALUES(1,' 已订货 ',1);
INSERT INTO STATEINFO VALUES(2,' 已发货 ',1);
INSERT INTO STATEINFO VALUES(3,' 已收款 ',1);
```

```
INSERT INTO STATEINFO VALUES(4,' 启用 ',2);
INSERT INTO STATEINFO VALUES(5,' 停用 ',2);
INSERT INTO STATEINFO VALUES(6,' 发货中 ',1);
INSERT INTO STATEINFO VALUES(7,' 发货完 ',1);
INSERT INTO STATEINFO VALUES(8,' 订货中 ',1);
-- 用户表
CREATE TABLE USERS(
ID NUMBER(10) NOT NULL,
LOGINNAME VARCHAR2(30) NOT NULL,
PASSWORD VARCHAR2(50),
NAME VARCHAR2(100),
ADDRESS VARCHAR2(100),
PHONE VARCHAR2(50),
CREATEDATE DATE NOT NULL,
MODIFYDATE DATE,
STATUS NUMBER(2),
TYPE NUMBER(2),
PRIMARY KEY(ID),
FOREIGN KEY(STATUS)REFERENCES STATEINFO(ID)
);
-- 产品表
CREATE TABLE PRODUCT(
ID NUMBER(10) NOT NULL,
CODE VARCHAR2(30) NOT NULL,
NAME VARCHAR2(30),
UNITPRICE NUMBER(10),
SPEC VARCHAR2(300),
UNITS VARCHAR2(10),
STATE NUMBER(2),
MANUFACTURER VARCHAR2(20),
CREATEDATE DATE NOT NULL,
MODIFYDATE DATE,
PRIMARY KEY(ID),
FOREGIN KEY(STATE) REFERENCES STATEINFO(ID)
);
-- 订货单表
CREATE TABLE DHD(
ID NUMBER(10) NOT NULL,
```

```
HANDLE VARCHAR2(50) NOT NULL,
CUSTOMERID NUMBER(10) NOT NULL,
STATE NUMBER(2) NOT NULL,
CREATEDATE DATE NOT NULL,
MODIFYDATE DATE,
PRIMARY KEY(ID),
FOREIGN KEY(CUSTOMERID) REFERENCES USER(ID),
FOREIGN KEY(STATE)REFERENCE STATEINFO(ID)
);
-- 出货单表
CREATE TABLE CHD(
ID NUMBER(10) NOT NULL,
DHDID NUMBER(2) NOT NULL,
HANDLE VARCHAR2(50) NOT NULL,
CUSTOMERID NUMBER(10) NOT NULL,
CREATEDATE DATE NOT NULL,
STATE NUMBER(2) NOT NULL,
PRIMARY KEY(ID),
FOREIGN KEY(DHDID) REFERENCE DHD(ID),
FOREIGN KEY(CUSTOMERID) REFERENCE USERS(ID),
FOREIGN KEY(STATE) REFERENCE STATEINFO(ID)
);
-- 订货单产品列表
CREATE TABLE ITEM(
ID NUMBER(10) NOT NULL,
DHDID NUMBER(10) NOT NULL,
PRODUCTID NUMBER(10) NOT NULL,
DHL NUMBER(10,2),
SENDDATE DATE NOT NULL,
CREATEDATE DATE NOT NULL,
MODIFYDATE DATE,
STATE NUMBER(2) NOT NULL,
PRIMARY KEY(ID),
FOREIGN KEY(DHDID) REFERENCES DHD(ID),
FOREIGN KEY(PRODUCTID) REFERENCES USER(ID),
FOREIGN KEY(STATE) REFERENCES STATEINFO(ID)
);
```

5.3.4 创建序列

除了 STATEINFO 表，其他表的主键字段都是自动增长的，因此我们使用序列来控制这些表中主键的增长，每个表采用各自独立的序列。创建序列的脚本如代码 5-4 所示。

示例代码 5-4

```
-- 用户表序列
CREATE SEQUENCE USERS_SEQ;
-- 产品表序列
CREATE SEQUENCE PRODUCT_SEQ;
-- 订货单序列
CREATE SEQUENCE DHD_SEQ;
-- 出货单序列
CREATE SEQUENCE CHD_SEQ;
-- 订货单产品列序列
CREATE SEQUENCE ITEM_SEQ;
```

5.3.5 存储过程的实现

存储过程只编译一次，并以可执行文件形式存储，因此调用存储过程快速而且高效。如果不考虑数据库的移植性，可以使用存储过程来实现应用程序的业务逻辑。

在本项目中，我们使用存储过程来实现业务逻辑。为了简化这些存储过程的管理，我们使用程序包来组织这些存储过程。例如与 USERS 表相关的存储过程用一个用户包来组织，与 PRODUCT 表相关的存储过程用一个产品包来组织。

下面以用户表 USERS 为例，我们来看与 USERS 表相关的存储过程的实现。

这里，我们建立一个用户包，用户包要实现三个功能：

（1）保存用户信息（用户注册时调用）。

（2）验证用户登录名和密码有效性，并返回用户信息（用户登录时调用）。

（3）根据用户 ID 返回用户信息。

创建包头如示例代码 5-5 所示。

示例代码 5-5

```
 CREATE OR REPLACE PACKAGE USERSPACK IS
-- 声明游标类型及一些状态常量
TYPE CURUSER IS REF CURSOR;
SUCCESS CONSTANT INTEGER:=1;
USEREXIST CONSTANT INTEGER:=-1;
USERNOTEXIST CONSTANT INTEGER:=-2;
USERNOTEXISTORPASSWORDERROR CONSTANT INTEGER:=-3;
```

```
UNKNOWERROR CONSTANT INTEGER:=-8;
-- 用户注册
PROCEDURE REGISTERUSER(
V_ID OUT NUMBER,
V_LOGINNAME IN VARCHAR2,
V_PASSWORD IN VARCHAR2,
V_NAME IN VARCHAR2,
V_ADDRESS IN VARCHAR2,
V_PHONE IN VARCHAR2,
V_TYPE IN NUMBER,
RESULT OUT NUMBER
);
-- 根据用户 ID 获取用户信息
PROCEDURE GETUSERBYID(
V_ID IN NUMBER,
V_USER OUT CURUSER,
RESULT OUT NUMBER
);
-- 根据用户 ID 获取用户信息
PROCEDURE GETUSERBYID(
V_ID IN NUMBER,
V_USER OUT CURUSER,
RESULT OUT NUMBER
);
-- 验证用户登陆名和密码，并返回用户信息
PROCEDURE GETUSERFORLOGIN(
V_LOGINNAME IN VARCHAR2,
V_PASSWORD IN VARCHAR2,
V_USER OUT CURUSER,
RESULT OUT NUMBER
);
END USERSPACK;
```

上面定义了包的规范，也就是包对外的接口。现在实现包体的定义，如示例代码 5-6 所示。

示例代码 5-6

```
CREATE OR REPLACE PACKAGE BODY USERSPACK IS
-- 用户注册
PROCEDURE REGISTERUSER(
V_ID OUT NUMBER,
V_LOGINNAME IN VARCHAR2,
V_PASSWORD IN VARCHAR2,
V_NAME IN VARCHAR2,
V_ADDRESS IN VARCHAR2,
V_PHONE IN VARCHAR2,
V_TYPE IN NUMBER,
RESULT OUT NUMBER
)
AS
 ISEXIST INTEGER:=0;
USERHASEXIST EXCEPTION;
BEGIN
   -- 从 USERS 表中查询与登录名相同的行数,
   -- 如果有,表示存在该用户,否则不能保存该用户
   SELECT COUNT(ROWNUM) INTO ISEXIST FROM USERS
       WHERE LOWER(LOGINNAME)=LOWER(V_LOGINNAME);
   IF ISEXIST >0 THEN
       RAISE USERHASEXIST
   ELSE
     -- 如果不存在该用户,则可以保存,也就是用户注册成功
     INSERT INTO USERS(ID,LOGINNAME,PASSWORD,
                  NAME,ADDRESS,PHONE,
                  CREATEDATE ,STATUS,TYPE )
       VALUES(USERS_SEQ.NEXTVAL,V_LOGINNAME,V_PASSWORD,
             V_NAME,V_ADDRESS,V_PHONE,SYSDATE,4,V_TYPE);
     SELECT ID INTO V_ID FROM USERS
         WHERE LOWER (LOGINNAME)=LOWER(V_LOGINNAME);
     COMMIT;
     RESULT:=SUCCESS;
END IF;
-- 捕获异常(如用户已存在,则会抛出 USE HASEXIST 异常)
```

```
    EXCEPTION
        WHEN USERHASEXIST THEN
            V_ID :=NULL;
            RESULT:=USEREXIST;
        WHEN OTHERS THEN
            RESULT:=UNKNOWERROR;
    END REGISTERUSER;
    -- 根据用户 ID 获取用户信息，已游标的形式返回，RESULT 用数字表示执行的状
态 PROCEDURE GETUSERBYID(
    V_ID IN NUMBER,
    V_USER OUT CURUSER,
    RESULT OUT NUMBER
    )
    AS
      CNT NUMBER;
    NOTEXIST EXCEPTION;
    BEGIN
    -- 通过局部变量 CNT 判断是否存在与该编号相同的记录，
    -- 如果存在则将 RESULT 设置为 SUCCESS ，并通过 V_USER 取得记录
    SELECT COUNT(ROWNUM)INTO CNT FROM USERS WHERE ID=V_ID;
    IF CNT>0 THEN
     OPEN V_USER FOR SELECT * FROM USERS WHERE ID=V_ID;
    RESULT:=SUCCESS;
    ELSE
      OPEN V_USER FOR SELECT * FROM DUAL;
      RAISE NOTEXIST;
    END IF;
    EXCEPTION
       WHEN NOTEXIST THEN
          RESULT:=USERNOTEXIST;
      WHEN OTHERS THEN
          RESULT :=UNKNOWERROR;
    END GETUSERBYID;
    -- 验证用户名和密码，用 RESULT 表示登录是否成功
    -- 如果登录成功则通过游标返回该用户信息
    PROCEDURE GETUSERFORLOGIN(
    V_LOGINNAME IN VARCHAR2,
    V_PASSWORD IN VARCHAR2,
```

```
V_USER OUT  CURUSER,
RESULT OUT NUMBER
)
AS
  CNT NUMBER;
  NOTEXISTORPASSWORDERROR EXCEPTION;
BEGIN
-- 通过局部变量 CNT 判断是否存在与该编号相同的记录，
-- 如果存在则将 RESULT 设置为 SUCCESS，并通过 V_USER 取得记录
SELECT COUNT(ROWNUM)INTO CNT FROM USERS WHERE
LOWER(LOGINNAME)=LOWER(V_LOGINNAME)
AND PASSWORD=V_PASSWORD;
IF CNT>0 THEN
 OPEN V_USER FOR SELECT * FROM USERS WHERE

LOWER(LOGINNAME)=LOWER(V_LOGINNAME
)AND PASSWORD=V_PASSWORD;
RESULT:=SUCCESS;
ELSE
 OPEN V_USER FOR SELECT * FROM DUAL;
 RAISE NOTEXISTORPASSWORDERROR;
END IF;
EXCEPTION
  WHEN NOTEXISTORPASSWORDERROR THEN
    RESULT:= USERNOTEXISTORPASSWORDERROR;
 WHEN OTHERS THEN
    RESULT :=UNKNOWERROR;
END GETUSERFORLOGIN;
END USERSPACK;
```

以上我们介绍了用存储过程来实现一些与用户相关的业务逻辑，这些存储过程使用包的形式来组织。在该系统中，我们还可以建立产品包，订单包等，并在包中使用存储过程来实现相关的业务逻辑。这里我们不一一介绍，大家可以按照用户包的范例来实现它们。

5.4 注释说明

在完成了数据库的设计之后，可以进行系统的实现。本章的主要任务是实现数据库的设

计，但为了项目的完整性，我们在此对项目的实现作一些简要的介绍。

为了建立可扩展的基础结构，系统可采用三层架构：表现层、业务逻辑层、数据持久层。

（1）表现层只是负责将业务层传递过来的数据进行显示，不对数据进行操作。

（2）业务层负责将表示层传递过来的数据进行组装，然后执行业务操作，调用数据持久层，将数据进行持久存储；同时将从数据持久层获得的数据进行处理，返回给表示层进行显示。

（3）数据持久层是用来进行数据持久化操作，将业务层传来的数据存储到数据库中，也按照业务层的要求，对数据读取，返回给业务层，由业务层对数据进行支配。在本项目中对数据的存取都通过调用存储过程来实现。

如此分层的系统将是一个扩展性非常好的系统。把数据显示和用户输入的界面同业务操作分开，界面代码不必关心如何完成业务操作，业务代码也不必关心界面如何显示。将业务层同数据持久层分开屏蔽了最底层的数据库实现，这样就将各层解耦，无论哪一方发生变化，都不会影响到另外一层，增加了系统的扩展性，各层互不影响，各司其职。同时，这样的分层结构也有利于代码的重用和模块化，当开发显示层的时候，考虑的是怎么更好的设计用户界面；设计逻辑层的时候，考虑更多的是业务和模型。通过分层，可以大幅提高开发效率。

在本例中，我们采用最简单的 JSP 作为表现层，在控制部分，可以采用的是页面控制器模式，即使用 JSP 作为控制器（在学习了 MVC 模式和 Servlet 之后，我们可以使用 Servlet 作为控制器），由页面控制器负责调用业务逻辑，业务逻辑层负责调用数据持久层。数据持久层使用数据访问对象模式（DAO）。

5.5　小结

✓ 本章通过一个销售管理系统的应用，讲述了如何在 Oracle 中进行系统的数据库开发。在需求分析阶段使用用例来描述系统，可以帮助我们了解系统所要实现的具体功能。

✓ 建立数据模型（或 E-R 模型）可以帮助我们找到系统实现所需的数据存储及其关系。根据数据模型进行数据库逻辑结构设计，并最终转化为具体的数据库实现。

✓ 存储过程具有高速度，高性能的优势，如果不考虑数据库的可移植性，使用存储过程来实现系统的业务逻辑是一个不错的选择。

✓ 通过本章的例子，我们可以进一步理解数据库的开发流程，并掌握如何使用数据库存储过程来实现系统的业务逻辑。

5.6　英语角

project　项目
design　设计
analysis　分析

use case 用例

5.7 作业

假定系统中与产品相关的功能有：添加一个产品，根据产品 ID 删除一个产品，查询所有产品。请设计这些存储过程。可以仿照用户包（USERSPACK）的模式使用包来组织这些存储过程。

5.8 思考题

Oracle 中是如何实现信息隐藏的，请思虑为什么包要分包规范定义（包头）和包体定义？

5.9 学员回顾内容

数据库需求分析。
数据库逻辑结构设计。

上机部分

第 1 章　PL/SQL 编程

本阶段目标

- ✧ 了解 PL/SQL 在 Oracle 中的基本概念。
- ✧ 掌握 PL/SQL 的各组成部分。
- ✧ 掌握变量的分类及其使用。
- ✧ 掌握各种运算符的使用。
- ✧ 掌握各种控制语句的使用(条件语句,循环语句)。
- ✧ 掌握预定义异常和用户自定义异常。

1.1　指导

1.1.1　% type 的使用

% TYPE 指定义的一个变量和数据库中某个表的某个字段的数据类型一样。例如：

```
V_NO EMP.EMPNO% TYPE;
```

V_NO 的数据类型始终和 EMP 表中 EMPNO 的数据类型一样。即使 EMP 表中 EMPNO 的数据类型发生多次改变,变量 V_NO 的数据类型始终会随着 EMPNO 的改变发生同样的变化。这就是 V_NO 不像下面这样定义的原因。

```
V_NO  NUMBER(4);
```

下面一个示例来演示这种使用方法。在 SQL*PLUS 编辑界面输入如下代码：

示例代码 1-1

```
CONN SCOTT/TIGER
SET SERVEROUT ON
DECLARE
V_NO EMP.EMPNO%TYPE;
```

```
BEGIN
SELECT EMPNO INTO V_NO FROM EMP WHERE ENAME='SCOTT';
DBMS_OUTPUT.PUT_LINE(' 雇员 SCOTT 的编号是 :'||V_NO);
END;
/
```

运行结果如图 1-1 所示。

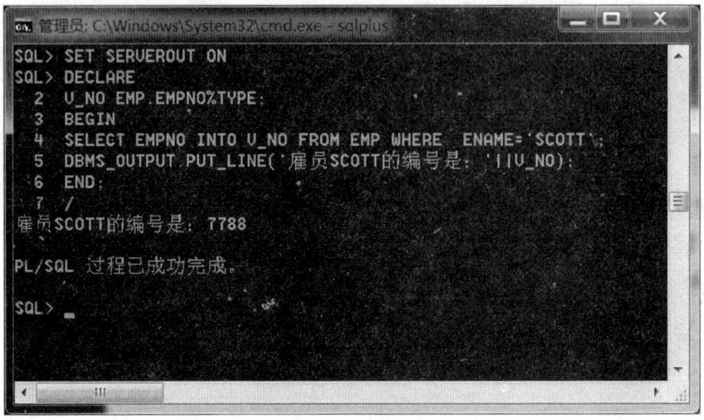

图 1-1　运行结果

1.1.2　% rowtype 的使用

% ROWTYPE 指定义的一个变量和数据库中某个表的一条记录保持一样。例如：

```
REC  EMP% ROWTYPE;
```

REC 用来存储 EMP 表中某条记录。此时 REC 像 C 语言里的一个结构体变量，它有数据成员，成员的名称和 EMP 表中字段的名称一样，成员的个数和 EMP 表中字段的个数一样。

示例代码 1-2 演示这种使用方法。

示例代码 1-2

```
DECLARE
  REC EMP%ROWTYPE;
BEGIN
  SELECT * INTO REC FROM EMP WHERE ENAME='SCOTT';
  DBMS_OUTPUT.PUT_LINE(' 雇员 SCOTT 的信息 :');
  DBMS_OUTPUT.PUT_LINE(' 编号 :'||REC.EMPNO);
  DBMS_OUTPUT.PUT_LINE(' 职务 :'||REC.JOB);
  DBMS_OUTPUT.PUT_LINE(' 工资 :'||REC.SAL);
END;
/
```

运行结果如图 1-2 所示。

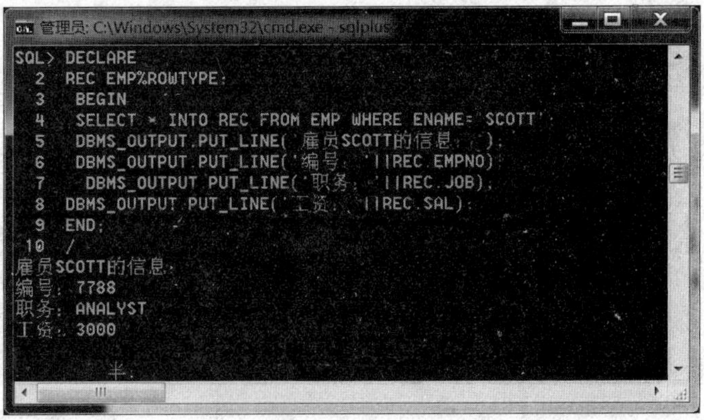

```
管理员: C:\Windows\System32\cmd.exe - sqlplus
SQL> DECLARE
  2  REC EMP%ROWTYPE;
  3   BEGIN
  4   SELECT * INTO REC FROM EMP WHERE ENAME='SCOTT';
  5   DBMS_OUTPUT.PUT_LINE('雇员SCOTT的信息：');
  6   DBMS_OUTPUT.PUT_LINE('编号：'||REC.EMPNO);
  7    DBMS_OUTPUT.PUT_LINE('职务：'||REC.JOB);
  8  DBMS_OUTPUT.PUT_LINE('工资：'||REC.SAL);
  9  END;
 10  /
雇员SCOTT的信息：
编号：7788
职务：ANALYST
工资：3000
```

图 1-2　运行结果

1.1.3　循环结构的使用

1.Loop 循环

以 PL/SQL 块代码（示例代码 1-3）计算 1 到 100 之间所有奇数的和。

示例代码 1-3

```
DECLARE
  N NUMBER;
  ODDSUM NUMBER;
BEGIN
  N:=1;
  ODDSUM :=0;
  LOOP
    EXIT WHEN N>100;
    IF N MOD 2=1 THEN
      ODDSUM:=ODDSUM+N;
    END IF;
    N:=N+1;
  END LOOP;
  DBMS_OUTPUT.PUT_LINE('1-100 所有奇数的和为 :'|| ODDSUM);
END;
/
```

运行结果如图 1-3 所示。

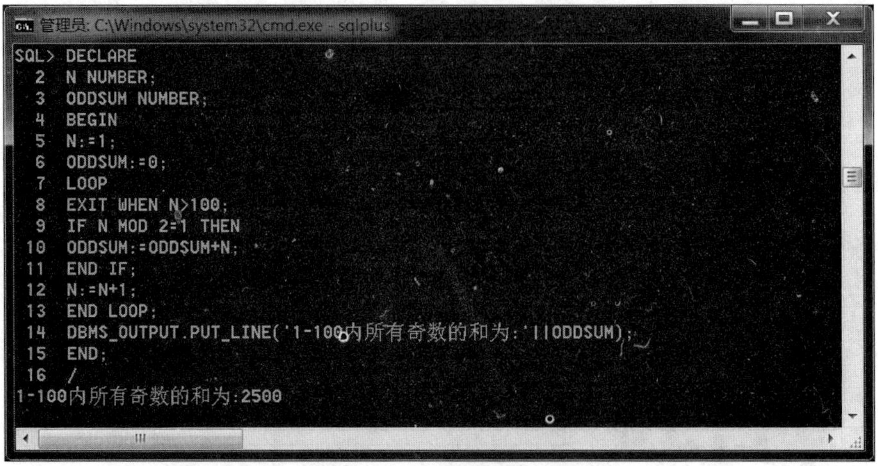

```
管理员: C:\Windows\system32\cmd.exe - sqlplus
SQL> DECLARE
  2  N NUMBER;
  3  ODDSUM NUMBER;
  4  BEGIN
  5  N:=1;
  6  ODDSUM:=0;
  7  LOOP
  8  EXIT WHEN N>100;
  9  IF N MOD 2=1 THEN
 10  ODDSUM:=ODDSUM+N;
 11  END IF;
 12  N:=N+1;
 13  END LOOP;
 14  DBMS_OUTPUT.PUT_LINE('1-100内所有奇数的和为:'||ODDSUM);
 15  END;
 16  /
1-100内所有奇数的和为:2500
```

图 1-3 运行结果

2.While 循环

使用 WHILE 循环计算 1 到 100 之间所有奇数的和：

示例代码 1-4

```
DECLARE
  N NUMBER;
  ODDSUM NUMBER:=0;
BEGIN
 WHILE N<=100 LOOP
    IF N MOD 2=1 THEN
      ODDSUM:=ODDSUM+N;
    END IF;
    N:=N+1;
  END LOOP;
  DBMS_OUTPUT.PUT_LINE('1-100 所有奇数的和为 :'|| ODDSUM);
END;
/
```

3.For 循环

使用 FOR 循环计算 1 到 100 之间所有奇数之和：

示例代码 1-5

```
DECLARE
  ODDSUM NUMBER:=0;
BEGIN
 FOR N IN 1..100 LOOP
    IF N MOD 2=1 THEN
      ODDSUM:=ODDSUM+N;
END IF;
    N:=N+1;
  END LOOP;
  DBMS_OUTPUT.PUT_LINE('1-100 所有奇数的和为 :'|| ODDSUM);
END;
/
```

1.1.4　一个简单的 PL/SQL 块

更改 EMP 表雇员名字为“BLAKE”的雇员的工资，如果原工资小于 3000 则把工资更改为 3000，否则不作更改。参见示例代码 1-6。

示例代码 1-6

```
DECLARE
  V_NAME EMP.ENAME%TYPE:='BLAKE';
  V_SAL NUMBER(7,2);
BEGIN
 SELECT SAL INTO V_SAL FROM EMP WHERE ENAME=V_NAME;
    IF V_SAL<3000 THEN
      UPDATE EMP SET SAL=3000 WHERE ENAME =V_NAME;
    END IF;
 END;
/
```

1.1.5　预定义异常

在 1.1.4 的例子中，当根据雇员名字查询工资时，如果所要查找的雇员不存在，Oracle 将抛出 NO_DATA_FOUND 异常。示例代码 1-7 中的 PL/SQL 块中将捕捉该异常并进行处理。

示例代码 1-7

```
DECLARE
  V_NAME EMP.ENAME%TYPE:='BLOKE';
  V_SAL NUMBER(7,2);
BEGIN
 SELECT SAL INTO V_SAL FROM EMP WHERE ENAME=V_NAME;
   IF V_SAL<3000 THEN
     UPDATE EMP SET SAL=3000 WHERE ENAME =V_NAME;
   END IF;
EXCPTION
 WHEN NO_DATA_FOUND THEN
 DBMS_OUTPUT.PUT_LINE(' 雇员 '||V_NAME||' 不存在 ');
END;
/
```

DBMS_STANDARD 程序包包含所有预定义异常的定义，因此用户不必在声明部分声明它们。

在一个 PL/SQL 程序段中可能会出现多个异常。例如一个 select...into 语句可能出现没有数据异常（no_data_found），也有可能出现找到多条记录的异常（too_ınany_rows），对这些异常可以分别进行捕捉。示例代码 1-8 演示捕捉多个异常。

示例代码 1-8

```
DECLARE
V_NAME EMP.ENAME%TYPE:='BLAKE';
V_SAL NUMBER(7,2);
BEGIN
SELECT SAL INTO V_SAL FROM EMP WHERE ENAME=V_NAME;
DBMS_OUTPUT.PUT_LINE(' 雇员名字 :'||V_NAME);
DBMS_OUTPUT.PUT_LINE(' 雇员工资 :'||V_SAL);
EXCEPTION
WHEN NO_DATA_FOUND THEN
DBMS_OUTPUT.PUT_LINE(' 雇员 '||V_NAME||' 不存在 ');
WHEN TOO_MANY_ROWS THEN
DBMS_OUTPUT.PUT_LINE(' 有多个雇员名为 :'||V_NAME);
END;
/
```

1.1.6 用户自定义异常

示例代码 1-9 是我们设计的一个例子，帮助大家理解用户自定义的异常。

示例代码 1-9

```
DECLARE
V_NO EMP.EMPNO%TYPE;
V_SAL EMP.SAL%TYPE;
INVALID_SAL EXCEPTION /* 声明异常 */
BEGIN
V_NO :=& 雇员编号; /* 输入一个雇员编号 */
SELECT SAL INTO V_SAL FROM EMP WHERE ENAME=V_NO;/* 根据雇员编号
查询工资 */
  IF V_SAL <800 THEN
  RAISE INVALID_SAL;/* 如果雇员工资小于 800，则抛出自定义异常 */END IF;
DBMS_OUTPUT.PUT_LINE(' 该雇员的工资为 :'||V_SAL);
EXCEPTION
WHEN INVALID_SAL THEN
DBMS_OUTPUT.PUT_LINE(' 该雇员的工资水平低于 800 元，则现已改为 800
元！ ');
UPDATE EMP SET SAL=800 WHERE EMPNO=V_NO;
END;
/
```

1.2　练习

1. 编写一个 PL/SQL 程序块以显示指定雇员的部门经理的详细信息

提示：

（1）练习使用% TYPE 和% ROWTYPE 声明属性类型。

（2）指定的雇员编号由键盘输入。

（3）根据雇员编号查询其经理的编号（mgr）。

（4）根据经理编号查询其详细信息。

2. 分别使用三种循环结构编写 PL/SQL 块，计算 6 的阶乘，并显示结果。

3. 编写一个 PL/SQL 块，往 SCOTT 用户的 SALGRADE 表中插入数据：当 HISAL 中插入的数据小于 LOSAL 中的数据时引发自定义异常，异常信息由程序员控制。

1.3 作业

1. 编写一个 PL/SQL 程序块，根据雇员编号查找出该雇员所在的部门名称。
2. 编写一个 PL/SQL 程序块，以计算指定雇员的年收入总额。
3. 编写一个 PL/SQL 程序块，按下列加薪比给雇员加薪：

   部门编号加薪百分比

   10 5%

   20 10%

   30 15%

   40 20%

   加薪的百分比是以雇员现有的薪水为基准。

第 2 章　游标、集合和 OOP 的概念

本阶段目标

✧ 了解游标的基本概念。
✧ 熟悉游标的基本用法。
✧ 了解集合的基本概念。
✧ 熟悉集合的基本使用方法。

2.1　指导

2.1.1　简单的游标实例

查询 ALL_VIEWS 视图中按字母顺序排列的前 10 个 VIEW 的名字，参见示例代码 2-1。

示例代码 2-1

```
DECLARE
  CURSOR CUR1 IS SELECT VIEW_NAME FROM ALL_VIEWS/* 声明游标 */
  WHERE ROWNUM<=10 ORDER BY VIEW_NAME;
  V_NAME VARCHAR2(40);
BENGIN
  OPEN CUR1;/* 打开游标 */
  FETCH CUR1 INTO V_NAME;/* 提取一行数据 */
  WHILE CUR1%FOUND
  LOOP
    DBMS_OUTPUT.PUT_LINE(CUR1%ROWCOUNT||''||SAL);
    FETCH CUR1 INTO V_NAME;/* 循环提取数据 */
  END LOOP;
END;
/
```

2.1.2 利用游标修改数据

在 EMP 表中，把部门号是 20，工资低于 2000 的雇员的工资修改为 2000，如示例代码 2-2 所示。

示例代码 2-2

```
DECLARE
  CURSOR CUR_EMP IS SELECT SAL FROM EMP/* 声明游标 */
  WHERE DEPTNO=20;
  FOR UPDATE OF SAL;
  V_SAL EMP.SAL%TYPE;
BENGIN
  OPEN CUR_EMP;
  FETCH CUR_EMP INTO V_SAL;
  LOOP
  EXIT WHEN CUR_EMP%NOTFOUND;
    IF V_SAL<2000 THEN
      UPDATE EMP SET SAL=2000 WHERE CURRENT OF CUR_EMP;
    END IF;
    FETCH CUR_EMP INTO V_SAL;
  END LOOP;
END;
/
```

2.1.3 游标在三种循环中的应用

1.LOOP 循环

示例代码 2-3

```
DECLARE
  CURSOR CUR_DEP IS SELECT DNAME FROM DEPT;
  V_DNAME DEPT.DNAME%TYPE;
BENGIN
  OPEN CUR_DEP;
  FETCH CUR_DEP INTO V_DNAME;
  LOOP
    EXIT WHEN CUR_DEP%NOTFOUND;
    DBMS_OUTPUT.PUT_LINE('THE DEPTMENT IS'||V_DNAME);
    FETCH CUR_DEP INTO V_DNAME;
```

```
  END LOOP;
END;
/
```

2.WHILE 循环

示例代码 2-4

```
 DECLARE
  CURSOR CUR_DEP IS SELECT DNAME FROM DEPT;
  V_DNAME DEPT.DNAME%TYPE;
BENGIN
  OPEN CUR_DEP;
  FETCH CUR_DEP INTO V_DNAME;
  LOOP
   WHILE CUR_DEP%FOUND  LOOP;
   DBMS_OUTPUT.PUT_LINE('THE DEPTMENT IS'||V_DNAME);
    FETCH CUR_DEP INTO V_DNAME;
  END LOOP;
END;
/
```

3.FOR 循环

示例代码 2-5

```
DECLARE
  CURSOR CUR_DEP IS SELECT DNAME FROM DEPT;
BENGIN
 FOR L_DEP IN CUR_DEP  LOOP;
   DBMS_OUTPUT.PUT_LINE('THE DEPTMENT IS'||L_DEP.V_DNAME);
    FETCH CUR_DEP INTO V_DNAME;
  END LOOP;
END;
/
```

2.1.4　游标变量

示例代码 2-6

```
DECLARE
```

```
 TYPE REFCUR IS REF CURSOR;  /* 声明游标类型 */
 CUR1 REFCUR;     /* 声明游标变量 */
 ENAME VARCHAR2(10);
 JOB VARCHAR2(9);
BEGIN
 OPEN CUR1 FOR SELECT ENAME,JOB FROM EMP WHERE DEPTNO=30;/* 打开游标 */
 FETCH CUR1 INTO ENAME,JOB;/* 提取数据 */
 WHILE CUR1%FOUND LOOP
  DBMS_OUTPUT.PUT_LINE(ENAME||''||JOB);/* 输出数据 */
  FETCH CUR1 INTO ENAME,JOB;
 END LOOP;
 CLOSE CUR1;
 END;
/
```

2.1.5 联合数组

示例代码 2-7

```
DECLARE
 TYPE EMP_REC IS RECORD(-- 定义记录类型
NO  EMP.EMPNO%TYPE;
NAME  EMP.ENAME%TYPE;
);
 TYPE TAB_EMP IS TABLE OF REC_EMP -- 定义联合数组
 INDEX BY BINARY_INTEGER;
 I NUMBER:=1;
 TEMP_EMP TAB_EMP;
 CURSOR CUR_EMP IS SELECT EMPNO,ENAME FROM EMP;
BEGIN
 OPEN CUR_EMP;
 FETCH CUR_EMP INTO TEMP_EMP(I);
 WHILE  CUR_EMP%FOUND LOOP
  DBMS_OUTPUT.PUT_LINE(TEMP_EMP(I).NO||''||TEMP_EMP(I).NAME);
  I:=I+1;
  FETCH CUR_EMP INTO TEMP_EMP(I);
 END LOOP;
```

```
 DBMS_OUTPUT.PUT_LINE(' 总共打印了 '||TEMP_EMP.COUNT||' 条记录！');
END;
/
```

2.1.6　可变数组

示例代码 2-8

```
DECLARE
 TYPE REC_EMP IS RECORD(/* 定义记录类型 */
NO  EMP.EMPNO%TYPE;
NAME  EMP.ENAME%TYPE;
);
 TYPE TAB_EMP IS VARRAY(20) OF REC_EMP /* 定义可变数组 */
 I NUMBER:=1;
 TEMP_EMP TAB_EMP: =TAB_EMP(NULL);/* 定义可变数组的变量 */
 CURSOR CUR_EMP IS SELECT EMPNO,ENAME FROM EMP;
BEGIN
 OPEN CUR_EMP;
 FETCH CUR_EMP INTO TEMP_EMP(I);
 WHILE  CUR_EMP%FOUND LOOP
  DBMS_OUTPUT.PUT_LINE(TEMP_EMP(I).NO||''||TEMP_EMP(I).NAME);
  I:=I+1;
  TEMP_EMP.EXTEND;
  FETCH CUR_EMP INTO TEMP_EMP(I);
 END LOOP;
 DBMS_OUTPUT.PUT_LINE(' 总共打印了 '||TEMP_EMP.COUNT-1||' 条记录！');
END;
/
```

2.2　练习

1. 编写一个 PL/SQL 程序块，显示 EMP 表中的第四条记录（使用游标）。

2. 编写一个 PL/SQL 程序块，对名字以“A”或“S”开始的所有雇员按他们的基本薪水的 10%加薪（仿照 2.1.2，利用游标更新数据）。

2.3 作业

1. 用三种循环求 EMP 表中部门编号为 30 的所有雇员工资的总和（使用游标实现）。
2. 使用游标变量显示 DEPT 表中所有部门名称和地址。
3. 使用联合数组打印 DEPT 表中的部门编号和部门名称。

第 3 章　存储过程与函数

本阶段目标

✧ 理解子程序的概念和作用。
✧ 掌握创建过程的语法。
✧ 掌握过程的调用。
✧ 理解参数模式在过程中的应用。
✧ 掌握过程中的异常处理。
✧ 掌握创建函数的语法。
✧ 掌握函数的调用。
✧ 理解事务的概念。
✧ 掌握事务控制语句的应用。

3.1　指导

3.1.1　创建存储过程

编写一过程，根据指定雇员名字显示该雇员所属部门名称和所属部门地址。参见示例代码 3-1。

示例代码 3-1

```
CREATE OR REPLACE PROCEDURE DEPT_OF_EMP(
P_NAME EMP.ENAME%TYPE
) AS
 DNO EMP.DEPTNO%TYPE;
 REC.DEPT%ROWTYPE;
BEGIN
 SELECT DEPTNO INTO DNO FROM EMP WHERE ENAME=P_NAME;
 SELECT * INTO REC FROM DEPT WHERE DEPTNO =DNO;
 DBMS_OUTPUT.PUT_LINE(' 部门名称: '||REC.DNAME);
```

```
DBMS_OUT PUT.PUT_LINE(' 部门地址:'||REC.LOC);
END;
```

调用过程并显示运行结果，如示例代码 3-2 所示。

示例代码 3-2

```
SQL>EXEC DEPT_OF_EMP('JAMES');
部门名称:SALES
部门地址:CHICAGO
示例代码 3-1
```

3.1.2 创建函数

编写一个函数以根据雇员的入职日期来计算雇员工作的总天数。参见示例代码 3-3。

示例代码 3-3

```
CREATE OR REPLACE FUNCTION TOTAL_DAYS(
P_HIREDATE DATE
) RETURN NUMBER
 AS
  VDAY NUMBER;
BEGIN
 SELECT CEIL(SYSDATE-P_HIREDATE) INTO VDAY FROM DUAL;
 RETURN VDAY;
END;
```

调用函数并显示运行结果，如示例代码 3-4 所示。

示例代码 3-4

```
SQL>SELECT ENAME,TOTAL_DAYS(HIREDATE) FROM EMP WHERE EMP-
NO=7788;
ENAME      TOTAL_DAYS(HIREDATE)
-------    --------------------
SCOTT                 7376
```

3.1.3 过程（与函数）应用实例

本部分我们使用接近实际的案例来指导，请学员独立完成。如果有问题可以先查理论部分相关知识，再进行讨论。

案例介绍：

某高校开发的研究生招生系统，要求设计 PL/SQL 程序对考生的成绩数据进行处理，处理的逻辑是根据每门专业课的最低分数线和总分的最低分数线自动将考生归类为录取考生和落选考生。

为此设计两个数据表，GRADUATE 数据表存放考生成绩，RESULT 数据表存放处理结果，PL/SQL 程序完成的功能就是将 GRADUATE 数据表中的数据逐行扫描，根据分数线进行判断，计算出各科总分，在 RESULT 数据表中将标志字段自动添加上“录取”或“落选”。我们都是用 SCOTT 账户进行操作。

1. 创建表

（1）考生表 GRADUATE

示例代码 3-5

```
CREATE TABLE GRADUATE(
ID NUMBER(10) NOT NULL,/* 考生号 */
NAME VARCHAR2(10) NOT NULL,/* 考生名 */
YINGYU NUMBER(4,1) NOT NULL,/* 英语成绩 */
ZHENGZHI NUMBER(4,1) NOT NULL,/* 政治成绩 */
ZHUANYE1 NUMBER(4,1) NOT NULL,/* 专业 1 成绩 */
ZHUANYE2 NUMBER(4,1) NOT NULL,/* 专业 2 成绩 */
ZHUANYE3 NUMBER(4,1) NOT NULL/* 专业 3 成绩 */
);
```

（2）结果表 RESULT

示例代码 3-6

```
CREATE TABLE RESULT(
BH NUMBER(10) NOT NULL,/* 考生号 */
XM VARCHAR2(10) NOT NULL,/* 考生名 */
YINGYU NUMBER(4,1) NOT NULL,/* 英语成绩 */
ZHENGZHI NUMBER(4,1) NOT NULL,/* 政治成绩 */
ZHUANYE1 NUMBER(4,1) NOT NULL,/* 专业 1 成绩 */
ZHUANYE2 NUMBER(4,1) NOT NULL,/* 专业 2 成绩 */
ZHUANYE3 NUMBER(4,1) NOT NULL,/* 专业 3 成绩 */
TOTALSCORE NUMBER(5,1) NOT NULL,/* 总成绩 */
FLAG VARCHAR2(4) NOT NULL /* 标志（录取或落选）*/
);
```

2. 过程的创建与调用

（1）添加考生及成绩数据的存储过程

示例代码 3-7

```
CREATE OR REPLACE PROCEDURE ADD_GRADUATE(
P_ID GRADUATE.ID%TYPE,
P_NAME GRADUATE.P_NAME%TYPE,
P_YINGYU GRADUATE.P_YINGYU%TYPE,
P_ZHENGZHI GRADUATE.P_ZHENGZH %TYPE,
P_ZHUANYE1 GRADUATE.P_ZHUANYE1%TYPE,
P_ZHUANYE2 GRADUATE.P_ZHUANYE2%TYPE,
P_ZHUANYE3 GRADUATE.P_ZHUANYE3%TYPE,
)AS
BEGIN
 INSERT INTO GRADUATE VALUES(P_ID,P_NAME,P_YINGYU,
   P_ZHENGZHI,P_ZHUANYE1,P_ZHUANYE2,P_ZHUANYE3);
 COMMIT;
END;
```

（2）执行 ADD_GRADUATE 存储过程，添加考生数据

示例代码 3-8

```
EXCE ADD_GRADUATE(1001,'JACK',66,68,85,79,75);
EXCE ADD_GRADUATE(1002,'TOM',78,69,82,84,95);
EXCE ADD_GRADUATE(1003,'MIKE',56,45,58,61,48);
EXCE ADD_GRADUATE(1004,'LUKE',65,71,67,64,63);
```

（3）判断考生是否录取，并将统计结果插入到 RESULT 表中的存储过程

示例代码 3-9

```
CREATE OR REPLACE PROCEDURE GRADUATEPROCESS(
P_ZHENGZHI IN GRADUATE.P_ZHENGZH %TYPE,
P_YINGYU IN GRADUATE.P_YINYU %TYPE,
P_ZHUANYE1 IN GRADUATE.P_ZHUANYE1%TYPE,
P_ZHUANYE2 IN GRADUATE.P_ZHUANYE2%TYPE,
P_ZHUANYE3 IN GRADUATE.P_ZHUANYE3%TYPE,
P_TOTALSCORE IN RESULT.TOTALSCORE%TYPE
)AS
GRADUATERECORD GRADUATE%ROWTYPE;
GRADUATETOTALSCORE RESULT.TOTALSCORE%TYPE;
GRADUATEFLAG RESULT.FLAG%TYPE;
ERRORMESSAGE EXCEPTION;
```

```
CURSOR GRADUATECURSOR IS SELECT * FROM GRADUATE;
BEGIN
 OPEN GRADUATECURSOR;
 IF GRADUATECURSOR%NOTFOUND THEN
   RAISE ERRORMESSAGE;
 END IF;
 DELETE FROM RESULT;
 FETCH GRADUATECURSOR INTO GRADUATERECORD;
 WHILE GRADUATECURSOR%FOUND LOOP
    GRADUATETOTALSCORE:=GRADUATERECORD.YINGYU/* 计算总成绩 */
         +GRADUATERECORD.ZHENGZHI
         +GRADUATERECORD.ZHUANYE1
         +GRADUATERECORD.ZHUANYE2
         +GRADUATERECORD.ZHUANYE3;
   IF(GRADUATERECORD.YINGYU>P_YINGYU  /* 判断各成绩是否高于最低分
数线 */
       AND GRADUATERECORD.ZHENGZHI>=P_ZHENGZHI
       AND GRADUATERECORD.ZHUANYE1>=P_ZHUANYE1
       AND GRADUATERECORD.ZHUANYE2>=P_ZHUANYE2
       AND GRADUATERECORD.ZHUANYE3>=P_ZHUANYE3
       AND GRADUATETOTALSCORE>=P_TOTALSCORE)THEN
     GRADUATEFLAG=' 录取 ';
   ELSE
     GRADUATEFLAG=' 落选 ';
   END IF;
   INSERT INTO RESULT VALUES  /* 将统计结果插入 RESULT 表中 */
     (GRADUATERECORD.ID,GRADUATERECORD.NAME
      GRADUATERECORD.ZHENGZHI,GRADUATERECORD.YINGYU
      GRADUATERECORD.ZHUANYE1, GRADUATERECORD.ZHUANYE2
         GRADUATERECORD.ZHUANYE3，GRADUATETOTALSCORE,GRADU-
ATEFLAG);
   FETCH GRADUATECURSOR INTO GRADUATERECORD;
   END LOOP;
   CLOSE GRADUATECURSOR;
   COMMIT;
 EXCEPTION
   WHEN ERRORMESSAGE THEN
    DBMS_OUTPUT.PUT_LINE(' 表中无数据！ ');
```

```
END;
```

（4）调用 GRADUATEPROCESS 过程

示例代码 3-10

```
DECLARE
V_YINGYU GRADUATE.YINGYU%TYPE;
V_ZHENGZHI GRADUATE.ZHENGZHI%TYPE;
V_ZHUANYE1 GRADUATE.ZHUANYE1%TYPE;
V_ZHUANYE2 GRADUATE.ZHUANYE2%TYPE;
V_ZHUANYE3 GRADUATE.ZHUANYE3%TYPE;
V_TOTALSCORE GRADUATE.TOTALSCORE%TYPE;
BEGIN
  /* 将录取分数线赋值，在这里修改各值就代表不同的分数线 */
  V_YINGYU:=60;
  V_ZHENGZHI:=60;
  V_ZHUANYE1:=65;
  V_ZHUANYE2:=62;
  V_ZHUANYE3:=63;
  V_TOTALSCORE:=310;
/* 调用存储过程 */
      GRADUATEPROCESS(      V_YINGYU,V_ZHENGZHI,V_ZHUANYE1,V_
ZHUANYE2,V_ZHUANYE3,V_TOTALSCORE);
END;
```

（5）求某个人的总分函数

示例代码 3-11

```
CREATE OR REPLACE FUNCTION TOTAL_SCORE(
P_ID GRADUATE.ID%TYPE
)RETURN NUMBER AS
 V_TOTAL GRADUATE.YINGYU%TYPE;
BEGIN
 SELECT YINGYU+ZHENGZHI+ZHUANYE1+ZHUANYE2+ZHUANYE3
   INTO V_TOTAL FROM GRADUATE WHERE ID=P_ID;
 RETURN V_TOTAL;
END;
```

（6）调用 TOTAL_SCORE 函数

示例代码 3-12

```
SELECT ID ,NAME,TOTAL_SCORE(ID) FROM GRADUATE;
```

（7）求某个人的平均分的过程

示例代码 3-13

```
CREATE OR REPLACE PROCEDURE AVG_SCORE(
P_ID GRADUATE.ID%TYPE,
P_AVG OUT GRADUATE.YINGYU%TYPE  /*OUT 参数 */
)
AS
 BEGIN
  P_AVG:=TOTAL_SCORE(P_ID)/5;/* 调用求总分的函数 */
 END;
```

（8）调用求平均分的过程

示例代码 3-14

```
DECLARE
  V_AVG GRADUATE.YINGYU%TYPE;
BEGIN
  AVG_SCORE(1001,V_AVG);
  DBMS_OUTPUT.PUT_LINE(' 平均分为：'||V_AVG);
END;
```

3. 在 Java 程序中调用过程或函数

（1）创建一个名为 Graduate 的实体类

示例代码 3-15

```
public class Graduate{
 private long id; /* 考生号 */
 private String name;/* 考生名 */
 private double yinyu; /* 英语成绩 */
 private double zhengzhi; /* 政治成绩 */
 private double zhuanye1; /* 专业 1 成绩 */
 private double zhuanye2; /* 专业 2 成绩 */
 private double zhuanye3; /* 专业 3 成绩 */
 }
 public class Graduate(long a,String b,double c,double d,double e,double f,double g){
```

```
    id=a;
    name=b;
    yingyu=c;
    zhengzhi=d;
    zhuanye1=e;
    zhuanye2=f;
    zhuanye3=g;
}
public long getId(){return id;}
public String getName(){return name;}
public double getYingyu(){return yingyu;}
public double getZhengzhi(){return zhengzhi;}
public double getZhuanye1(){return Zhuanye1;}
public double getZhuanye2(){return Zhuanye2;}
public double getZhuanye3(){return Zhuanye3;}
}
```

（2）创建 GraduateDao 类，在该类中实现业务逻辑方法，这些方法通过调用存储过程或函数来实现

示例代码 3-16

```
import java.sql.*;
public class GraduateDao{
/* 获取连接对象 */
public static Connection getConnection() throws Exception{
Class.forName("oracle.jdbc.driver.OracleDriver");
String url="jdbc:oracle:thin:@192.168.1.13:1521:xtgj";
return DriverManager.getConnection(url,"scott","tiger");
}
/* 新增一名考生 */
public void addGraduate(Graduate g)throws Exception{
Connection cn=getConnetion();
String sql="{call add_graduate(?,?,?,?,?,?,?)}";
CallableStatement cst=cn.prepareCall(sql);
cst.setLong(1,g.getId());
cst.setString(2,g.getName());
cst.setDouble(3,g.getYingyu());
cst.setDouble(4,g.getZhengzhi());
```

```
cst.setDouble(5,g.getZhuanye1());
cst.setDouble(6,g.getZhuanye2());
cst.setDouble(7,g.getZhuanye3());
cst.execute();
cst.close();
cn.close();
}
/* 根据各指定的分数线在 result 表中生成统计信息(即各考生录取或落选)*/
public void processGraduate(double a,double b,double c,double d,
        double e,double total)throws Exception{
Connection cn=getConnection();
String sql="{call graduateprocess(?,?,?,?,?,?)}";
CallableStatement cst=cn.prepareCall(sql);
cst.setDouble(1,a);
cst.setDouble(2,b);
cst.setDouble(3,c);
cst.setDouble(4,d);
cst.setDouble(5,e);
cst.setDouble(6,total);
cst.execute();
cst.close();
cn.close();
}/* 根据一个考生编号查询其平均成绩 */
public double averageScore(long id)throws Exception{
Connection cn=getConnection();
String sql="{call avg_score(?,?)}";
CallableStatement cst=cn.prepareCall(sql);
cst.setLong(1,id);
cst.registerOutParameter(2,Types.DOUBLE);
cst.execute();
double ret=cst.getDouble(2);
cst.close();
cn.close();
return ret;
}
public static void main(String[]args)throws Exception{
/* 在 main 方法测试所编写的业务方法 */
GraduateDao dao=new GraduateDao ();
```

```
/* 添加一名考生 */
Graduate grad=new Graduate(1005,"Rose",52,35,57,39,42);
dao.addGraduate(grad);
/* 统计考生信息 */
double yy=60;/* 定制录取分数线,实际应用中从界面输入获取 */
double zz=60;
double zy1=65;
double zy2=62;
double zy3=63;
double total=310;
dao.processGraduate(yy,zz,zy1,zy2,zy3,total);
/* 查询 1005 号考生的平均成绩 */
double ave=dao.averageScore(1005);
System.out.println(ave);
}
}
```

以上是应用中的一部分业务逻辑。大家可以在此基础用户进行交互的界面,调用以上业务方法实现功能。

3.2 练习

网上购物的下订单业务中,通常会涉及两张表:订单表和订单明细表。

1. 简化的订单表 Orders:

列名	类型	说明	描述
ORDID	CHAR(14)	PK	订单编号
USERID	NUMBER		用户编号
RNAME	VARCHAR2(20)		收货人姓名
TPRICE	NUMBER		订单总价

2. 订单明细表 OrderDetails 如下:

列名	类型	说明	描述
ORDID	CHAR(14)	FK	订单编号
PRODID	NUMBER		商品编号
UNITPRICE	NUMBER		商品购买单价
QTY	NUMBER		商品购买数量

要求：

（1）创建存储过程 ADDORDER，用于向 ORDERS 表插入一行数据。

（2）创建存储过程 ADDORDERDETAIL，用于向 ORDERDETAILS 表插入一行数据。

（3）在 Java 开发环境（如 Eclipse）创建 Java 类：OrderUtil。模仿理论部分事务处理的示例，在 OrderUtil 类中使用 JDBC 连接数据库，调用前面创建的存储过程，以实现创建订单的功能。

说明：

当客户填写完订单表格，按下提交按钮时，我们的程序应该把订单信息插入订单表中，把所购买的每件商品的信息插入订单明细表中。我们可以启动一个事务来完成所有这些操作。当执行完所有语句之后，使用 COMMIT() 方法提交，如果在执行过程中出现异常情况，则使用 ROLLBACK() 回退所有操作。

3.3　作业

1. 编写过程，根据指定雇员编号给该雇员加薪 10%，之后检查如果已经雇用该雇员超过 60 个月，则给他额外加薪 2000（用 SCOTT 用户下的 EMP 表）

2. 我们正在开发一个学生系统，学生表结构参照以前的设计，请用过程实现对表进行“增加”“删除”“修改”操作，注意异常的处理。

第4章　触发器

本阶段目标

✧ 理解触发器的语法。

✧ 掌握 DML 触发器的创建和应用。

✧ 掌握 INSTEAD OF 触发器的创建和应用。

✧ 了解程序包的概念的作用。

4.1　指导

数据库触发器（database triggers）是响应插入、更新或删除等数据库事件而执行的过程。它定义了当一些数据库相关事件发生时应采取的动作。可用于管理复杂的完整性约束，或监控对表的修改，或通知其他程序，表已发生修改。它的类型有：语句级触发器，行级触发器，前者可以在语句执行前或执行后被触发，后者在触发语句影响每一行时都触发一次。

还有 BEFORE 和 AFTER 触发的命令。在 INSERT、UPDATE 和 DELETE 之前或之后执行，引用新旧值进行处理。如果需通过触发器设定插入行中的某列值，则为了访问“新”（new）值，需使用一个触发器 BEFORE INSERT，使用 AFTER INSERT 则不行。INSTEAD OF 触发器用于对视图的 DML 触发。以上四种大类合成 14 种小类（略）。各种触发器的执行顺序如下：

（1）执行语句级 BEFORE 触发器。

（2）对于受语句影响的每一行。

①执行行级 BEFORE 触发器。

②执行 DML 语句。

③执行行级 AFTER 触发器。

（3）执行语句级 AFTER 触发器。

4.1.1　语句级触发器

创建一个触发器，用于实时更新平均工资统计表。

（1）创建平均工资统计表

示例代码 4-1

```
CREATE TABLE SAL_DEPT(
DEPTNO NUMBER(2), /* 编号部门 */
AVGSAL NUMBER(7,2) /* 部门平均工资 */
);
```

（2）创建触发器

示例代码 4-2

```
CREATE OR REPLACE TRIGER CAL_AVG_SAL
AFTER INSERT OR UPDATE OR DELETE ON EMP /* 当 EMP 表数据发生变化时
触发 */
DECLARE
  CURSOR CUR_AVGSAL IS SELECT DEPTNO,AVG(SAL)AS AVG_SAL
   FROM EMP GROUP BY DEPTNO ORDER BY DEPTNO; /* 统计平均工资的
标准 */
BEGIN
  DELETE FROM SAL_DEPT;
  FOM REC IN CUR_AVGSAL LOOP /* 将统计结果循环插入 SAL_DEPT 表中 */
     INSERT INTO SAL_DEPT VALUES(REC.DEPTNO,REC.AVG_SAL);
   END LOOP;
END;
```

（3）在 EMP 表上执行 INSERT、UPDATE 或 DELETE 语句，查看 SAL_DEPT 表的变化。

4.1.2　行级触发器

1. 行级触发器 1

我们知道在 EMP 表上有一个外键 DEPTNO 引用 DEPT 表的主键 DEPTNO，当我们在 DEPT 表上删除一个部门时，如果在 EMP 表上有相应的记录引用该部门时，将出现一条错误信息，即违反了完整性约束。现在我们来创建一个触发器，当在 DEPT 表删除一个部门时，将 EMP 表中该部门雇员的部门编号字段置为 NULL，以解决上述问题。

（1）创建触发器如示例代码 4-3 所示。

示例代码 4-3

```
CREATE OR REPLACE TRIGGER DEL_DEPT
BEFORE DELETE ON DEPT /* 当删除 DEPT 表的数据时触发 */
FOR EACH ROW /* 影响每一次触发 */
BEGIN
UPDATA EMP SET DEPTNO=NULL WHERE DEPTNO =:OLD.DEPTNO;
```

```
END;
/
```

（2）在 DEPT 表上执行 DELETE 语句，并查看 EMP 表上的变化。

示例代码 4-4

```
DELETE FROM DEPT WHERE DEPTNO=20 OR DEPTNO=30;
```

2. 行级触发器 2

在上一章上机的练习部分有一张订单表（ORDERS），如下所示：

列名	类型	说明	描述
ORDLD	CHAR(14)	PK	订单编号
SUERLD	NUMBER		用户编号
RNAME	VACHAR2(20)		收货人姓名
TPRICE	NUMBER		订单总价

在网上购物下订单业务中，当客户提交订单信息时，该订单信息应被插入单表，而这张订单的编号通常应该由系统自动生成。一般这样的订单编号有一个固定的格式。现在假设我们的订单编号由固定的 14 位字符组成，例如：ord07062900001。其中“ord”为固定前缀，“070629”为产生订单的日期，固定 6 位字符。“00001”为编号序列，固定 5 位字符，应该由序列（sequence）产生，不足 5 位时前面用“0”填充。

现在我们来设计一个触发器，当向订单表插入一条记录时，自动产生该记录的订单编号。

（1）首先我们创建一个序列，如示例代码 4-5 所示。

示例代码 4-5

```
CREATE OR REPLACE SEQUENCE ORDID_SEP
MINVALUE 1
MAXVALUE 99999
START WITH 1
INCREMENT BY 1
CYCLE
CACHE 20;
```

（2）创建触发器，如示例代码 4-6 所示。

示例代码 4-6

```
CREATE OR REPLACE TRIGGER INSERT_ORDER
BEFORE INSERT ON ORDERS
```

```
FOR EACH ROW
DECLARE
  V_ID NUMBER,
BEGIN
  SELECT ORDID_SEP.NEXTVAL INTO V_ID FROM DUAL;
  :NEW.ORDLD:='ORD'|| TO_CHAR(SYSDATE,'YYMMDD')|| LPAD(V_ID,5,'0');
END;
```

(3)向 ORDERS 表插入一条测试数据,如示例代码 4-7 所示。

示例代码 4-7

```
INSERT INTO ORDER(USERLD,RNAME,TPRICE)VALUES(201,' 张三 ',450);
```

(4)查看 ORDERS 表

示例代码 4-8

```
SELECT * FROM ORDERS;
ORDID          USERID        RNAME          TPRICE
...............  ............   ...............   .........
ORD0762900001   201           张三            450
```

4.1.3 替代触发器

替代触发器用于替代针对视图的 DML 操作。

(1)创建一个视图,用于统计各部门的平均工资。

示例代码 4-9

```
CREATE OR REPLACE VIEW V_AVGSAL
AS
SELECT DEPTNO,AVG(SAL)AS AVG_SAL
FROM EMP GROUP BY DEPTNO ORDER BY DEPTNO;
```

(2)通过该视图给部门的所有雇员调整工资,我们创建触发器如示例代码 4-10 所示。

示例代码 4-10

```
CREATE OR REPLACE TRIGGER UPDATE_SAL
INSTEAD OF UPDATE ON V_AVGSAL
FOR EACH ROW
BEGIN
  UPDATE EMP SET SAL =SAL +(:NEW,AVG_SAL-:OLD.AVG_SAL)
```

```
  WHERE DEPTNO = :OLD.DEPTNO;
END;
```

（3）触发器的触发

示例代码 4-11

```
UPDATE V_AVGSAL SET AVG_SAL=AVG_SAL+500 WHERE DEPTNO=20;
```

4.1.4 系统级触发器

创建一个系统级触发器，用于跟踪用户登录数据库的情况。

注意：下面的脚本需要有 DBA 身份的用户才能执行。你可以用 SYSTEM 用户执行下面的代码。

（1）创建日志表

示例代码 4-12

```
CREATE TABLE DATABASE_LOG(
  LOG_DATE  DATE,          /* 登录日期 */
  LOG_USER  VACHAR2(20)    /* 登录用户 */
);
```

（2）创建触发器

示例代码 4-13

```
CREATE OR REPLACE TRIGGER TRIG_DATABASE
AFTER LOGON ON DATABASE
BEGIN
INSERT INTO DATABASE_LOG VALUES(SYSDATE,SUER);
END;
/
```

（3）执行以下语句激发触发器

示例代码 4-14

```
SQL>CONN SCOTT/TIGER
SQL>CONN HR/HR
SQL>CONN SYSTEM/MANAGER
SQL>SELECT*FROM DATABASE_LOG;  /* 查看日志表 */
```

4.2　练习

1. 以 SCOTT 账户下的 EMP 表为例，当某位雇员的职务或部门发生变动时，我们将该雇员的原职务信息记录到一个职务历史记录表中，通过这张历史记录表，我们可以了解所有雇员在公司的任职历史。

提示：

（1）创建职务历史表

示例代码 4-15

```
CREATE TABLE JOB_HISTORY(
EMPNO NUMBER(4),/* 雇员编号 */
JOB VARCHAR2(9), /* 曾经担任过的职务 */
DEPTNO NUMBER(2) /* 曾经在职过的部门 */
```

（2）在 EMP 表上创建行级触发器。触发事件可以选择 AFTER UPDATE OF JOB、DEPTNO（只有当职务和部门改变时才触发）。

2. 以第 3 章练习部分的订单表和订单明细表为例，在网上购物系统中，当用户取消一张订单时，除了将 ORDERS 表中该订单的记录删除外，还应将订单明细表中该订单所购买的所有商品信息删除。试编写一触发器实现该功能。

4.3　作业

1. 以 SCOTT 账户下的 EMP 表为例，当插入一条新雇员记录时，将该雇员的职务和工资信息记录到 BONUS 表中。

2. 请创建一个学生信息表 STUDENTS，再创建一个毕业学生信息 GRADUATE_STUDENT 在 STUDENTS 表上创建一个触发器，实现当从 STUDENTS 表中删除数据时，向 GRADUATE_STUDENT 表中插入所删除的记录。

第 5 章　数据库开发案例

本阶段目标

✧ 了解数据库开发的流程。
✧ 理解数据库逻辑结构的设计方法。
✧ 掌握在 Oracle 中创建表、序列、存储过程等数据库对象。

5.1　指导

在理论课部分，通过一个销售管理系统的应用，讲述了如何在 Oracle 中进行数据库的开发。在本章的指导部分，我们来实现这个数据库。

5.1.1　创建数据库用户

打开 SQL*Plus 工具，以 system 登录，执行示例代码 5-1 语句来创建一个新用户。

示例代码 5-1

```
CREATE USER SM IDENTIFIED BY SM
DEFAULT TABLESPACE USERS
TEMPORARY TABLESPACE TEMP
QUOTA 50M ON USERS
```

授予用户 SM 相应的权限参见示例代码 5-2。

示例代码 5-2

```
GRANT CREATE SESSION ,RESOURCE TO SM;
```

5.1.2　创建数据库表和序列

打开一个文本编辑器如记事本，创建如下数据库脚本，并保存为 sm.sql。

示例代码 5-3

```
ID NUMBER(10) NOT NULL,
CODE VARCHAR2(30) NOT NULL,
NAME VARCHAR2(30),
UNITPRICE NUMBER(10),
SPEC VARCHAR2(300),
UNITS VARCHAR2(10),
STATE NUMBER(2),
MANUFACTURER VARCHAR2(20),
CREATEDATA DATE NOT NULL,
MODIFYDATA DATE,
PRIMARY KEY(ID),
FOREIGN KEY(STATE) REFERENCES STATEINFO(ID)
);

-- 订货单表
CREATE TABLE DHD(
ID NUMBER(10) NOT NULL,
HANDLE VARCHAR2(50) NOT NULL,
CUSTOMERID NUMBER(10) NOT NULL,
STATE NUMBER(2) NOT NULL,
CREATEDATE DATE NOT NULL,
MODIFYDATE DATE,
PRIMARY KEY(ID),
FOREIGN KEY(CUSTOMERID) REFERENCES USERS(ID),
FOREIGN KEY(STATE) REFERENCES STATEINFO(ID)
);

-- 订货单产品列表
CREATE TABLE ITEM(
ID NUMBER(10) NOT NULL,
DHDID NUMBER(10) NOT NULL,
PRODUCTID NUMBER(10) NOT NULL,
DHL NUMBER(10,2),
SENDDATE DATE NOT NULL,
CREATEDATE DATE NOT NULL,
MODIFYDATE DATE,
STATE NUMBER(2) NOT NULL,
```

```
PRIMARY KEY(ID),
FOREIGN KEY(DHDID) REFERENCES DHD(ID),
FOREIGN KEY(PRODUCTID) REFERENCES PRODUCT(ID),
FOREIGN KEY(STATE) REFERENCES STATEINFO(ID)
);

-- 出货单表
CREATE TABLE CHD(
ID NUMBER(10) NOT NULL,
DHDID NUMBER(2) NOT NULL,
HANDLE VARCHAR2(50) NOT NULL,
CUSTOMERID NUMBER(10) NOT NULL,
CREATEDATE DATE NOT NULL,
STATE NUMBER(2) NOT NULL,
PRIMARY KEY(ID),
FOREIGN KEY(DHDID) REFERENCES DHD(ID),
FOREIGN KEY(CUSTOMERID) REFERENCES USERS(ID),
FOREIGN KEY(STATE) REFERENCES STATEINFO(ID)
);
-- 用户表序列
CREATE SEQUENCE USERS_SEQ;
-- 产品表序列
CREATE SEQUENCE PRODUCT_SEQ;
-- 订货单序列
CREATE SEQUENCE DHD_SEQ;
-- 出货单序列
CREATE SEQUENCE CHD_SEQ;
-- 订货单产品列表序列
CREATE SEQUENCE ITEM_SEQ;

-- 用户表测试数据
INSERT INTO USERS VALUES
(USERS_SEQ.NEXTVAL,'ZHANG01','ZHANG01','ZHANGSAN',
'SHANGHAI','64515412',SYSDATE,NULL,4,1);
INSERT INTO USERS VALUES
(USERS_SEQ.NEXTVAL,'WANG01','WANG01','WANGWU',
'WUHAN','45645159',SYSDATE,NULL,4,2,);
INSERT INTO USERS VALUES
```

```
(USERS_SEQ.NEXTVALL,'ZHAO02','ZHAO02','ZHAOLIU',
'SHANGHAI','58129458',SYSDATE,NULL,4,2);

-- 产品表测试数据
INSERT INTO PRODUCT VALUES
(PRODUCT_SEQ.NEXTVAL,'CP01','NOKIA' N72',2280,
'XXX','YYY',4,'NOKIA',SYSDATE,NULL);
INSERT INTO PRODUCT VALUES
(PRODUCT_SEQ.NEXTVAL,'CP02','NOKIA N73',2680,
'XYZ','YYY',4,'NOKIA',SYSDATE,NULL);
INSERT INTO PRODUCT VALUES
(PRODUCT_SEQ.NEXTVAL,'NB01','ACER AN182',8580,
'XZ','YYY',4,'ACER',SYSDATE,NULL);

-- 订货单测试数据
INSERT INTO DHD VALUES
(DHD_SEQ.NEXTVAL,'WANG01',2,8,SYSDATE,NULL);
INSERT INTO DHD VALUES
(DHD_SEQ.NEXTVAL,'ZHAO02',3,8,SYSDATE,NULL);

-- 订货单产品列表测试数据
INSERT INTO ITEM VALUES
(ITEM_SEQ.NEXTVAL,1,1,5,SYSDATE+5,SYSDATE,NULL,1);
INSERT INTO ITEM VALUES
(ITEM_SEQ.NEXTVAL,1,3,2,SYSDATE+7,SYSDATE,NULL,1);
```

以新用户 SM 登录，并执行以上的数据库脚车文件，假定 sm.sql 文件保存在 e:\orapro 目录下。

示例代码 5-4

```
@ E:\ORAPRO\SM;
```

5.1.3　创建存储过程

在理论部分，我们介绍了创建用户包并封装了与用户相关的存储过程，包括用户注册，用户查询和登录验证等。在本指导部分，我们来练习创建与订货相关的存储过程，同样我们也使用包来组织。

这里，我们将创建：

DHDPACK 包，其中包含与订单相关的存储过程；

ITEMPACK 包，其中包括与订单产品相关的存储过程。

DHDPACK 包中应包括以下一些功能：用户添加新订单；查询所有订单；根据用户编号查询该用户的所有订单等。我们以用户添加新订单和根据用户编号查询该用户所有订单为例来创建 DHDpack 包，如示例代码 5-5 所示。

示例代码 5-5

```
CREATE OR REPLACE PACKAGE DHDPACK IS
TYPE DHDCUR IS REF CURSOR;

-- 添加订货单
PROCEDURE ADDDHD(
V_HANDLE IN VARCHAR2,
V_CUSTOMERID IN NUMBER,
RESULT OUT NUMBER
);
-- 根据用户编号查询订单
PROCEDURE GETDHDSBYCUSTOMERID(
V_CUSTOMERID IN NUMBER,
V_DHD OUT DHDCUR
);
END DHDPACK;

CREATE OR REPLACE PACKAGE BODY DHDPACK IS
-- 添加订货单
PROCEDURE ADDDHD(
V_HANDLE IN VARCHAR2,
V_CUSTOMERID IN NUMBER,
RESULT OUT NUMBER
)
AS
BEGIN
 INSERT INTO DHD(ID,HANDLE,CUSTOMERID,STATE,CREATEDATE)
VALUES(DHD_SEQ.NEXTVAL,V_HANDLE,V_CUSTOMERID,8,SYSDATE)
 COMMIT;
RESULT :=1;
EXCEPTION
  WHEN OTHERS THEN
    ROLLBACK;
```

```
      RESULT: =-1;
    END ADDDHD;

    -- 根据用户编号查询订单
    PROCEDURE GETDHDSBYCUSTOMERID(
      V_CUSTOMERID IN NUMBER,
      V_DHD OUT DHDCUR
    )
    AS
    CUR DHDCUR;
    BEGIN
      OPEN CUR FOR SELECT * FROM DHD WHERE CUSTOMERID = V_CUSTO-
MERID;
      V_DHD:=CUR;
    EXCEPTION
      WHEN OTHERS THEN
        CLOSE CUR;
    END GETDHDSBYCUSTOMERID;
    END DHDPACK;
```

ITEMPACK 包中包含与订单产品相关的存储过程，其中应包括：用户添加订单产品项，根据订单编号查询该订单的所有产品项，用户修改订单产品项，用户删除订单产品项，管理员对订单产品项实施发货等。

我们以用户添加订单产品项、根据订单编号查询订单所有产品、用户修改产品项为例，来创建 ITEMPACK 包，如示例代码 5-6 所示。

示例代码 5-6

```
CREATE OR REPLACE PACKAGE ITEMPACK IS
  TYPE ITEMCUR IS REF CURSOR;

-- 添加订单产品项
PROCEDURE ADDITEM(
   V_DHDID IN NUMBER,
   V_PRODUCTID IN NUMBER,
   V_DHL IN NUMBER,
V_SENDDATE IN DATE,
RESULT OUT NUMBER
);
```

```
-- 根据订单编号查询该订单的所有产品项
PROCEDURE GETITEMSBYDHDID(
 V_DHDID IN NUMBER,
 V_ITEM OUT ITEMCUR
);

-- 用户修改订单产品项
-- 可修改的数据包括:产品号,订货量,发货日期
PROCEDURE UPDATEITEM(
 V_ID IN NUMBER,
 V_PRODUCTID IN NUMBER,
 V_DHL IN NUMBER,
 V_SENDDATE IN DATE,
 RESULT OUT NUMBER
);
END ITEMPACK;

CREATE OR REPLACE PACKAGE BODY ITEMPACK IS
-- 添加订单产品项
PROCEDURE  ADDITEM(
 V_DHDID IN NUMBER,
 V_PRODUCTID IN NUMBER,
 V_DHL IN NUMBER,
 V_SENDDATE IN DATE,
 RESULT OUT NUMBER
)
AS
BEGIN
   INSERT INTO ITEM(ID,DHDID,PRODUCTID,DHL,SENDDATE,CREATEDATE,
STATE)

  VALUES(ITEM_SEQ.NEXTVAL,V_DHDID,V_PRODUCTID,V_DHL,V_
SENDDATE,SYSDATE,L);
   COMMIT;
 RESULT:=1;
 EXCEPTION
  WHEN OTHERS THEN
    ROLLBACK;
```

```
    RESULT:=-1;
END ADDITEM;

-- 根据订单编号查询该订单的所有产品项
PROCEDURE GETITEMSBYDHDID(
 V_DHDID IN NUMBER,
 V_ITEM OUT ITEMCUR
)
AS
CUR ITEMCUR;
BEGIN
  OPEN CUR FOR SELECT * FROM ITEM WHERE DHDID = V_DHDID;
  V_ITEM:=CUR;
EXCEPTION
  WHEN OTHERS THEN
    CLOSE CUR;
END GETITEMSBYDHDID;

-- 用户修改订单产品项
-- 可修改的数据包括:产品号,订货量,发货日期
PROCEDURE UPDATEITEM(
  V_ID IN NUMBER,
  V_PRODUCTID IN NUMBER,
  V_DHL IN NUMBER,
  V_SENDDATE IN DATE,
  RESULT OUT NUMBER
)
AS
BEGIN
  UPDATE ITEM SET PRODUCTID=V_PRODUCTID,DHL=V_DHL,
  SENDDATE=V_SENDDATE,MODIFYDATE=SYSDATE WHERE ID=V_ID;
  IF SQL%ROWCOUNT > 0 THEN
     COMMIT;
     RESULT:=1;
  ELSE
     RESULT:=-1;
  END IF;
EXCEPTION
```

```
    WHEN OTHERS THEN
      RESULT:=-2;
  END UPDATEITEM;
END ITEMPACK;
```

5.2 练习

1. 在本章的指导部分，我们只给出 DHDPACK 包和 ITEMPACK 包中部分存储过程的实现，请将这些包中的存储过程补充完整。

2. 练习在 Java 语言中使用 JDBC 来调用存储过程。这里我们以 ITEM 表为例，练习如何为一张订单添加一个产品项（调用 ITEMPACK 中的 ADDITEM 存储过程），以及根据一个订单编号查找该订单的所有产品项（调用 ITEMPACK 中的 GETITEMSBYDHDID 存储过程）。

我们按照如下步骤进行：

（1）在 Eclipse 中创建一个 Java 工程，将其命名为 sales，并配置好 Oracle 的驱动程序路径。

在工程中创建一个 Item 类，对应数据库中的 item 表

示例代码 5-7

```
package ora.sam;
import java.sql.Date;

public class Item{
  private int id;        // 订单产品项编号
  private int dhdId;     // 所属订单编号
  private int productId; // 所购产品的编号
  private double dhl;// 订货数量
  private Date sendDate;// 指定的发货日期
  private Date createDate;// 该订单项创建日期
  private Date modifyDate;// 该订单项的最近修改日期
  private int state;  // 该订单项的状态
  public Date getCreateDate() {
    return createDate;
}
public void setCreateDate(Date createDate) {
  this.createDate=createDate;
```

```
}
public int getDhdId() {
  return dhdId;
}
public void setDhl(double dhl) {
  this.dhl=dhl;
}
public int gerId() {
  return id;
}
public void setId(int id) {
  this.id=id;
}
public Date gerModifyDate() {
  return modifyDate;
}
public void setModifyDate(Date modifyDate) {
  this.modifyDate=modifyDate;
}
public int getProductId() {
  return productId;
}
public void setProductId(int productId) {
  this.productId=productId;
}
public Date getSendDate() {
  return sendDate;
}
public void setSendDate(Date,sendDate) {
  this.sendDate=sendDate;
}
public int getState() {
  return state;
}
public void setState(int state) {
  this.state=state;
}
// 重写 toString 方法，用于程序的调试
```

```
  public String toString() {
    StringBuffer strb=new StringBuffer();
    strb.append("[id:").append(id)
      .append(",dhdId:").append(dhdId)
      .append(",productId:").append(productId)
      .append(",dhl:").append(dhl)
      .append(",sendDate:").append(sendDate)
      .append(",createDate:").append(createDate)
      .append(",modifyDate:").append(modifyDate)
      .append(",state:").append(state).append("]");
    return strb.toSteing();
  }
}
```

（2）创建数据操作类 ItemDAO，这里我们使用的是数据访问对象模式（DAO 模式）。在 ItemDAO 类中实现两个方法，即为一张订单添加一个订单项，及根据一个订单号查询该订单的所有订单项。

示例代码 5-8

```
package ora.sam;

import java.sql.CallableStatement;
import java.sql.Connectio;
import java.sql.DriverManager;
import java.sql.ResultSet;
import java.util.ArrayList;
import java.util.List;

public class ItemDAO {
// 获取数据连接对象
public static Connection getConnection() throws Exception{
  Class.forName("oracle.jdbc.driver.OracleDriver");
  String url="jdbc:oracle:thin:@127.0.0.1:1521:oracle9i";
  return DriverManager.gerConnection(url,"sm","sm");
}

// 添加一个订单项
public void addItem(Item item)throws Exception{
  Connection cn=null;
```

```
// 调用存储过程的语句对象
CallableStatement cst=null;
 try{
   cn=getConnection();
   // 创建语句对象，并指定所要调用的存储过程
   cst=cn.prepareCall("{call itempack.addItem(?,?,?,?,?)}");
   // 设置存储过程的输入参数
   cst.setInt(1,item.getDhdId());
   cst.setInt(2,item.getProductId());
   cst.setDouble(3,item.getDhl());
   cst.setDate(4,item.getSendDate());
   // 注册存储过程的输出参数
   cst.registerOutParameter(5,java.sql.Types.INTEGER)
   // 执行存储过程
   cst.execute();
   // 获取输出参数值，该参数表示插入数据是否成功（参看存储过程的定义）
   int res =cst.getInt(5);
   if(res==-1)
      throw new Exception();
}
catch(Exception e){
  throw e;
}
finally{
  cst.close();
  cn.close();
}
}
// 根据订单号查询该订单的所有产品项，使用一个 List 存放结果
public List getItemsByDHDId(int dhdId) throws Exception{
   Connection cn=null;
   CallableStatement cst=null;
   ResultSet rs=null;
List items=new ArrayList();
try{
  cn=getConnection();
  cst=cn.prepareCall("{call itempack.getItemsByDHDId(?,?)}");
  cst.setInt(l,dhdId);
```

```
    //注册输出参数,该参数是 oracle 游标类型(参看存储过程定义)
    cst.registerOutParameter(2,oracle.jdbc.OracleTypes.CURSOR);
    cst.execute();
    //获取输出参数值,将游标类型的返回对象轮换为结果集对象
    rs=(ResultSet)cst.getObject(2);
    //循环读取结果集
    while(rs.next()){
      Item item=new Item();
      //将一行数据封装在 Item 对象中
      item.setId(rs.getInt(1));
      item.setDhdId(rs.getInt(2));
      item.setProductId(rs.getInt(3));
      item.setDhl(rs.getDouble(4));
      item setSendDate(rs.getDate(5));
      item.setCreateDate(rs.getDate(6));
      item.setModifyDate(rs.gerDate(7));
      item.setState(rs.getInt(8));
      //将 Item 对象添加到 ArrayList 集合对象中
      items.add(item);
    }
  }
  catch(Exception e) {
    throw e;
  }
  finally{
   rs.close();
   cst.close();
   cn.close();
  }
  return items;
  }
```

(3)创建一个测试类,来调用我们创建的类和方法。

假定我们已向订货单表 DHD 中插入了一张订单,其编号为 1,并且该订单已订购两个产品,即在 ITEM 表中已有两个属于该订单的产品项。现在我们为该订单在订购一项产品,然后查询该订单的所有产品项。如示例代码 5-9 所示。

示例代码 5-9

```
package ora.sam;
import java.sql.Date;
import java.util.List;
public class Test{
  public static void main(String[]args)throws Exception{
  // 创建一个订货单对象
  Item item =new Item();
  item.setDhdId(1);
  item.setProductId(2);
 item.setDhl(8);
 Date sendDate=new Date(System.currentTimeMillis());
 item.setSendDate(sendDate);
// 创建数据库访问对象
 ItemDAO dao=new ItemDAO();
// 保存订单项
dao.addItem(item);
// 查询订单号为 1 的所有订单项,并输出
List items=dao.getItemsByDHDId(1);
for(int i=0;i<items.size();i++){
System.out.println(items.get(i));
}
}
}
```

5.3　作业

结合理论部分的内容,完成项目中所有存储过程及其所属的包的设计。